全国高等学校城乡规划学科
专业竞赛作品集萃（第二辑）

交通创新（中山大学作品集）

周素红　李秋萍◎主编

中山大學出版社
SUN YAT-SEN UNIVERSITY PRESS
·广州·

图书在版编目（CIP）数据

全国高等学校城乡规划学科专业竞赛作品集萃．第二辑，交通创新．中山大学作品集 / 周素红，李秋萍主编．—广州：中山大学出版社，2019.7
ISBN 978-7-306-06457-8

Ⅰ．①全… Ⅱ．①周… ②李… Ⅲ．①城乡规划－建筑设计－作品集－中国－现代 Ⅳ．①TU984.2

中国版本图书馆 CIP 数据核字（2018）第 228957 号

QUANGUO GAODENGXUEXIAO CHENGXIANGGUIHUA XUEKE ZHUANYE JINGSAI ZUOPIN JICUI(DI' ERJI):JIAOTONG CHUANGXIN(ZHONGSHANDAXUE ZUOPINJI)

出 版 人：王天琪
策划编辑：吕肖剑
责任编辑：周明恩
封面设计：王　勇
责任校对：李艳清
责任技编：何雅涛
出版发行：中山大学出版社
电　　话：编辑部 020-84111946，84111997，84110779，84113349
　　　　　发行部 020-84111998，84111981，84111160
地　　址：广州市新港西路 135 号
邮　　编：510275　　　　传　　真：020-84036565
网　　址：http//www.zsup.com.cn　　E-mail:zdcbs@mail.sysu.edu.cn
印 刷 者：广州家联印刷有限公司
规　　格：889mm×1194mm　1/16　8.5 印张　398 千字
版次印次：2019 年 7 月第 1 版　2019 年 7 月第 1 次印刷
定　　价：68.00 元

总序

20世纪80年代以来，中国经历了国家历史上，同时也是世界历史上最快速的城市化。相对于改革开放前，我国的城市发生了翻天覆地的变化，城市变得越来越复杂、多样和综合。城市的变化不断给我们的城市规划教育提出新的要求。中山大学的城市规划始于20世纪70年代，主要是城市地理和经济地理的学者参与城市规划与区域规划工作，同时在地理学科下培养城市与区域规划的人才。从2000年开始，中山大学正式建立城市规划本科五年制工科专业。在建设部统一指导下，培养具有美术、建筑、基础设施、经济、社会、地理、环境等多学科知识与技能的城市规划人才。

《全国高等学校城乡规划学科专业竞赛作品集萃》收录了自2013年以来中山大学城乡规划专业本科生参加竞赛的优秀作品，包括社会调查、交通创新和城市设计三大主题。这些作品较好地体现了中山大学城乡规划专业人才培养学科多样化和能力综合性的特点。希望借此作品集展示中山大学城乡规划专业学生培养的特色。

这些竞赛作品的形成、收集和整理，凝结了许多老师的心血和劳动。其中《社会调查》主要由林琳、刘云刚和袁媛三位老师负责，《交通创新》主要由周素红和李秋萍两位老师负责，《城市设计》主要由王劲、刘立欣和产斯友三位老师负责。城市与区域规划系的其他老师也对作品的出版提供了各方面的帮助和支持，谨向这些老师表示衷心的感谢！

薛德升

中山大学地理科学与规划学院院长

2018年4月18日

目录
CONTENTS

前言

为了使城乡规划专业学生在掌握城市道路与交通相关课程的基础知识和相关方法的基础上，能够将理论知识与实际问题结合起来，训练其创新能力以及发现问题和解决问题的能力，提高综合能力，全国高等学校城乡规划专业委员会于 2010 年开始主办了全国高等学校城乡规划专业城市交通出行创新实践竞赛（原名：全国高等学校城市规划专业城市机动性服务创新竞赛）。

根据大赛指南，该项竞赛的主题是：交通出行条件的改善对一个城市的发展及人们的就业和生活都有十分重要的影响。目前，我国各级政府对改善城市交通进行了大规模的投资，以提高城市道路建设水平和交通系统的运能。然而，现实的情况是，大规模的建设并未有效地解决城市中的交通出行问题。道路越建越宽，但交通越来越堵，人们在城市中的交通出行越来越困难，城市综合交通系统的整体效能也远未得到有效发挥。可见，要解决城市交通问题不应局限于交通设施的建设和供给，应更多地关注人在城市中的可移动能力，即通常说的“城市机动性”，并结合需求管理等“软件”来改善整个交通系统的运转，提高城市空间的价值。国内外经验也表明，城市交通出行条件的改善不仅需要大规模的交通基础设施建设、政府部门的交通政策，也需要各方面力量的参与，以采取更加有效的措施，改善交通出行。通过创新，投入很少的成本也能够显著地改善人们的交通出行条件，使城市交通更加绿色低碳，使城市的空间得到更有效的利用。

设立该竞赛的目的是发掘在社会组织、社区、企事业单位及普通民众之中已经存在的许多“软性”（组织管理）的、具有创造性的解决方案，并促使这些有效的方法能够在国内外得到推广应用，最大限度地发挥城市交通基础设施的效能，有效地减少城市交通的环境问题、安全问题，同时改善社会弱势群体的交通出行条件。通过竞赛，促使学生更好地参与其中并学以致用。

中山大学自 2010 年开始，每年组织三年级城乡规划专业（原城市规划专业）学生结合城市道路与交通课程的学习，围绕竞赛要求开展调研，积极参加竞赛活动。在 2010—2017 年的 8 届竞赛中，已经获得了全国竞赛一等奖 2 个、二等奖 3 个、三等奖 4 个、佳作奖 6 个等 15 个奖项，取得了优秀的参赛成绩。本书汇编了上述获奖作品和部分选送参赛的优秀作品共 30 份。

作品选题涵盖了低碳出行、区域联动、特殊群体出行、交通信息化、智能出行等专题。参赛学生在全面调查了当前城市交通组织中的创新性项目基础上，挖掘项目的优势和未来发展潜力，进行方案介绍和评价，并提出优化设想，形成项目推广方案。作品结构清晰，内容完整，数据资料翔实，图文并茂，对了解交通创新领域的动态和本科生专业学习具有良好的借鉴作用。

第一章　低碳出行专题

低碳出行是当前交通组织管理的核心理念，已经引起国内外的共同关注。本专题选编了 5 份作品，分别从倡导机动车自愿停驶、鼓励自行车交通和优化公共交通出行环境品质等方面开展创新性项目调研和推介。

大城市的交通问题日益严重，如何缓解交通压力，引导市民的出行方式向公共交通与慢行交通转移，实现绿色出行考验着公共管理的智慧。“绿动人心——深圳机动车‘自愿停驶’行动调研”“注册碳账户　绿色低碳行——深圳‘绿色出行碳账户’运行情况调研”和“全民碳路，益心随行——深圳‘全民碳路’低碳出行平台构建方案研究”这三份作品跟踪调查了深圳市自愿申报停用、少用私家车的柔性小汽车控制策略——“自愿停驶”系列活动的进展。从深圳市义工联和环保志愿者协会等民间组织联合发起的“爱我深圳、停用少用、绿色出行”行动开始，到由深圳市交警局与深圳绿色出行办公室、深圳绿色低碳发展基金会等部门联合推出的“绿色出行碳账户”活动，再到由深圳超越东创碳资产管理公司和深圳碳排放交易所共同推出的“全民碳路”平台，深圳市在倡导市民低碳出行活动方面从早期的以公益性和自愿性，缺乏有效的激励机制的模式向纳入碳交易平台、构建市场化激励机制的方向发展，使该系列活动逐步发展为具有较好可持续性和推广性的项目。

与减少机动车出行相应的，低碳出行的另一方面是积极鼓励自行车交通和公共交通出行。“A+B+C：广州萝岗创新公共自行车运营模式研究”调研在新的信息技术和互联网支持下传统公共自行车交通向共享单车转型过程中的运营模式，对当前公共单车运营体系的补充完善有一定的借鉴意义；“移动体验，幸福随行——广州主题有轨电车运营模式调查研究”项目则聚焦如何改善人们的出行体验问题，通过多方合作，打造具有互动体验方式的主题有轨电车，达到“活化”公共交通空间，提升人们出行幸福感，使城市公共交通空间得到更有效利用的目的。

上述作品视角独到，选题有较好的创新性，从交通组织运营的角度促进低碳交通的有效实施。

绿动人心
——深圳机动车“自愿停驶”行动调研 (2012)

绿动人心
——深圳机动车“自愿停驶”行动调研

一、背景及意义

汽车时代带来了空气污染、交通拥堵等城市病，治堵势在必行。学北京用行政命令？学上海用经济手段？行政命令导致社会成本隐性增加，经济手段使用不当则引发新的社会矛盾。深圳选择了第三种思路：柔性的小汽车控制策略——“自愿申报停用、少用私家车”（以下简称“自愿停驶”）。

始于“大运”——目前深圳汽车保有量超过 230 万辆，道路车辆密度突破 380 辆/千米，人均道路长度仅为 0.58 米，交通出行状况不容乐观。“大运会”期间，深圳创造性地发起“自愿停驶”倡议，把不开车、少开车的“主动权”交给广大市民，全市 43 万辆机动车自愿停驶，赛会期间道路顺畅，天空湛蓝。

常态运行—— 基于“大运会”期间的成功经验，深圳凭借其“志愿者之城”的优势，在民间团体的倡导下，决定将“自愿停驶”交通管理模式常态化，预计实现 2012 年年底有 60 万辆私家车自愿停驶 30 天，年碳减排量 26.1 万吨，每日全市路网车流量减少近 10%的目标。

义工为私家车贴上车贴

市民给自己的车贴上车贴

交警展示绿色出行车贴

行动的开展有利于改善城市交通，让市民在履行节能减排义务的同时，培养绿色出行的习惯与公民意识，引导市民从“自愿参与”向“自觉行动”转变。深圳采取这种柔性小汽车控制政策，是对城市“更理性、更有效、更民主”的自我管理、自我调节机制的探索，在城市交通管理上具有开创性和可行性，值得推广至其他城市的大型活动和垃圾回收等社会管理领域。

二、行动概况

2012 年 3 月，深圳市义工联和环保志愿者协会等民间组织联合发起“爱我深圳、停用少用、绿色出行”的行动倡议，倡导市民主动停用、少用机动车，首选地铁、公交等绿色出行方式。该倡议得到相关政府部门、企事业单位的大力支持，并计划与碳积分账户挂钩，将停驶时间计算为碳减排量以换取积分奖励。截至 7 月 2 日，已有 20.03 万名私家车车主通过各种途径申报了机动车“自愿停驶”。

三、技术路线

2012 年 5 月，通过资料查阅，了解行动发展背景；2012 年 6 月，走访交警局、发改委等政府部门 7 次，了解具体实施方案；2012 年 6 月 18—19 日，在深圳市民中心、车公庙、蛇口等地段随机对市民进行问卷调查，回收有效问卷 128 份（其中私家车主占 71.1%）。通过数据收集，了解其实施效果、存在问题和各方对该模式的评价，并提出优化方案和推广模式。（见图 1）

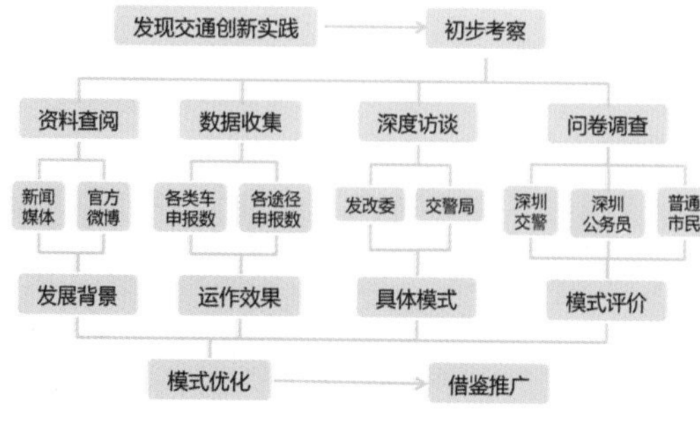

图 1　技术路线

四、运行机制

1. “3+”运行模式

◆ **“义务” + “自愿”**

义务：减少碳排放、提高空气质量、营造良好的行车和生活环境是每个市民的义务。全市小客车（含长期在深行驶的外地车）车主均有义务配合“自愿停驶”行动，每年停驶 30 天，停驶时间为工作日 7:30—19:30。

自愿：车主自愿选择停驶的天数和日期。对申报后未履行停驶承诺的车主，予以督促提醒，不采取任何强制手段。

◆ **“强制”＋“模范”**

强制：对公务车、黄标车实行“强制停驶”。全市公务用车(大中型客车、通勤班车、执行任务的特种车辆除外)、黄标车每周按尾号停驶一天。对公务黄标车将采取更为严格的限制措施，每周按尾号强制停驶两天。（见表1）若有违反，将按照有关规定处以通报批评、罚款、扣分等。截至2012年7月2日，共有1.4万辆公务车参与行动。

模范：“1+3”模式，即倡议每位交警至少有1辆私家车参加“自愿停驶”活动，并发动至少3名亲友参与停驶。

表1 强制停驶要求

停驶时间	停驶车牌尾号	限行范围	停驶时段
周一	1和6	深圳全市行政区域内道路	公务车 0时至20时
周二	2和7		
周三	3和8		黄标车 7时30分至19时20分
周四	4和9		
周五	5和0		

◆ **“民间”＋“政府”**

民间：行动由16家社会团体和民间组织发起，依托城市志愿服务U站、义工进社区等方式宣传，将停驶时数与公益时数挂钩，鼓励企业为自愿停驶的市民提供奖励赞助，倡导全民参与。

政府：深圳市公安局交通警察局、市发改委以及市人居委等部门负责活动的方案制定、宣传支持与监督，保障行动有序推广与进行。

2.申报机制

申报资料：市民只需在初次申请时提供车牌号码、停驶日期等相关信息。

申报途径：市民可通过电话、短信、互联网、现场等四大途径申报停驶。

申报凭证：申报后车主可到加油站、U站等领取参与凭证——“停用少用参与车贴”。

申报更改：在停驶日前均可随时增加或减少停驶天数。

图2　行动运行流程图

3.监督机制

利用和整合交通管理信息化资源，建立履诺核准平台。交通部门将申报的车辆和停驶信息统一录入数据库，通过道路断面车牌识别系统（470个）、电子警察系统、违法行为处理系统等和绿色出行“履诺核准系统”进行联动，检测出车辆在申请停驶当天是否出行。若检测出违诺，当天的停驶申请则无效，交通部门通过短信、邮件及现场等方式提醒车主，并督促其择日停驶，不予以处罚。

◆ 什么是碳账户？

大运会期间,深圳为新能源电动车设置了碳账户,根据停驶时间计算碳减排量并转为碳公益积分。在国外,碳账户多为碳排放量较大的企业设置,而深圳大胆创新,将为每位市民设立碳账户,通过特定公式将每个人的“碳足迹”转换为碳积分,引导市民转变生活方式,倡导低碳生活。

◆ 碳账户有什么用？

可抵用新能源车的充电费用和市中心停车费、兑换商品及相关服务、抵扣违章扣分、转换为义工工时、车险折扣、环境教育基地门票、奖励种树或认养菜地等。

◆ 碳账户促“停驶”

深圳通过“碳账户”配合自愿停驶,限制排放而非限行限购,从根本上解决私家车引起的各种问题,同时让市民养成环保意识。

4.奖励机制

①星级奖励：根据停驶的时间进行星级评定，发放荣誉车贴，与深圳“年度荣誉市民”和“深圳市民环保奖”评比挂钩。

②“碳积分账户”奖励（试行）：与“绿色出行碳账户”体系挂钩，停驶时间可累计成积分，换取奖励。

5.保障机制

① 多方宣传，扩大影响：多形式、大范围的宣传，发动市民积极参与行动。（见图3）

② 培养绿色出行意识：提倡市民以步行、自行车或公共交通等绿色方式出行。

③ 配合各种交通管理方式：采取多种管理手段，引导自愿停驶，减少机动车量的出行。（见表2）

动员大会
新闻媒体电视广播
U站活动宣传
互联网
社工进社区宣传
交通局服务窗口

图3　多种宣传方式

表 2 配套交通管理方法

措施	措施内容	应用例子
公共交通系统的完善	日常：出行集中区域统一规划，启动“班车上班”、集体出行 大事件：统筹安排，增加公交班次，进一步增加公交的通达度	文博会期间，与会人士可免费乘坐公交和地铁到、离会展中心；各区分会场亦提供穿梭巴士，方便市民参观
绿色出行交通管制	“特殊时段、特殊区域、特殊管理”。大型活动、节假日期间，在热点区域实施交通需求管理措施	2012赛季中甲联赛在宝安体育场举行时，场内不提供私家车位，引导市民乘坐公交观赛
鼓励拼车	自由拼车：同一单位成员自愿公布自己的行车可选路线和拼车意愿，自由组合、自由选择拼车 公务出行约乘：公文传递除统一由专人报送领取外，在部门内网建立公务出行约乘栏目，各部门办理公务或报送领取文件时提前在网上公布或即时查询，尽量拼车或搭乘出行	

五、评价

1. 客观效果评价

政府通过建立绿色出行检测体系与效果评估机制，对该行动的效果进行科学客观的评价，并定期向社会公布。

①空气质量检测评估（碳减排估算）

深圳主干道平均车速为 44 公里 / 小时，按每天停驶时间折合为 1.5 小时，每辆汽车每月停驶 3 天，活动开始 2 个月内，申请自愿停驶的私家车已经减排 1.2 万吨，减少各种污染物排放 3.3 万吨 。若达到行动目标，自愿停驶的私家车每年碳减排量将达到 26.1 万吨。

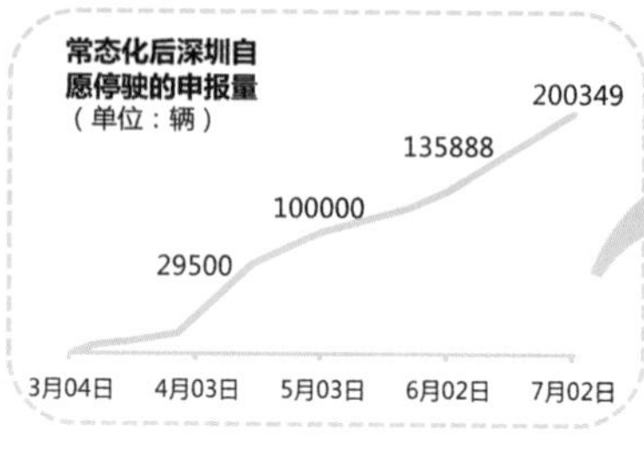

图 4 自愿停驶申报量增长变化

②交通运行状况分析

按行动的目标计算，每天将减少约 4.9 万辆车上路，全市路网车流量将减少近 10%，拥堵路段和拥堵时间减少约 15%，主干道平均车速提高 6%。

③停用少用车辆申报履行承诺情况分析

据交警局的统计数据显示，自行动开始至今，交警部门发现 1576 辆次不守承诺车辆，仅占申报停驶总数的 1.16%，意味着绝大多数市民兑现了停驶承诺。

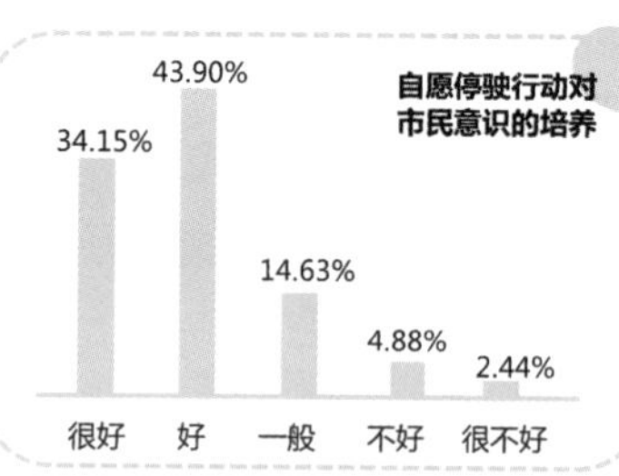

图 5 自愿停驶对意识的培养作用

2. 各方主体评价

政府

◆ 优点：①人性化管理，减少机动车出行量，提高城市管理效率，形成市民自我管理、自我调节的良性循环。

②成本低，相比限购限行带来的行政及社会成本，采用“自愿停驶”的管理方式耗费成本较低。

③有助于市民履行节能减排义务，培养环保意识。据调查，逾 7 成的车主参与行动是出于自身的环保和市民意识。（见图 5、图 6）

◆ 缺点：受市民意愿影响大，参与度与效果不稳定。据调查，51%的市民视情况参与行动，所以难保证每日申报停驶的车数，缓解拥堵效果不明确。

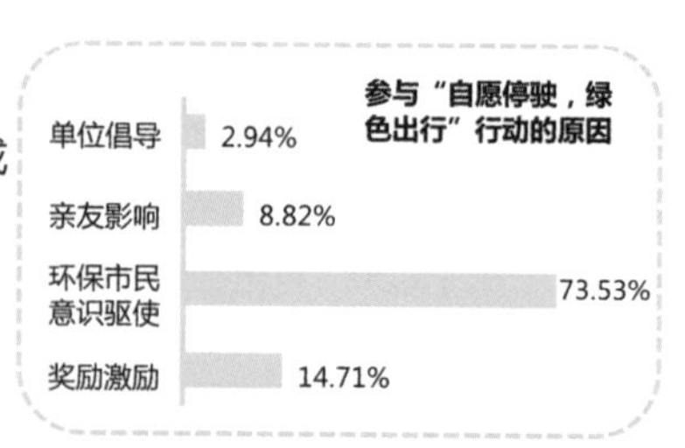

图 6 市民参与“停驶”的动机

民众

◆ 优点：①环境改善，交通通畅。多数市民认为行动将有利于改善空气质量、缓解交通拥堵。

②参与灵活，不受约束。与单双号限行相比，行动由市民自主选择停驶时间，更人性化。

◆ 缺点：①宣传不够，市民了解不深。目前市民对“自愿停驶”行动的知晓度比大运会时低 30%，且身边亲友参与较少，可见宣传仍存在不足。

市民梁先生表示，“行动”让他感受最深的便是志愿性。“有时会遇到已经申报停驶，但临时需要出去的时候。对违诺车主，交警部门只是监督提醒，不会处罚，这很人性化。”

某交通规划专家表示：这是运用市场杠杆的方法，不仅可解决交通秩序问题，更可建立一种交通文明，通过一种“文明”的方式形成一个巨型城市的交通秩序。

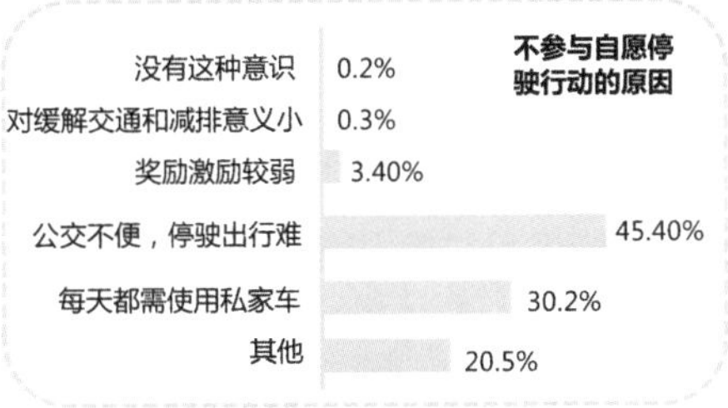

不参与自愿停驶行动的原因
没有这种意识 0.2%
对缓解交通和减排意义小 0.3%
奖励激励较弱 3.40%
公交不便，停驶出行难 45.40%
每天都需使用私家车 30.2%
其他 20.5%

图 7 市民不愿参与“自愿停驶”的原因

表 3 “自愿停驶”与“按车牌号限行”对比

	按车牌号限行	自愿停驶
管理模式	刚性小汽车控制政策，行驶权力受限	柔性小汽车控制政策，自愿+义务
执行时间	政府限定	自主选择
违规后果	处罚	督促提醒
交通改善情况	车流控制有保障	车流变化不稳定
对市民生活影响	与市民用车冲突	按市民需求申报

②公交系统尚不完善，出行不便。45%的受访市民认为目前深圳公交系统未完善，停驶后出行较困难。(见图 7)

3. 总体评价

◆创新特色

柔性管理：①自愿选择申报天数和日期；②对于违诺的车主，只予督促提示，不予处罚。(见表 3)

宣传灵活：与公益活动结合，由义工到社区宣传。

程序简单：①申报方式简单多样；②可随时申报；③在深行驶的机动车均可参加。

奖励机制：①对积极参与的车主给予精神和物质鼓励；②抛砖引玉，引导企业参与行动，为市民提供奖励。

◆局限性

①效果不稳定：受市民自愿参与意愿影响大，参与度无保证；

②依赖性强：在奖励推动下，仍需依靠市民环保意识和责任感促使其自愿参与，需较高市民素质；

③持续性弱：短时间内市民参与热情高，但市民参与积极性难以长期保持。

六、优化与推广

1. 优化

优化现有公共交通方式。积极发展公共交通，加强公交、地铁与慢行系统的配合，完善三者站点的衔接。

利用活动节点积极宣传。利用与绿色出行相关的节日，如世界环保日等保持活动热度。如将“无车日”延长为“无车周”或“无车月”。

完善交互信息服务体系。建立“交通拥堵指数”发布制度，引导车主以公交出行。如目前北京将建设“首都便民交通系统”信息服务平台，及时发布道路拥堵指数，为市民提供动静态相结合的交互式信息服务。

建立机动车碳配额制度。借鉴工业领域的碳配额制度，通过设定机动车碳排放量上限，给车主分配对应排放权。车主可将剩余的出售，以获取收益；反之，超过配额的车主，则必须购买排放权，否则不能再驾车出行。

着力提升企业参与程度。除号召企业为参与的市民提供奖励外，也倡导企业自身积极参与到活动中，如对达到一定停驶天数的员工提供精神和物质上的奖励或纳入绩效评定，按实际情况尽可能将单位用车申报停驶等。

2. 推广

优化模式：鼓励社会团体、民间组织向政府倡导创新的城市管理方式，并由政府制定具体方案，人性化管理。民众自愿参与，企业积极响应，同时由义工动员民众参与，政府监督并保障参与效果。(见图 8)

应用推广：

①交通领域：这种全新的、以自愿为原则的交通管理模式，可借鉴到各种大型赛事或活动、节假日出行高峰期中，通过城市的自我调节，实现赛事、城市交通的双保障。

②其他领域：这种通过唤醒市民主人翁意识、以自愿为主、人性化的柔性手段还可推广至城市管理的其他领域，如垃圾分类等。

地域推广：深圳从培养市民责任感和环保意识出发，提高市民自愿参与城市管理的积极性，减少对市民健康的影响。这种政府与市民相互理解、相互尊重的交通管理方式给国内其他城市解决交通难题提供新的思考，其他城市可借鉴这种民间团体倡导，政府、企业支持的社会管理模式。

社会团体
民间组织
倡导提议
宣传动员
政府
城市管理
方式
民众
制定
方案
自愿
参与
赞
助
奖
励
企业
监督、保障

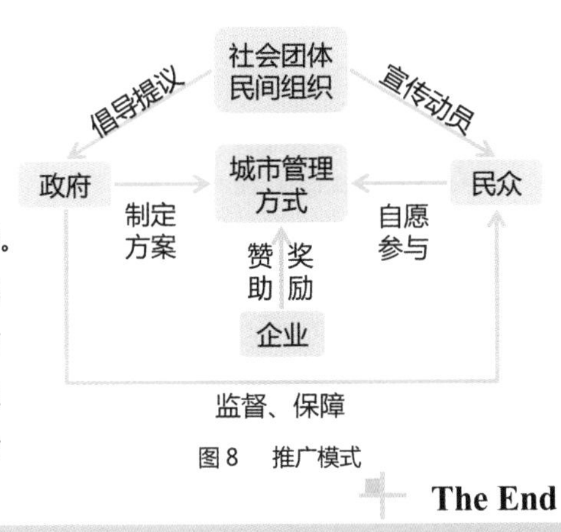

图 8　推广模式

The End

注册碳账户　绿色低碳行

——深圳“绿色出行碳账户”运行情况调研（2016）

注册碳账户　绿色低碳行

——深圳“绿色出行碳账户”运行情况调研

Abstract

"Low Carbon" has long been paid attention to in traffic development field in our country. It's demonstrated that short-term and mandatory measures restricting car use had little effect. The Carbon Account activity in Shenzhen, carried out by Traffic Police Department, Non-government Organizations and private enterprises, lead citizens to choose low-carbon traffic means instead of driving private cars by material rewards and spirit feedback through online and offline channels to help them form the low-carbon consciousness, while the government takes measures to improve the public transport system, so that the city traffic jam can be relieved and the air quality be improved. By now, The Carbon Account activity has made remarkable achievements, setting a good example for other cities in China under New Normal.

1　背景与意义

2015年，深圳机动车保有量超320万，且仍不断增长，道路交通密度达全国第一，深圳的城市交通系统不堪重负。

为了从根本上缓解交通压力，引导市民的出行方式向公共交通与慢行交通转移，深圳交警部门采取了一系列举措为绿色出行提供支撑和保障，如升级公交服务、提升轨道服务水平、加大新能源汽车在公交行业的推广应用力度、完善慢行系统等。

在这些条件下，如何让更多人选择绿色出行，让绿色出行成为更多人的习惯，考验着公共管理的智慧。“绿色出行碳账户”的设立正是一个重要举措。

“绿色出行碳账户”活动有助于帮助人们增强低碳环保意识，养成绿色出行习惯，打造低碳城市，从而缓解交通拥堵、空气质量下降等工业时代以来常见的城市病。

2　技术路线

小组成员通过查阅资料、对深圳绿色低碳发展基金会的项目经理人和深圳交警局相关负责人进行访谈、对深圳市民与非深圳市民进行科学的抽样调查，了解绿色出行碳账户的运行机制和不同主体对活动的认识与评价，最后综合分析、总结、提出方案优化思路。

调研成果包括：调查问卷163份、绿色低碳出行基金会负责人访谈成果1份、交警局相关负责人电话访谈成果1份。

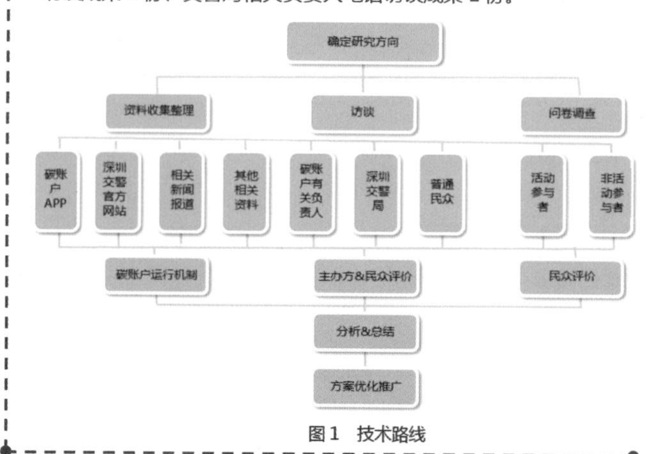

图1　技术路线

3　方案介绍

3.1 方案简介

2015年9月18日，深圳市交警局与深圳绿色出行办公室、深圳绿色低碳发展基金会等部门联合推出“绿色出行碳账户”活动。碳账户是对个人自愿减排行为进行检测、计量、管理、奖励和引导的综合管理系统，市民自愿登记、实名注册，若主动申请机动车停用、少用并切实履诺，可获得碳积分奖励，录入碳账户，碳积分可兑换物质奖励。碳账户可带动车主参与绿色出行的积极性，潜移默化中培养绿色出行意识，形成“减排—奖励—再减排”的良性循环。

1

注册碳账户　绿色低碳行

——深圳“绿色出行碳账户”运行情况调研

3.2 注册申报机制

3.2.1 注册申报途径

市民可通过电话、互联网、手机 APP、现场四大途径申报停驶。

3.2.2 注册资料

①车辆信息：车牌号、号牌种类、车架号后六位；

②车主信息：车主姓名、手机号码、邮寄地址。

3.2.3 绑定碳账户

车主关注“碳账户”微信公众号或登录碳账户 APP 客户端，填写车辆信息、绑定碳账户。

3.2.4 申报规则

车主一次性申请须至少连续停驶 3 天以上并履诺后才能获得碳积分。

图 2　注册碳账户、申请停驶、获取奖励流程图

3.3 运行机制

3.3.1 合作机制

- **深圳交警局——绿色出行运作**

  ①相关运行机制、制度的制定；

  ②绿色出行账户注册、申报停驶管理；

  ③车辆停驶情况监督。

- **深圳绿色低碳发展基金会——碳账户运作**

  ①提供申报停驶渠道（与深圳交警绿色出行系统对接）；

  ②核算停驶减排数据，碳减排量可视化，发放“碳积分”；

  ③宣传推广，引导人们绿色出行，营造低碳文化氛围。

- **合作第三方企业——碳账户推广**

  ①为停驶车主提供物质奖励；

  ②营造企业低碳文化氛围，树立良好社会口碑；

  ③在企业产品推广的同时，宣传碳账户活动。

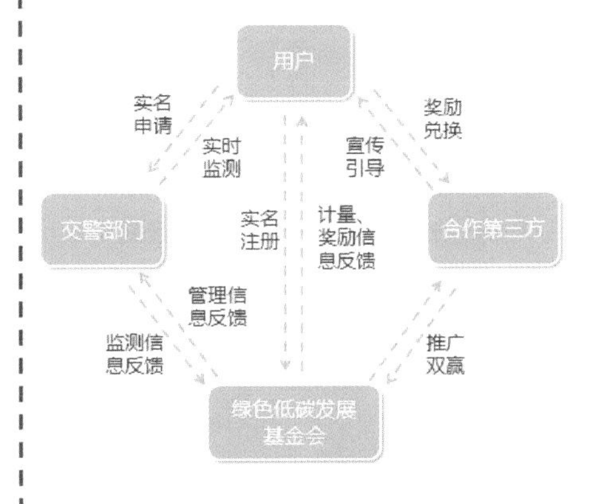

图 3 碳账户相关主体关系示意图

3.3.2 监管机制

深圳市交警局利用并整合现有资源（车牌自动识别系统、交通违法查处系统、停车场监控系统等），将申报停驶的车辆信息和实际停驶信息一并录入数据库，建立绿色出行“履诺核准系统”，对车主是否履行申报承诺进行核验。

对于未履诺的车主，当天停驶申报无效，交通部门通过短信、邮件及现场等方式及时提示，并督促其履行承诺，但不予以处罚。

3.3.3 奖励机制

- 精神层面

  授予“爱我深圳、停用少用、绿色出行”市民、单位或社会组织荣誉称号。

- 物质层面

  ①折算绿色出行碳账户积分，可兑换物质奖励（电子产品、汽车用品、咖啡券等）；

  ②享受路内停车费用优惠；

  ③商业车险合同延期；

  ④鼓励社会组织、企业另行奖励。

图 4 停驶荣誉车贴

2

注册碳账户 绿色低碳行

——深圳“绿色出行碳账户”运行情况调研

4 方案评价

4.1 客观效果评价

从 2015 年 9 月碳账户开通至今半年时间，用户数量仍在上升。在宣传还未铺开、汽车仍是市民刚需的条件下，碳账户的日常活跃车主超过 4 万。

4.2 各方组织评价

深圳交警——合作有序 监控有力 投资不多 成效可观

与绿色低碳发展基金会合作，不仅减轻交警部门负担，也丰富了“绿色出行”的内涵。车辆停驶监管通过现有交通监控系统实现，不仅可靠，而且节约成本。

绿色低碳发展基金会——与时俱进 着眼未来 低碳城市 人人参与

“绿色出行碳账户”活动理念与时俱进，顺应社会绿色低碳的发展趋势；目标着眼未来，物质奖励仅作为人们养成绿色出行习惯的引流，最终在整个城市中营造一种低碳文化氛围。

民间企业——社会责任 企业形象 一举两得

无论是作为停驶的榜样者，还是活动奖励的赞助商，民间企业参与“绿色出行碳账户”活动既履行了社会责任，又能为企业的良好形象锦上添花。

4.3 深圳市民评价

- **优点**

全民平台，唤起车主环保停驶意识

大部分深圳市民（60.87%）表示“绿色出行碳账户”为他们践行环保理念提供了平台，唤醒环保意识；本无环保意识的车主则获得了尝试机会。

奖励实际，能够发挥激励作用

被问及活动设置的物质奖励的吸引力时，车主们表示奖励很实在，惠及市民，对鼓励停驶而言虽不是根本因素，但有一定的辅助作用。

绿色环保，未来期望值高

对于活动的未来发展，大部分深圳市民认为活动对优化环境、治理拥堵有意义，并乐于向亲朋推荐。仅 12.22%的受访者态度消极。

- **缺点**

宣传度低，响应范围不够广

高达 71.43% 的深圳市民认为活动宣传力度不足，活动宣传渠道有待拓宽、宣传方式有待增加。

奖励落空，运行保障需加强

奖励兑换途径不够明晰，小部分车主无从自主获得奖励，积极性降低。

公开不足，对监管机制存疑

虽然交警部门能确保监管到位，但监管透明度欠缺，车主仍存在疑虑。

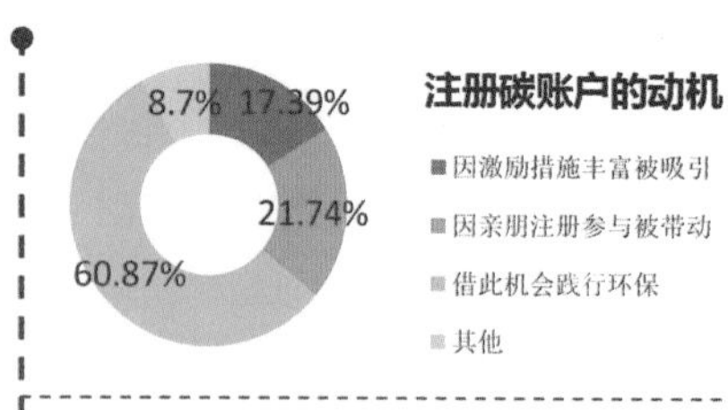

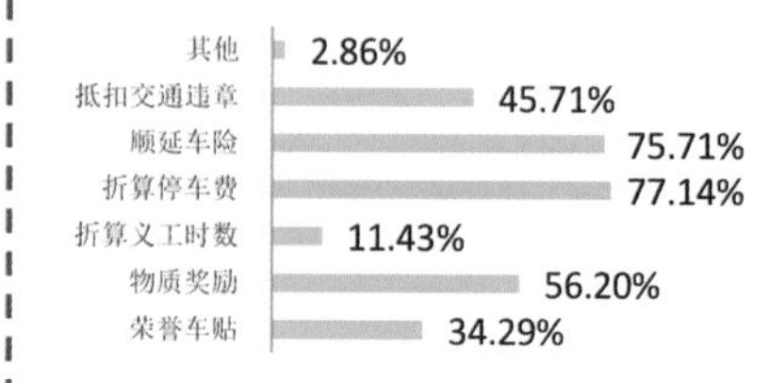

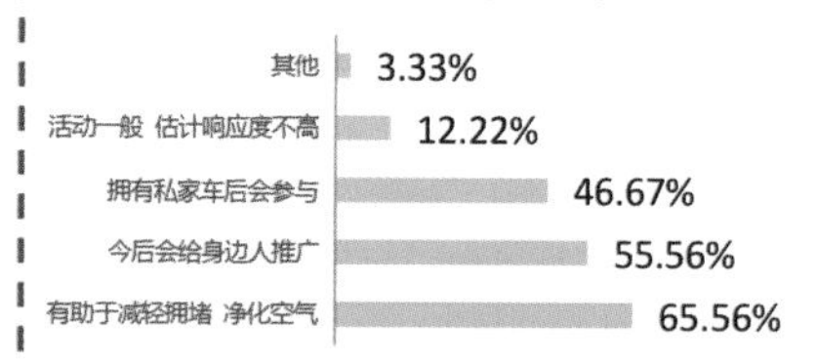

“私家车很方便，平时我不会想到主动停驶，开了碳账户之后，像有了提醒我停驶的闹钟，让我实现环保，还省了油钱。”

——深圳车主钟小姐

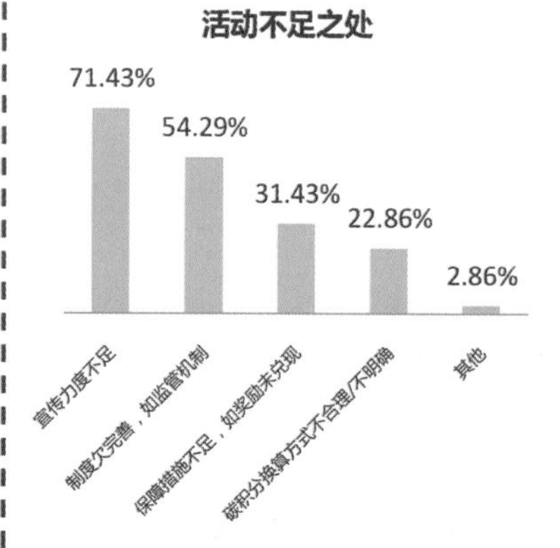

图 5（组图） 问卷调查成果节选

4.4 非深圳市民评价——前景乐观，乐意尝试

在对非深圳市民的调查中发现，虽从未接触过绿色出行碳账户，但高达 82.1%的非深圳市民对深圳的“碳账户”活动充满好奇与热情，认为活动有意义，并乐于尝试。

注册碳账户　绿色低碳行

——深圳“绿色出行碳账户”运行情况调研

4.5　总体评价——方案特色

激励代替强制，更具远瞻性——现阶段，我国市民低碳环保意识还不够强，良性激励可引导市民养成习惯，未来低碳氛围形成后，物质激励有退出的可能性；强制停驶措施则容易激发逆反心理。

政府组织与非政府组织良性合作——发挥了民间智囊团的作用，减轻政府负担，并为公民参与和政府管理协作提供一个更有活力的互动平台。

车主停驶效果可视化——碳账户 APP 将停驶的碳减排量可视化，给车主以精神回馈，激励效果更持久。

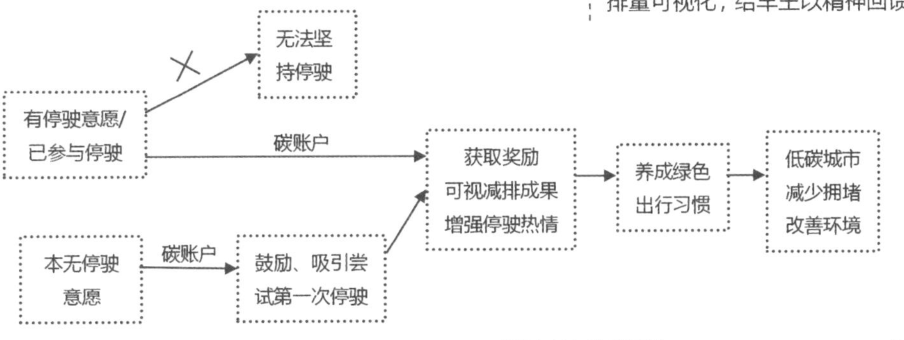

图 6　碳账户特色激励机制

图 7　碳减排量可视化操作界面

5　方案优化

5.1　加大宣传力度

源头加强宣传——在车主上牌时进行活动推广。

企业合作宣传——鼓励停驶奖励赞助方加强停驶活动宣传，丰富活动宣传渠道，扩大受众面。

5.2　优化活动机制

简化申请流程——将申报停驶与申请碳账户渠道合二为一，简化流程。

监管透明化、联动化 ——监管结果积极公开，让车主知晓监管整体效果；城市间监管系统联动，使车主在市外也能得到监管；利用深圳新推行的电子车牌监管。

增强停驶奖励落地性——争取更多汽车相关企业的赞助，建立奖励发放系统，由专人小组负责奖励落实，保证奖励发放到位，将车主停驶积极性维持在较高水平。

5.3　辅助举措

公共交通系统的完善——地铁、公交、公共自行车交通环环相扣，提高公共交通便捷度，为停驶提供替代保障。

碳账户 APP 的完善——完善查询功能，除传统公交、地铁线路查询外，增设自行车租赁点查询与提醒，提高市民出行最后一千米便捷度，从而促进停驶。

6　方案推广

6.1　机制推广

合作模式——政府和非政府组织的合作既保证权威性，又发挥民间智囊团的作用，值得在各领域推广。

联动机制——停驶活动与其他绿色项目进行联动，共用一个碳账户，相互促进，运行效率高。

宣传方式——基金会的专业性、赞助企业的商业性都拓宽了活动的推广渠道，方式值得学习。

6.2　核心理念推广

绿色低碳理念——除了停驶，生活中还有很多方面可以践行绿色低碳理念。从绿色出行到绿色生活，全面深入地培养低碳意识，是碳账户活动的核心目标之一。

柔性鼓励理念——通过物质与精神激励引导市民养成绿色出行习惯，无惩罚措施，避免抵触心理，体现了文明时代的社会关怀，有助于形成良性循环。

6.3　地域推广

绿色出行是一个城市的环保自觉体现，深圳凭借其较高的整体公民素质，辅以激励措施、完善的机制，获得了较好的效果，为其他城市提供了参照。

全民碳路，益心随行

——深圳“全民碳路”低碳出行平台构建方案研究（2017）

Abstract

After 2005, the carbon-trading market has been served as an efficient way to control the global carbon emission under an appropriate level. Meanwhile, the adjustment of personal traveling structure is significant to achieve a greener transportation environment. Under such circumstances, the “Carbon glory for all” program in Shenzhen built a platform based on the carbon-trading market. With the market led in, individuals’ behaviors of low-carbon traveling are able to be calculated and exchanged with the enterprises’ emission allowances. The platform also takes the advantage of social network to efficiently motivate people’s behavior. By now, the program has reached certain scale and has made some achievements. It also provides an innovative solution to sustainably keep individuals participating in public welfare.

1 选题背景与意义

目前，全球超过 10 亿人拥有汽车，道路交通碳排放占全球总量的 17%。过去 20 年，该领域的碳排放增长了 45%。城市机动车的快速增加造成了碳排放量的大幅上升，同时也导致了交通拥堵，让城市环境日益恶化。

2005 年《京都议定书》生效后，世界各国联手减排，碳排放交易市场同步建立。这一市场在企业总体限排的前提下，将碳排放权配置到生产率更高的企业。在获得更高产值的同时，将排放降到最小。目前我国在 7 个省市试点实行企业限排，仅深圳已有 800 多家企业被限制排放。2017 年，全国碳交易市场逐渐建立，全面减排时代即将来临。

在这一背景下，深圳全民碳路项目借鉴了碳交易市场的思路，将个人的低碳出行与碳交易市场进行联动，实现减排的内部结构优化，以可持续的动力培养市民的低碳出行习惯，从而缓解交通拥堵、空气污染等城市病。

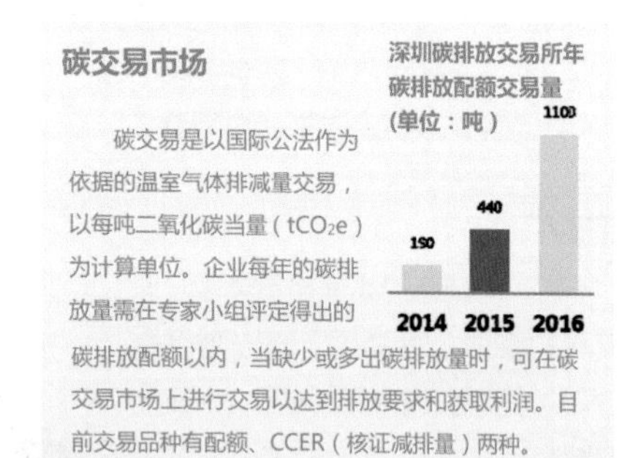

2 技术路线

小组成员通过查阅资料，对深圳超越东创碳资产管理公司全民碳路平台的项目经理人和深圳碳排放交易所相关负责人进行访谈（线上 1 次、线下 2 次），对相关合作商家进行电话访谈，并对广大市民进行问卷调查（260 份），以了解全民碳路的运行机制和不同主体对活动的认识与评价。最后综合分析、总结、提出方案、优化思路。

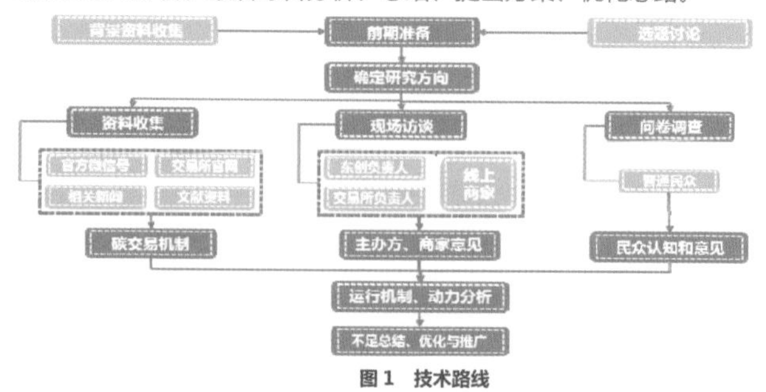

图 1 技术路线

3 方案介绍

3.1 方案简介

“全民碳路”是一个活动平台，在平台上市民可将低碳出行行为转化为相应的“碳币”，兑换商家提供的奖励，并与其他用户产生互动组成社交圈；商家也可将从用户处积累的碳币用于与其他企业间的碳交易，以获取利润。项目旨在限制碳排放总量的基础上，将低碳出行意识真正融入市民生活，减少交通带来的碳排放，促进节能减排结构的优化以及交通压力的缓解。

3.2 用户使用流程

关注活动微信

开通低碳账户

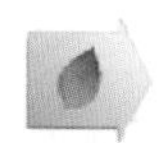
开启低碳行为

获得低碳积分

兑换低碳回报

图 2 用户使用流程图

3.3 方案运行机制

该方案的整体运行机制由两个方面组成。

1) 低碳出行激励机制：用户—平台—企业。

- 碳币积累

用户关注“全民碳路”微信，开启低碳账户后，与记录出行的第三方 APP（如悦动圈、深圳自行车、ofo 等）进行绑定，其低碳出行行为（如步行、骑车、坐公交等）就会由 APP 记录并提供给“全民碳路”平台。之后由平台将出行数据反馈给用户，并将碳减排量根据一定标准换算成碳币发放给用户。

- 奖励兑换

用户积累一定碳币后，可通过平台向企业申请兑换奖励并给出碳币，企业则通过平台反馈奖励信息给用户。

- 绿色氛围形成

用户量增大，形成以“全民碳路”平台为媒介的社交圈，营造社会低碳出行氛围，进一步激励和督促用户践行低碳行为。

2) 碳交易市场机制：企业—市场。

- 碳币获取

通过提供物质奖励给用户，企业可收集一定量的碳币。碳币作为商品，在碳交易市场上与配额、CCER 等值。

- 碳排放中和

企业可将碳币换成碳排放指标，中和自身碳排放量，即进行碳中和。

- 碳币交易

企业若无排放需求或有多余碳币，可通过排放权交易所与其他企业交易获取利润，买进碳币的企业可用碳币进行碳中和。

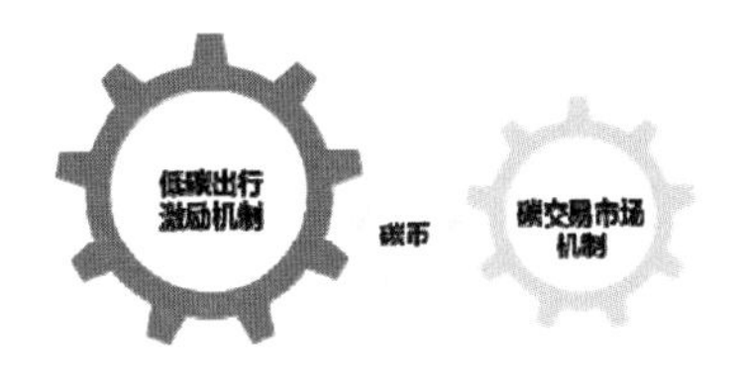

图 3　运行机制抽象图

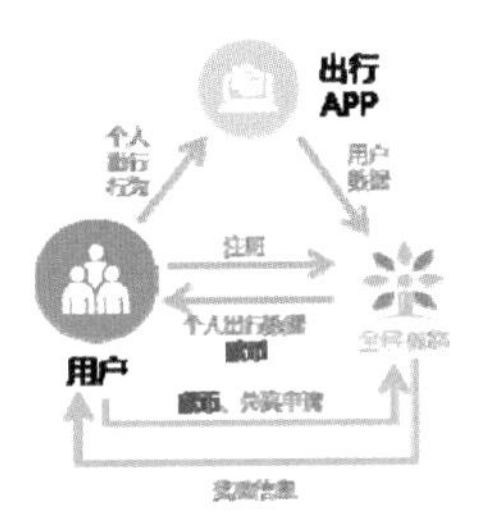

图 4　运行机制图

3) 激励机制与市场机制的联系

碳币流通使两套机制在企业一环产生交汇，用户兑换奖励时使碳币流动至企业，企业将其用于交易，则使个人的碳币流入碳交易市场。两

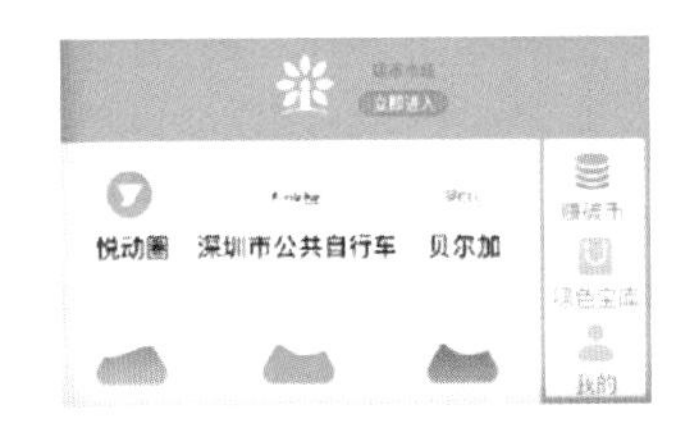

图 5　全民碳路平台界面

3.4 方案运行动力

在初始阶段，即扩大用户及确立碳币机制后，项目运行动力可理解为以下两个方面：

1) 来自碳交易市场的硬动力。

活动平台和碳交易市场的结合，使个人低碳出行得到激励，同时企业也可实现利润回馈。市场的发展将吸引越来越多的用户和企业参与其中，机制得以持续运转，低碳出行可被持续激励。

2) 社交网络构成的软动力。

用户数量和平台影响力增长到一定程度时，由于现实社交关系的导入，以活动平台为媒介的社交网络逐渐形成。绿色出行氛围的形成将进一步对个人低碳出行起到良性监督，低碳出行不再只是个人习惯，更是一种社交方式。

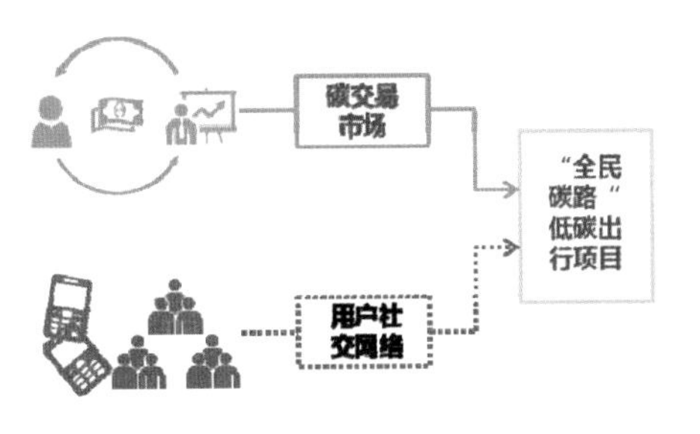

图 6　动力系统关系图

全民碳路，益心随行

——深圳“全民碳路”低碳出行平台构建方案研究

4 方案评价

4.1 实施效果

1) **平台建设。**

- 现有合作的出行 APP *3* 个，用以记录用户出行数据，包括悦动圈、深圳公共自行车等。
- 现有合作商家 *8* 家，为用户提供各种优惠券，包括鸿波酒店、天虹商城等。

2) **用户规模。**

- 截至 2017 年 3 月，全民碳路总用户数为 *1658* 人，活跃用户为 *40%*，仍有待推广。
- 月均用户增长率为 *11%*，增速较快。

3) **减排效果。**

- 半年时间内，所有用户二氧化碳减排总量为 *1864kg*，作用显著。

用户绿色出行方式比例

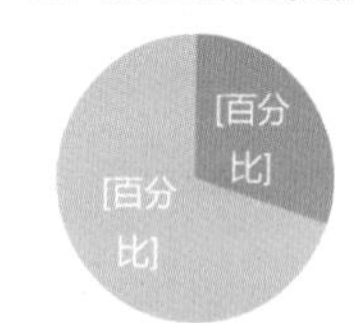

出行是否考虑低碳因素

经常考虑
偶尔考虑
从不考虑

是否愿意为了低碳放弃机动车出行

必须这样做
可以这样做
无所谓
做不到
0 50 100 150 200

是否愿意使用平台改变出行习惯及原因

不愿意
无所谓
愿意，物质激励
愿意，互相监督
0 50 100 150 200

图 7 （组图）问卷结果分析

4.2 各方利益分析

4.2.1 各方评价

1) **公众：乐于参与、自愿减排、绿色出行。**

广大市民赞同低碳绿色出行方式，认为这种活动可以很好地提高大家的绿色出行意识。

2) **商家：品牌推广、社会责任、支持公益。**

合作商家表示，与全民碳路合作有助于宣传自身品牌，这也是企业支持公益，承担应有的社会责任的途径。

3) **碳排放交易所：全民参与、公益主导、低碳生活。**

排放权交易所表示，全民碳路以公益为主导，鼓励民众践行低碳生活方式，培养社会公众的绿色出行习惯。

4) **全民碳路平台：社交植入、精确量化、市场激励。**

全民碳路平台表示，将社交网络植入绿色出行，通过精确量化与激励机制，构建全社会的绿色出行氛围。

4.2.2 各方获益总结

通过各大主体的评价及对他们之间联系的研究可知，机制运行过程中，他们均获得了一定的正面效应：用户获得物质奖励、社交归属感；企业获得品牌效益，进行碳交易获得利润；出行 APP 得到宣传推广并扩大了用户群体；碳交易所扩大业务量并提高了大众对碳金融的认同。

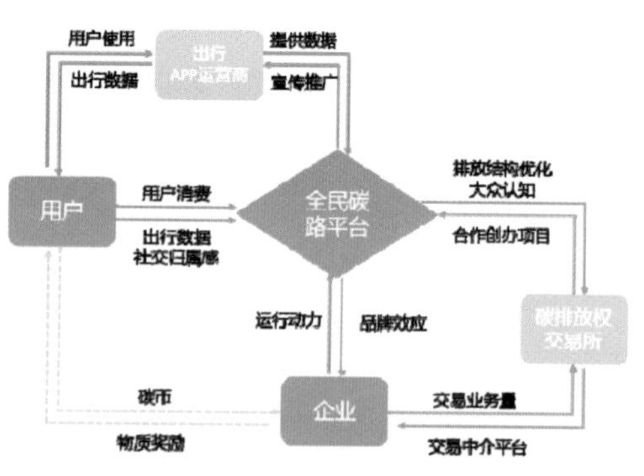

图 8 利益主体分析

项目通过有效动力支持，在各方利益一致的前提之下，整体获得较大正面效应，最终可实现减少总体碳排放量与优化内部结构的目标，并实现全民共同参与的出行低碳化，从而带来环境与交通的改善。

4.3 创新亮点

1) **公益主导+市场激励。**

通过市场机制为公益活动注入活力，形成公益主导、市场参与的新型公益机制。通过奖励碳币，为活动提供动力，促进公众形成绿色出行习惯。

2) **社交网络+绿色出行。**

活动将社交网络引入绿色出行，利用社交网络覆盖广、传播快、影响显著的特点，推广平台并在全社会形成互相监督促进的绿色出行氛围。

3) **平台联动+精准量化。**

全民碳路通过与深圳公共自行车、悦动圈等各大互联网出行平台合作，将个人的绿色出行行为精确量化成为个人的减排量，从而引起个体对绿色出行的关注。

全民碳路，益心随行

——深圳"全民碳路"低碳出行平台构建方案研究

4.4 不足之处

1）技术问题——数据记录与共享。

- 实时记录个人出行行为的技术问题：由于涉及碳币的兑换，这一记录必须达到一定的精度。
- 第三方平台与全民碳路实现一体化的问题：即便全民碳路已经和第三方数据平台达成合作，数据仍然不能实现完全共享，仍需要单独下载第三方 APP，给用户带来一定程度的不便。

2）运行风险——碳币兑换与流通平衡。

- 个人端数据由于利益关系可能会出现造假的现象，如刷无效数据骗取碳币从而兑换奖励。
- 个人的减排量流入碳交易市场，若控制不当会对节能减排造成冲击；过多的个人减排兑换的碳币流入碳交易市场会对企业的节能减排造成一定程度的影响。

3）形式局限——活动开展与界面设计。

- 用户参与低碳出行的活动形式有待丰富，仅有几种减排记录形式久而久之会令人感到乏味，特色活动的举办可以提起用户的兴趣。
- 公众号的界面暂时比较简陋，缺乏设计感和吸引力。

5　方案优化与推广

5.1 方案优化

1）完善数据实时记录。

通过技术改进预防恶意刷数据等投机行为，保证减排的效果和用户低碳行为习惯的养成。

2）控制碳币流量。

控制个人减排进入碳交易市场的量，在运行之初利用碳交易市场提供原动力。

3）改进社交功能。

项目后期依靠用户本身习惯的养成，平台社交趣味的营造（借鉴微信记步或蚂蚁森林等成功的用户交互模式）和平台的广告效应吸引用户、出行 APP 及线上商家的加入，以维持整个机制的顺利运转。

4）用户反馈机制有待建立。

从用户的反馈建议中得出平台的改进方向，使得平台进一步发展，进一步扩大用户群和影响力。

图 9　方案优化

5.2 方案推广

1）核心理念推广。

公益活动运行的动力探索——借市场之力

碳交易市场的交易需求提供了机制运转的原动力。借市场之力使得项目在实施初期获得了稳定的运行动力，从而保证了初期用户良好出行习惯的养成。

实现全民低碳出行的基础——个人低碳出行意识的培养

公众低碳出行的实现是基于个人低碳出行意识的养成。了解人们出行的实际情况与需求，并据此来引导人们的行为，助力低碳出行意识的养成。

2）模式推广。

记录行为，客观转换

记录用户的行为并按照科学的标准转换为可以衡量的量，这在其他需要记录行为或需要进行量化的应用中可以进行推广。

参与互动，社交激励

引入社交功能，使得用户获得良好的社交体验，并利用社交网络覆盖广、传播快且影响显著的特点，达到宣传作用的最大化。

A+B+C
——广州萝岗创新公共自行车运营模式研究（2015）

A+B+C：广州萝岗创新公共自行车运营模式研究

Abstract:

As a green transportation with the substantial effect to ease the traffic pressure, the public bike is an important civil facility. However, old system with the complex registration process, the low popularizing rate and the high cost bogs into the embarrassing dilemma: less promotion and profit.

Guangzhou Luogang Bicycle System adopts an innovative mode called "A+B+C", which relies on the self-developed intelligent system to convert the rental station to the information hinge, thoroughly changes the out-dated top-to-bottom advertising and supervision mode. The system makes full use of public power to realize the advocacy promotion and the collaborated management. This mode gives rise to a new industry and service with lower cost and better creation. In this way, public bike becomes an indispensable part of urban life.

1 方案背景与意义

公共自行车凭借低碳出行的绿色理念、缓解拥堵的实际效用，成为城市重要的形象工程和民生工程。然而，传统公共单车系统大多陷入租赁流程繁琐、普及程度低、内耗成本大的困境，形成推广难、亏损易的局面。

广州萝岗公共自行车创新地提出"A+B+C"模式，通过自主研发的智能系统将传统租赁站点发展成为城市信息终端枢纽，改变了原来自上而下的推广、管理模式，把公众视作自行车传播的主体力量、系统管理的辅助力量。新模式的引进和传播，实现了大数据、物联网、云服务等新常态与传统行业的融合，形成成本低廉，开放创新的新型产业与服务，让公共单车真正融入城市生活。

2 技术路线

小组成员通过资料收集以及对萝岗自行车开发公司锐途公司高层管理人员的访谈，了解萝岗区公共自行车运营模式；通过对相关政府部门的访谈和用户与非用户的问卷调查，了解不同群体对于新模式的评价；最后进行综合分析，总结， 并提出优化方案。

调研成果，发放用户问卷 60 份，有效回收 56 份，访谈 5 份；发放非用户问卷 80 份，有效回收 74 份，访谈 5 份；锐途公司、政府访谈各一份。

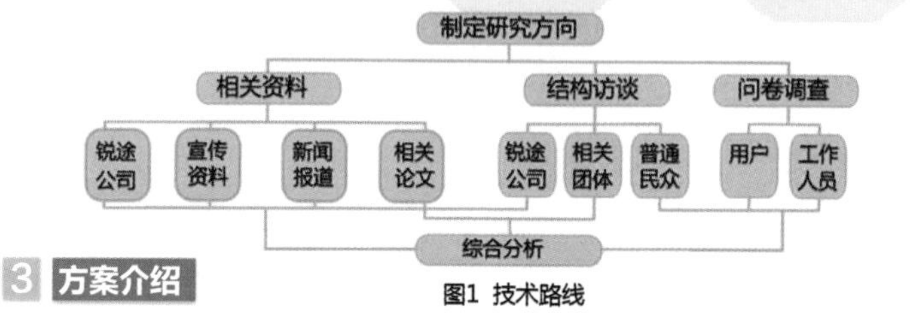

图1 技术路线

3 方案介绍

3.1 方案概况

萝岗公共自行车的物质基础是多种类的定制单车，管理基础是自主研发的自行车智能管理系统、租还车流程基础是网络租赁信用体系。该模式创新性地形成以金融支付、微信、APP 体验为核心的运营体系。

智能系统的应用实现了租还车流程无人化办公。微信、APP 收集的会员基本信息可供管理者有针对性地组织赛事活动;还车桩记录的 OD 数据和租还车时间为单车租赁的热点时段和区域分析作基础，为后续景观路线和站点网络布局的规划提供数据支持。

用户
微信、APP 扫码
自助租赁
智能系统
站点
车辆
还车桩锁管
反馈
1）景观路线规划
2）站点网络布局规划
3）赛事活动类型组织

图2 智能系统运行机制

该体系以大数据分析为技术基础，以公众分享为宣传策略，以众包协作为管理手段，简化租赁流程，压缩人力成本，解决了传统公共自行车调度难、推广难、盈利难的问题。其中有扫码租车、社区驿站等便民服务，有骑行活动、单车赛事等社交符号，有客户参与车辆调度等协作式管理手段……所有这些新的运营机制，可以归结为：

"A（Advocacy Promotion）+
B（Big Data）+
C（Collaborated Management）"

广州区域
计划建站500个
投入车辆20000辆

萝岗区：
站点13个
计划建站39个
现有车辆500辆

A+B+C：广州萝岗创新公共自行车运营模式研究

3.2 运行机制

3.2.1 使用机制

1）查询租车。

萝岗公共自行车采用智能化电子租赁系统，使用者可通过微信端或 APP 随时随地查询站点车辆使用情况，手机扫描二维码后付款租车。

2）快乐骑行。

使用过程中客户可体验到全新模式的公共单车租赁服务，如参与相应赛事活动、在 APP 客户端晒骑行轨迹、在咖啡店零售店等自行车配套驿站享受缴纳水电,快递收发等便民服务。由此进一步推广了自行车文化，同时通过网络平台直接与管理者联通，为智能系统提供数据反馈，使其进一步完善服务。

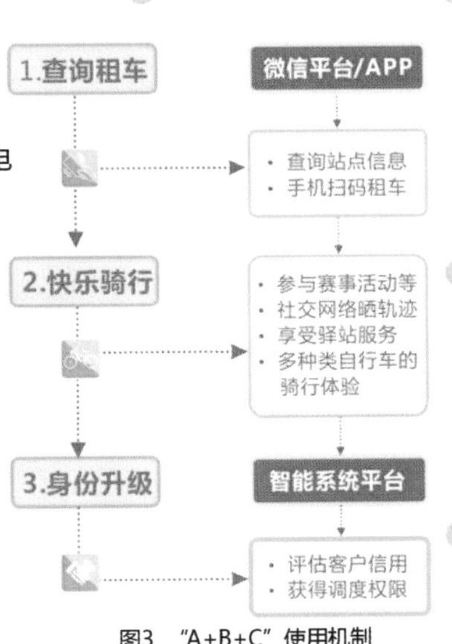

图3　“A+B+C”使用机制

3）身份升级。

部分客户通过智能系统的信用评估，被授予调度附近站点自行车以及开启备用车库的管理权限，收获了优惠福利和管理体验。

2）系统运营过程。

运营过程中，萝岗自行车整合社会力量，共同营造优质的用车环境。对内，网络平台是 C2B（Customer to Business）的关键桥梁，成为民众反映意见、公司发布信息的重要渠道。物联网所关联的整个租还车系统在总部监管之下，供需实况、热点区域等动态信息可实时反馈。驿站外包，由市场力量调控管理，设置成咖啡店零售店等形式，不仅拓展了服务站点，将便民服务传递了各个社区，也是节约成本、创收增值的良方。

3）管理升级阶段。

萝岗公共自行车和政府目标一致，希望全面实现公共单车的广泛普及，将骑行文化打造成现代之都的城市名片。要实现这一目标，必须迎合时代潮流、大幅提升公众参与度。

因此，该模式基于信用体系对用户进行会员分级管理，制定不同等级会员的管理权限；采取奖励制度把这一人群发展成车辆调度员，以协作式管理模式让更多人参与进这场城市公共自行车更新运动。

3.2.2 管理机制

广州萝岗公共自行车模式从推广、运营到高级管理的一系列流程是“互联网+”时代的新兴产物，充分体现了“A+B+C”模式的优势。

1）普适推广阶段。

智能系统将自行车、智能手机、客户和社区编织成一张实时对接的物联网。微信实现查询、预订、租车和付款；租赁驿站深入社区紧密结合城市居民生活，同时增加公司收入；微信平台上发布骑行活动赛事，组建了一个低碳环保朋友圈，骑行文化社交圈，借助公众的力量滚雪球式宣传推广。

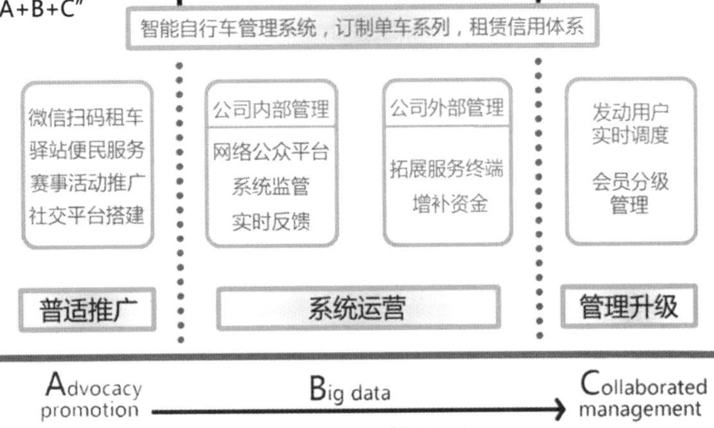

图4　“A+B+C”管理机制

A+B+C：广州萝岗创新公共自行车运营模式研究

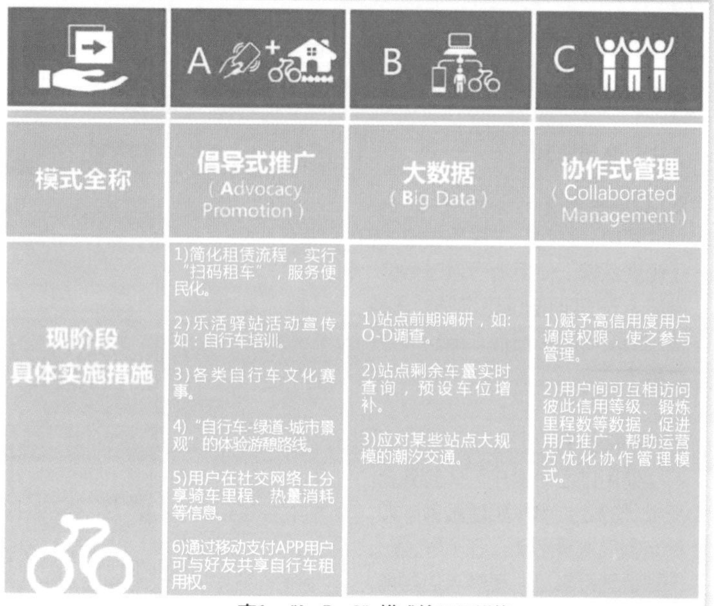

	A	B	C
模式全称	倡导式推广（Advocacy Promotion）	大数据（Big Data）	协作式管理（Collaborated Management）
现阶段具体实施措施	1)简化租赁流程，实行“扫码租车”，服务便民化。 2)乐活驿站活动宣传如：自行车培训。 3)各类自行车文化赛事。 4)“自行车-绿道-城市景观”的体验游憩路线。 5)用户在社交网络上分享骑车里程、热量消耗等信息。 6)通过移动支付APP用户可与好友共享自行车租用权。	1)站点前期调研，如：O-D调查。 2)站点剩余车量实时查询，预设车位增补。 3)应对某些站点大规模的潮汐交通。	1)赋予高信用度用户调度权限，使之参与管理。 2)用户间可互相访问彼此信用等级、锻炼里程数等数据，促进用户推广，帮助运营方优化协作管理模式。

表1 “A+B+C”模式的具体措施

3.3 方案总结

1）**A——“倡导性推广”**（Advocacy Promotion）

在公共自行车推广过程中，该模式摒弃了原来政府自上而下宣传方式，结合“互联网+”思维，整合了一套公众导向的倡导式推广方案，借助民众力量放大自行车公交的优点，增强体验趣味性。

2）**B——“大数据”**（Big Data）

在自行车系统的日常运营过程中，该模式全面收集相关一手数据，将其用于系统运营状况的监测与评估，为决策分析提供可靠依据。其中，用户是数据的提供者，运营方是数据的统计者，两者都是数据分析决策的受益者。

3）**C——“协作式管理”**（Collaborated Management）。

萝岗公共自行车模式基于互信原则培养忠实用户，并赋予这类用户一定的管理权限，使之在满足自身交通和健身等需求的同时协作进行余车调度、志愿服务等工作，并制定可行的奖励机制。由此，部分用户参与到管理系统中来，实现公司内外的协作式管理，达到推广品牌、降低人力成本的目的。

4 实施效果

4.1 倡导式推广实施效果

1）扫码租车方便快捷。

扫码租车省却了带证件交现金、到指定网点办卡的烦琐流程，降低了租车门槛。

2）网络平台互动，增加用户黏性。

APP提供的行车里程、热量消耗等可分享在朋友圈和微博上，“晒”自己的健康生活，增加社交趣味性。通过移动端支付的使用者可赠送或分享租用权增强了用户间的互动。同时驿站将网络联系实体化，打造线上线下一体化的自行车社交圈。

3）赛事规模大，活动参与程度高。

该模式运营公司承包过一百来个大大小小的公共自行车活动，包括广州大学城环岛自行车比赛、广州南沙国际公路自行车赛等知名度高的赛事。这种赛事大大增强了锐途公共自行车的影响力。

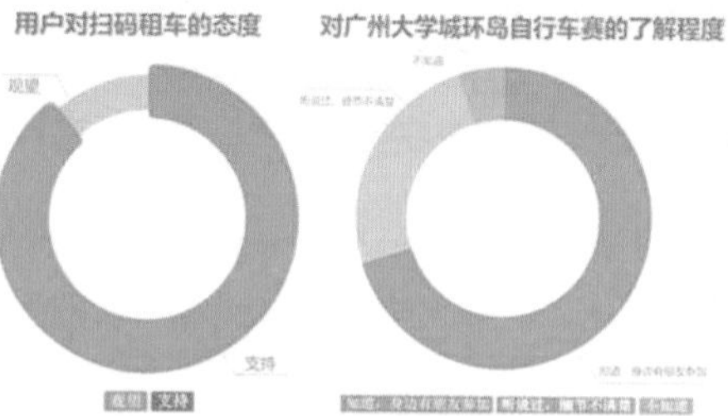

图5 用户问卷反馈

图6 扫码租车用户界面

4.2 大数据应用实施效果

1）行车数据统计意义。

对大量的行车路线、时段和流量统计数据进行分析可为道路规划设计提供方向。

2）后台实时调度更为便利。

基于联网停车桩上传的数据，实现系统对租还车数量的实时把握，能够及时进行调度和预设车位增补。

4.3 协作式管理实施效果

1）用户参与度越高，忠诚度越高。

萝岗自行车建立用户参与管理机制，给予长期稳定用户一定管理权限，同时培养适于用户参与的企业文化，拉近管理者和使用者之间的距离，使客户有长久的热情。

2）自组织形式的推广实现了成本转移。

协作式调度大大节约了人力成本，解决了自行车公司普遍面临的亏损问题。公司将节省下来的资金投入微信运营，加强圈子联系，进一步提高用户帮助管理调度的积极性，形成良性循环。

3

A+B+C：广州萝岗创新公共自行车运营模式研究

4.4 空间活化效果

本小组根据运营方提供的道路截面流量视频数据，做出了生物岛设置站点前后的流量变化图。在设置了“官洲站”和“水墨园驿站”后，原本荒凉的生物岛一下子有了人气。

建站前，生物岛的人流量主要集中在主要建筑和大桥入岛处，呈点状分布；

设置自行车站点前后生物岛人流分布图

建站后，人群移动性增加，空间使用率提高，由点状分布向片状分布过渡。

图7　生物岛空间活化效果对比分析

4.5　A+B+C”与传统模式效果对比

A+B+C 模式在附加收入、管理人力成本、客户服务流程上与传统公共自行车运营模式不同：

1) 驿站等消费空间外包可作为附加收入缓解资金问题；
2) 大数据和协作式管理让公司大幅减少人力资源成本；
3) “扫码租车”便民服务优势。

这三个方面体现了“A+B+C”模式的核心竞争力，由“倡导协作”　“云端服务”　“互联网+”背景下的诸多机制推动。由此可见，A+B+C 模式是一种技术创新，是极强的实用性和巨大的发展潜力的公共自行车运营新模式。

5 优化推广

5.1 增加站点，提高单车可达度

目前，单车服务站点集中分布需求量较大的公共场所，但在社区内部缺乏站点。为完善广州站点网络，有必要针对大型社区设置站点，满足群众出行需求，并对已有站点进行改造升级。

5.2 规划同步，实现园内快速接驳

萝岗自行车运营方可与广州大量产业园与高校科研场所进行合作，实现区内无缝快速接驳，提高道路安全性的同时便于统一管理。

5.3 单车休闲，设计骑行旅游路线

站点可与公园、骑楼大街等广州特色景观结合，与百度地图、高德地图绑定推广。其次可设计全民参与的休闲活动，城市鲁滨逊等。

5.4　时事宣传，直击热点做推广

自行车推广应敏锐地洞察社会，挖掘热点，将话题高度提炼。一方面响应媒体潮流，传播新鲜资讯；另一方面与用户产生共鸣，然后用富有创意的形式打造极致体验。如高考自行车送考。

5.5 因地制宜，改善硬件显关怀

不同行驶路段的用户往往有特定的需求和期望，比如绿道上部分用户希望单车安装伞架。公司应将各类需求细化分类，针对不同需求采取相应行动，使自行车体验更加人性化。

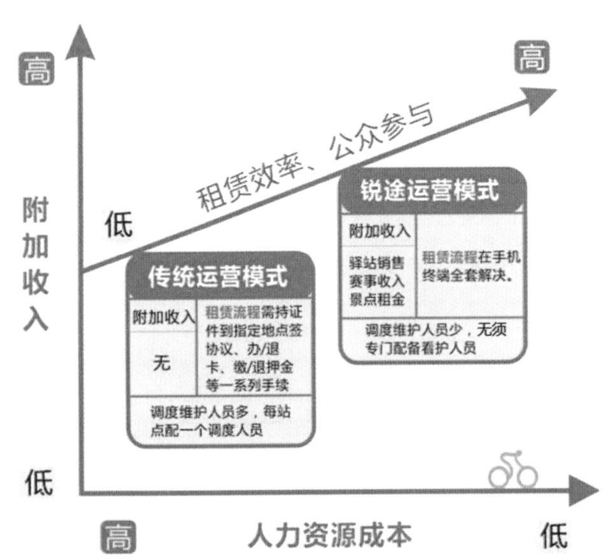

图8　新旧模式效果对比分析

移动体验，幸福随行

——广州主题有轨电车运营模式调查研究（2017）

Abstract

Nowadays, under the guidance of "Transit-Oriented-Development", urban public transport space has been greatly expanded. However, the use of public transport facility hasn't improved significantly due to the poor travel experience. As a result, how to improve travel experience has become a highly discussed topic. In February 2015, Guangzhou theme-tram has been put into operation, which adds vitality to urban public transport space, so as to enhance passengers' travel well-being. We further investigated the operating mechanism of theme-tram, by operating in-depth multi-interviews with Youngtram Company, and its cooperative partners. Meanwhile, we carried out a questionnaire survey with passengers about the feedback and comments towards the theme-tram.

Finally we propose an optimized and generalized plan. On the one hand, theme-tram reflects the core concept of improving travel experience which can be promoted in other public transport. On the other hand, the operating mechanism of theme-tram can be applied to other fields and cities, which can help to achieve the best use of public transport space.

1　方案背景与意义

近年来，在“公交优先”的规划指导下，城市公共交通空间得到极大拓展。然而，由于当前公共交通的出行体验感不佳，其对于公众的吸引力不足。因而，如何改善人们的出行体验逐渐成为热点话题。

广州有轨电车公司自 2015 年 2 月推出首列主题有轨电车以来，逐渐形成由“共营”到“共赢”的运营模式：通过多方合作，打造丰富的互动体验方式，“活化”公共交通空间，从而提升人们的出行幸福感，使城市公共交通空间得到更有效的利用。

图 1　广州有轨电车标志　　图 2　主题列车印象词频

2　技术路线

小组通过资料收集和对广州有轨电车公司相关负责人访谈，获知主题有轨电车的运营概况，并深入了解其内在运行机制；同时，通过走访系列主题有轨电车的合作方，了解主题打造与理念推广情况。小组成员对主题有轨电车进行多次实地调研，发放问卷 200 份，有效回收 192 份，并结合访谈，获取乘客对主题有轨电车的评价及出行幸福感情况。最后，小组对方案进行归纳总结，并进行优化与推广。

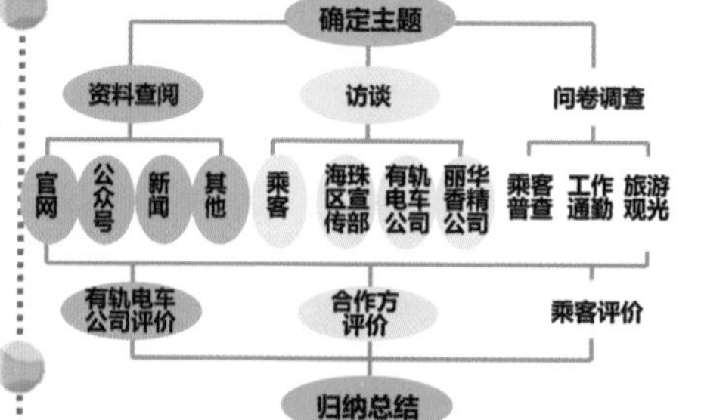

图 3　技术路线

3　方案介绍

3.1 方案概况

2015 年 2 月 12 日，广州有轨电车公司正式推出全国首部主题有轨电车，截至 2017 年 5 月，共计开通 20 余列。

根据合作方性质，主题有轨电车的投资模式可划分为三种：公益、商业、公益+商业；根据有轨电车市场调研，可划分为四大装饰主题：儿童、艺术、体育、公益。主题列车采用多元多感官体验方式，涉及视觉、嗅觉、听觉、触觉等，比如实体书架、童声解说、小丑表演、小型音乐会、触摸闻香等。（见表 1）

每列主题列车从合作策划、设计装饰到列车上线，平均耗时 2 个月，上线时间为 3 周左右，每月运行费约 30 万元。

表 1　典型主题统计

主题名称	打造方式	合作方
儿童 1.0	卡通贴纸、人形玩偶	广州有轨电车羊群节
艺术 1.0	无线耳机根据定位讲述音乐故事	时代美术馆、英国艺术家组合
阅读 1.0	书香壁纸	方所等书店
儿童 2.0	卡通贴纸、马戏团	设计师 Mantic Wong
绿野仙踪	森林壁纸	保利和基金
幸福同行	3D 壁纸、最佳摆拍点	莱尔斯丹、万氏兄弟
儿童 3.0	贴纸、玩偶	喜羊羊公司
阅读 2.0	书香壁纸、实体书	海珠区委宣传部、丽华香精、书店
艺术 2.0	车厢气味、朗诵会	时代美术馆、香港歌德学院
美在童声	小小讲解员童声讲解	广州求上教育
书香岭南	岭南特色壁纸	海珠区委宣传部
广汽专列	粤语俚语贴画	广汽集团
儿童 4.0	卡通贴纸、主题饰品	广汽丰田汽车有限公司
阅读 4.0	二维码书单、香味	海珠区委宣传部、丽华香精

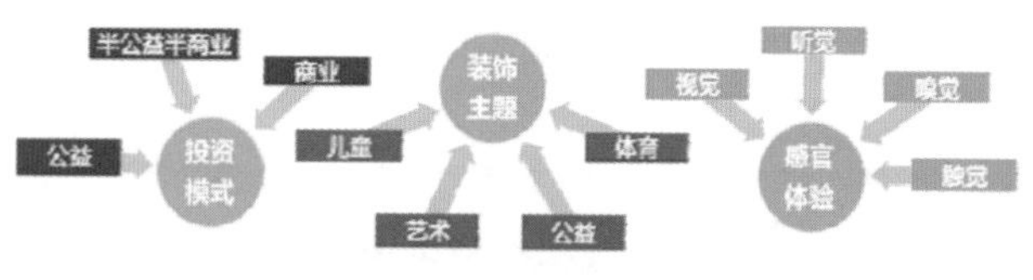

图 4　主题列车概况

移动体验，幸福随行
——广州主题有轨电车运营模式调查研究

3.2 运营流程

3.2.1 合作策划

主题列车由有轨电车公司与合作方共同策划打造。合作方根据自身特点与需求确定打造方向，有轨电车公司提出主题打造建议。

3.2.2 主题确定

为打造相应主题的车厢空间，合作方可进行设计或外包给广告公司，提供一套设计方案。之后，由合作方提供相关物力、财力或技术，落实车厢前期营造。

3.2.3 主题列车推出

为提高新一季主题列车的知名度，让更多乘客前来体验，有轨电车公司借助线上、线下多平台进行宣传推广及主题活动介绍；同时，在轨道沿线打造配套活动，提供丰富的体验形式。

3.2.4 乘客体验

乘客在乘坐主题列车的过程中，能在车厢中参与小型音乐会、倾听城市的声音、触摸闻香等多感官互动体验，并且成为主题氛围的营造者，从而提升出行幸福感。（如图6）

3.2.5 主题更新

主题列车运营一定时间后，有轨电车公司将与新合作方确定合作关系，更换车厢装饰，打造新一季主题列车。

3.3 运行机制

主题列车前期由多方合作共同推出，后期能使多方共同获益，从而实现由“共营”到“共赢”的效果。

3.3.1 “共营”机制

打造主题有轨列车需要多方参与。企业、政府等合作方带来合作契机，为主题列车投入资金、具有专业性的技术或物资支持，用于线上装饰或线下活动。有轨电车公司提供列车平台及长期运营建设的经验及建议。乘客参与互动体验，成为主题氛围的营造者。

3.3.2 “共赢”机制

主题列车的运营为多方带来效益。对于合作方，可以有效推广宣传其理念；对于有轨电车公司，可以提升运营效益、扩大公司影响力，从而使公共交通空间得到更有效的利用；对于乘客来说，其出行过程增添了丰富的体验感，获得了良好的公交出行体验。

3.4 方案特点

3.4.1 多感官互动式创新体验

主题有轨电车能为乘客提供不同感官的创新体验方式，在丰富出行体验的同时，增加乘车愉悦度及满意度，从而提升乘客的出行幸福感。

3.4.2 交通空间增添文化氛围

该方案使有轨电车从单纯的交通工具跃升为具有主题文化的互动体验场所，从而“活化”城市公共交通空间，提高运营效能。

3.4.3 由“共营”到“共赢”

主题有轨电车的前期营造由有轨电车及合作方共同完成，乘客通过多种互动方式参与主题营造，多方合作使其具有不断创新的体验方式。同时，文化理念隐性推广、乘客主动体验与二次宣传、多方共赢为其持久运营带来了活力。

图5 运营流程

图6 车厢装饰及互动方式打造示例

图7 运行机制

图8 方案特点

移动体验，幸福随行
——广州主题有轨电车运营模式调查研究

4 方案评价

主题有轨电车是一种将公共交通空间活化的新模式，其通过增加乘客互动体验方式将交通空间进行活化，提升乘客乘坐公交出行的幸福感，从而使公交优先的理念更加深入人心。

4.1 乘客的评价

4.1.1 优点

①多感官的互动体验方式，新颖独特

车厢内有多感官的互动方式，如视觉——车厢壁画，听觉——音乐、讲解，嗅觉——不同场景的气味，触觉——触摸闻香，等等，形式多样，让乘客在车上体验感十足。

②多主题的文化列车打造，认同感增强

对于市民，主题有轨列车对广州特色文化的宣扬，使其在乘车过程中增强了文化自信以及认同感；对于外地游客，具有广州特色的主题列车，成为其旅途过程中移动的文化体验区，从而体验到广州特色文化。问卷调查结果则显示，乘客在主题装饰上有一定的偏好性，对颜色亮丽的主题印象度较高，对有文化内涵的主题兴趣较大。（见图 11）

③多方面的满意评价，出行幸福感提升

乘客对于有轨电车的安全性、舒适度、沿途风景及车厢装饰都较为满意，打分较高（见图 12），并表示其在乘坐主题列车的过程中，愉悦度明显提升，由此可见乘客的出行幸福感得到一定的提升。

④多途径的推广宣传，助力幸福感传递

乘客获知主题有轨电车的途径多种多样，有较大部分乘客获知有轨电车的途径为亲朋推荐（见图 13），可见乘客对主题有轨电车的评价较好，且不少乘客表示，很乐意将其乘车经历分享给身边更多的朋友，传递出行幸福感。

4.1.2 缺点

①站台缺少主题列车时刻表

不少乘客为体验主题列车独有的出行体验感而来，然而站台缺少主题列车时刻表，致使乘客盲目等待或失望而归。

②部分车厢壁画遮挡窗外视野

部分主题列车的彩色壁画占用过多车窗空间，使得乘客的观景视野受到阻挡，乘车满意度下降。

③宣传介绍不够简明

主题列车的互动方式较为新颖，但部分互动方式的宣传及介绍不够简明，乘客不能及时理解，从而导致互动不充分。

4.2 有轨电车公司评价

主题有轨电车不仅是一种出行方式，还可以令乘客在列车上享受参与互动体验活动的乐趣，从而感受文化理念，提升出行幸福感。

4.3 合作方评价

主题列车是很好的文化理念推广平台，希望以此提升乘客在乘车过程中的文化愉悦感。

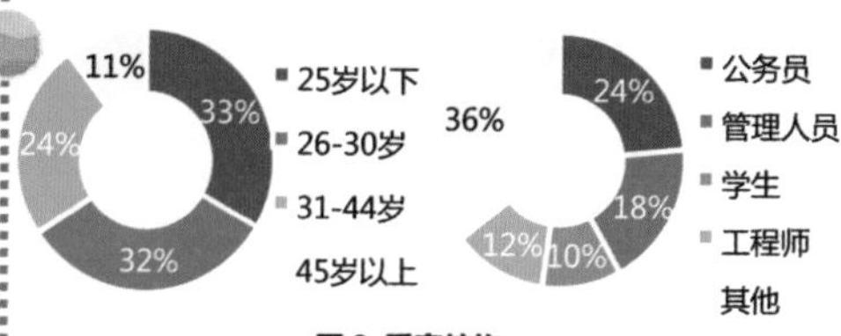

图 9 乘客结构

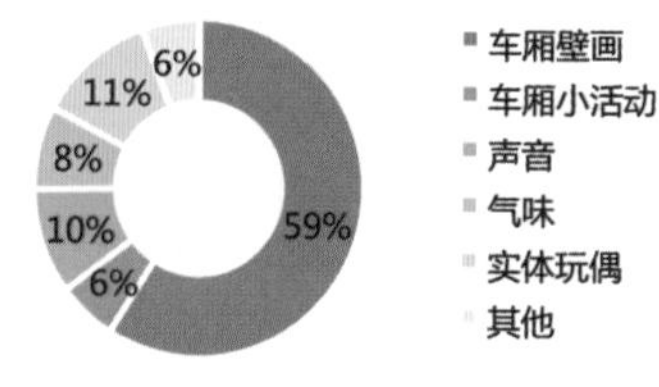

图 10 乘客感兴趣的互动方式

"在主题有轨电车上可以品味广州特色文化，增强人们的文化自信，很不错！"

——每天乘坐有轨电车锻炼身体的阿伯

主题列车可以说是一个岭南文化的展示平台，带领旅游团乘坐有轨电车，既可以在车厢往外看到经典美景，也可以从车厢内的布置认识岭南文化。"

——旅游团导游

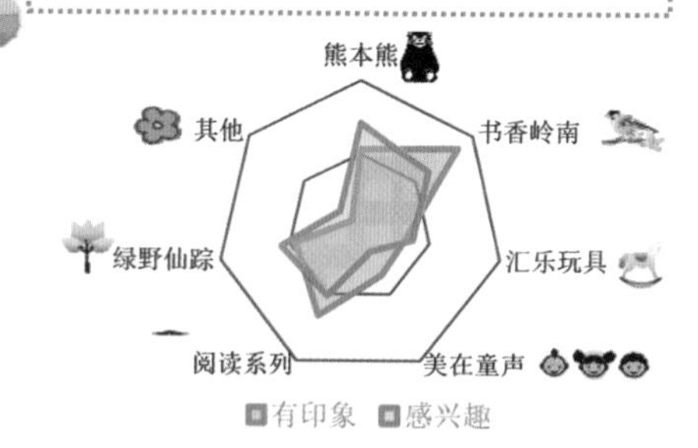

图 11 乘客对于不同主题的评价

	安全性	舒适度	沿途风景	车相装饰	行驶速度
平均分	4.66	4.59	4.71	4.44	4.31

图 12 乘客对于有轨电车乘车体验评分

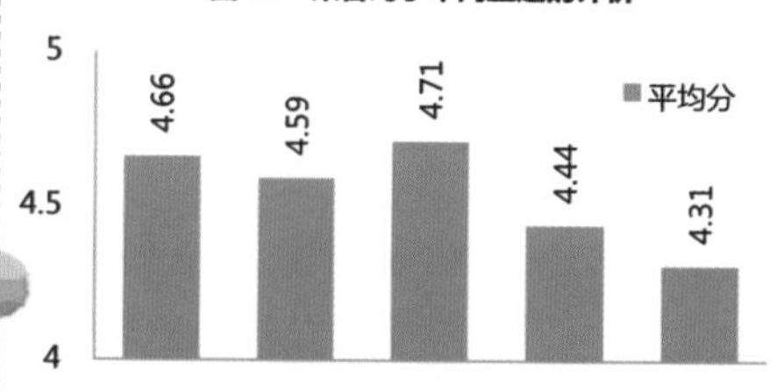

图 13 乘客得知有轨列车的途径

5　方案优化

5.1 完善设施，满足乘客需求

当前主题配套还有完善的空间，如车窗的壁画范围须加以限定、站台主题列车时刻表有待补充等。通过完善列车配套设施，满足乘客多方面需求，从而更好地提升出行幸福感。

5.2 活动配套，打造完整体验

目前沿线配套活动仍未形成完整体系，乘客体验感不够完整；可通过增加景观节点、举办配套活动，加强与地铁博物馆的联系，从而提高体验感的完整度。

5.3 加强宣传，提高互动程度

主题列车在新型互动方式的宣传与介绍方面尚显不足。建议在新一季主题推出后通过多渠道宣传、举办主题征集比赛等方式提高列车主题及互动方式的认知度。

5.4 建立体系，增强幸福感

主题列车尚未建立完善的反馈评价体系。从客观的统计结果与乘客、合作方及有轨电车公司出发，构建科学的反馈评价体系（见图 15），从而及时确定不足之处、及时改进。通过即时更新，将提升出行幸福感的机制不断完善，成为出行常态。

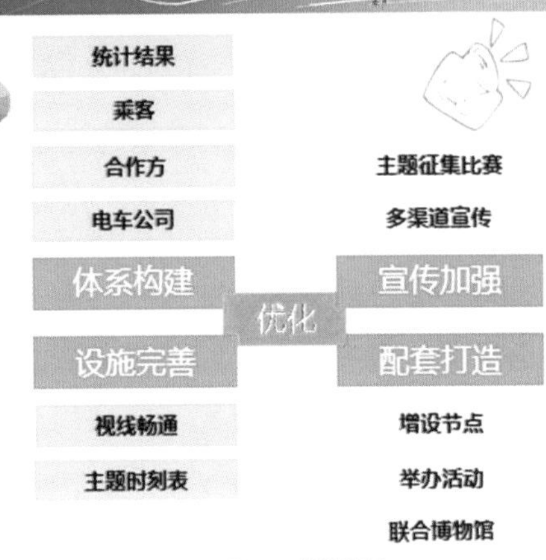

图 14　优化体系

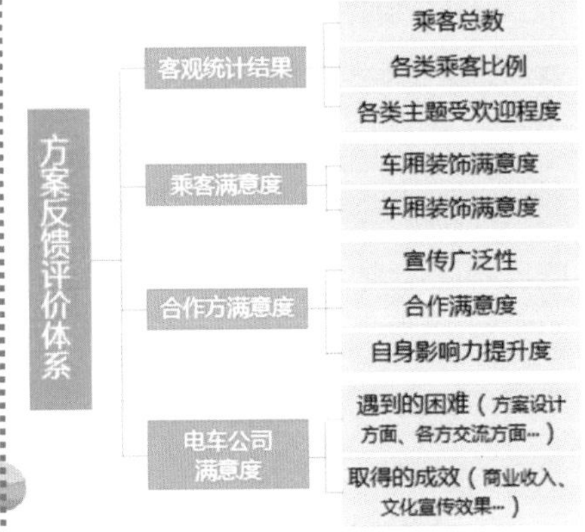

图 15　方案反馈评价体系

6　方案推广

6.1 核心理念推广——提升出行幸福感

主题列车基于提升出行幸福感的目的，由多方合作推出，最终实现乘客、公司、合作方三方共赢。随着信息化时代推进，乘客需求增加、城市鼓励公交先行、企业寻求影响力，多方对出行幸福感的提升皆有助力，主题列车的内在理念可以向外推广。（见图 16）

图 16　核心理念推广的基础

	人均车厢面积	日最高客流量	窗外景色	现有装饰	装饰效果评价	
					优点	缺点
	0.162 m²/人	30万	位于地下，缺少景色	车站与车厢内的娱乐视频	①占地小 ②成本低	①一台电视服务半径小
	0.154 m²/人	9万	位于城市街道，提供沿街景色	①车身的壁纸 ②车厢内的广告视频	①占地小 ②收入高	①广告易引起厌烦 ②服务半径小
	0.21 m²/人	2万	位于珠江边，提供江景	车厢壁画 实体玩偶 定制声音 车厢气味	①形式多样 ②提高乘客出行幸福感	①成本高 ②需定期更换，费时费力

图 17　地铁、公交、有轨电车的对比

图 18 地域推广模式

6.2 领域推广——活化公共交通空间

将有轨电车与地铁、公交对比（见图 17）可知，除去窗外景色，三者每节车厢的空间相似性极高。同时，地铁与公交的客流量远大于有轨电车，为体验式宣传提供了坚实的人群基础。因而在其他公共交通领域推广主题列车具有较高的可行性。

同时，公交、地铁等公司通过引入主题列车的核心理念，积极与企业、政府合作，虚心接受乘客反馈，从而与有轨电车共同打造全方位的幸福出行交通系统，创建更怡人的出行环境，可以活化公共交通空间，使“公交先行”深入人心。

第二章　区域联动专题

随着城市化、区域一体化和同城化进程的推进，城市重要交通节点和区域间交通的组织、调度与协调显得日益重要。本专题作品主题涉及区域和广交会场所重要交通节点的出租车调度、铁路站场的客流组织、城乡公路客货联动组织和停车场有效利用等。

与一体化相对应的，是由于行政管理存在管辖边界，进而产生的城市间交通组织和运营壁垒问题。打破或者在某种程度上消解这一障碍，具有重要的现实意义。“无缝接驳——广佛出租车联运制度调查”项目通过在城市边界地区设置出租车回程点，鼓励回程租客“合乘”，减少外地出租车回程时的空车率并达到“低碳”和降低成本的目的，取得了良好成效。“不一样的调调——广交会出租车调度方案调研与推广”项目则根据广交会等城市“大事件”期间重要节点出租车供需矛盾问题，制订了基于集中调度方案，对城市交通统一调度有一定的借鉴作用。

作为区域交通的另一重要节点，铁路站场的交通组织问题也是重要而棘手的。“白天不懂夜的黑——广州高铁站夜间公交动态调度运营模式调研”和“跳跃分流，殊途同归——春运异地分流方案优化及推广”两份作品分别从火车营运与城市公交系统联动以及区域公交运营联动的角度，提升整体的服务水平。

城乡交通组织一体化是区域一体化的重要方面，“网罗城乡——基于传统客运资源的城乡物流网方案研究”项目利用现有客运站场、公交及职工资源进行快递运输，从而建立全省当日达的城乡物流网，为城乡一体化的客、货运营提供了新的创新思路。

静态交通的有效组织也是提高城市与区域交通效能的重要方面，“出者有其位——广州居住区停车位对外开放模式调研推广”和“‘堵城’的解药：P+R 模式”两个项目在提高停车位使用效率和交通需求管理方面做出了有意义的尝试。

上述作品对促进城市和区域多模式交通的有效组织，促进区域交通一体化组织，提高管理效能，改善交通环境等方面具有借鉴意义。

无缝接驳
——广佛出租车联运制度调查（2010）

无缝接驳
广佛出租车联运制度调查

TAXI

一、方案背景及意义

2009年，《广佛同城化发展规划》的提出标志着广佛同城化发展的正式启动。构建交通一体化系统，成为同城化的基础。规划提出后，政府立即进行两地轨道建设、打造内环一体化及实行公交一体化建设。为了补充轨道及公交的不足，两地政府在不久之后提出《广佛同城化建设 2009 年度重点工作计划表》，明确指出在 2009 年年底之前实现出租车联运服务。出租车联运制度指的是在两地重要交通枢纽或商业网点设置异地出租车回程点，以实现两地出租车联合运输的目的。

实行出租车联运制度一方面可以促进一体化交通建设，补充公共交通系统的不足，另一方面也可以减少外地出租车回程时的空车率，而出租车联运时所采用的"合乘"方式也可以达到"低碳"和降低成本的目的。当前中国很多地区都在进行同城化建设或打造都市圈，这些都需要以交通一体化为基础，因此，在全国范围内推广出租车联运制度势在必行。

二、方案研究的目的、方法及流程

方案研究时，以广州坑口的佛山出租车回程点为例，研究制度实施的现状，挖掘其实施的优势，发现其不足之处，在此基础上，对该制度进行完善，为其在全国范围内的推广奠定基础。

方案调查的方法及流程，如表 1 所示。

表 1　调查方法及流程

调查阶段	时间	地点	调查内容	调查方法	备注
预调研	星期二 2010年7月6日	坑口、滘口、新客站	同时间段公交车和出租车的客流量、出租车运营基本情况	现场观察统计、访谈、拍照	主要统计坑口地铁站佛山出租车返程点的客流量
正式调研	星期三 2010年7月7日	坑口	影响出行方式的因素、公交车和出租车存在的不足、回程点设施、出租车运营情况	问卷调查、访谈	问卷分为两部分：公交车乘客 100 份、出租车乘客 40 份
	星期五 2010年7月9日	坑口	出租车运行线路、与其他交通方式的接驳情况	实地观察、访谈	乘客到达坑口地铁站佛山出租车返程点有多种方式——公交车、地铁、出租车

机动性，让生活更美好

三、方案介绍

1．出租车联运制度实施的现状

2009年年底，广佛出租车首次完成对接，在交通枢纽处设置出租车回程点。截至 2010 年 6 月，广州向佛山开放了 3 个佛山出租车回程候客点，而佛山则向广州开放了 16 个出租车回程候客点。

广州的 3 个出租车回程点有坑口地铁站、滘口客运站以及广州新客站。佛山设置的出租车回程点主要位于南海和顺德。两市出租车回程点分布如图1 所示。

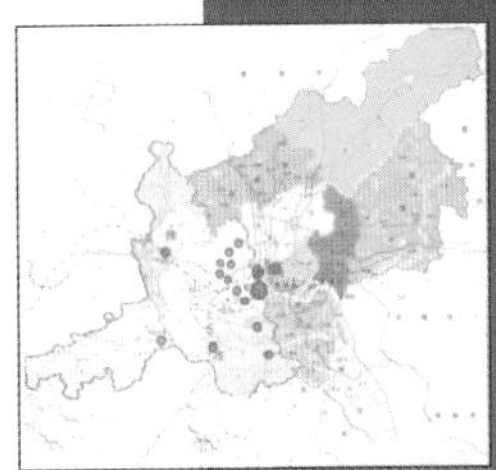

图1 广佛出租车回程点分布

2．对公交系统的补充

在目前广佛的交通流中，约有 1/10~1/6 的客流运输是通过出租车实现的。表 2 为 7 月 6 号下午四个时间段对坑口地铁站附近两地客流量的调查。在目前的公交车乘客中，有40%的人表示有搭乘出租车的意愿；而对即将开通的地铁，仍有不少人表示将继续搭乘出租车出行。这些调查数据均显示，在广佛的交通流中存在巨大的出租车市场。图 2、图 3 为出租车的潜在市场分析。

图2 公交车乘客是否有考虑乘坐出租车去佛山？

是 40%
否 60%

无缝接驳

广佛出租车联运制度调查

相比较公交车而言，出租车由于有以下几个优点，因而能很好地弥补公交车的不足。图4为出租车优势分析图。

（1）乘车方便，具有较大的自由性，不像公交车，乘车前需了解车次、乘车点、发车时间等信息。

（2）候车时间短，可即上即走，即使是“合乘”，所耗时间也较少。

（3）路线自由，可实现“点对点”交通，可以覆盖较大的范围，而公交车的路线固定，覆盖的范围较小。

（4）价格适中，目前的价位在15～20元之间，可以被大部分人接受。

（5）环境舒适，车内人数较少，相对安静，中途停车次数少。

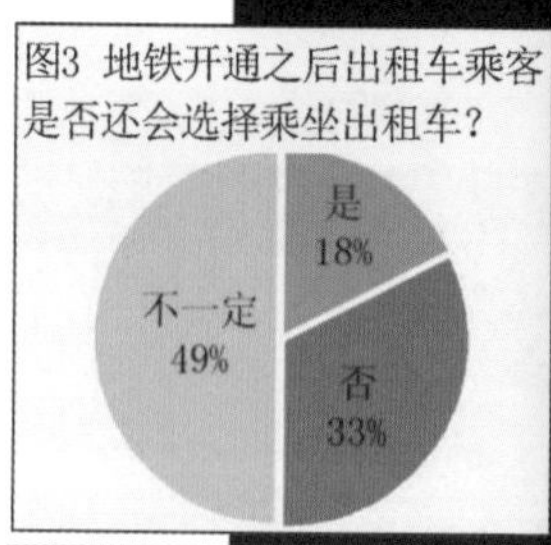

图3 地铁开通之后出租车乘客是否还会选择乘坐出租车？

表2 交通客流量统计

时间段	4:20-4:40	5:00-5:20	5:40-6:00	6:20-6:40
公交车人数	411	461	387	358
出租车人数	73	57	49	32

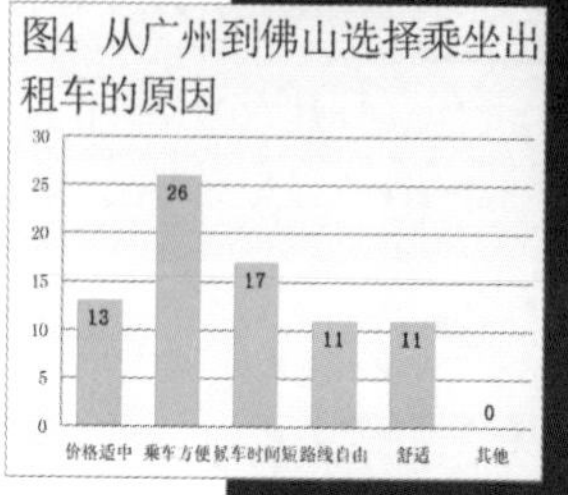

图4 从广州到佛山选择乘坐出租车的原因

3. “合乘”出行

乘客在搭乘广佛两地间的出租车时，会和其他去同一方向的乘客组成搭车团体，共乘并分摊费用，搭车团体通常由3～4个人组成。在出租车联运制度实施之前，已经自发形成这种搭乘形式，由于缺乏政策的保障，这种形式属不合法行为且规模较小，乘客及司机都需承担较大的风险。制度实施后，这种“合乘”的形式受到鼓励，规模扩大，具备以下一系列的优势：

（1）低碳环保，多人合乘，减少出行的车次，从而达到了节约能源、减少污染的目的。

（2）降低乘客乘车费用，多人分摊费用后，平均每人每次只需15～20元，与公交费用相差不大。

（3）减少司机候客时间，“合乘”方式吸引了较大的客流市场，从而降低了司机的时间成本。

4. 不同主体的“共赢”

联运制度的实施涉及不同主体的利益，这些主体包括出租车、政府及乘客。通过对这三个主体间利益的分析比较，可以发现出租车联运制度的实施，能使这三者的利益均达到最大化，实现“共赢”的目的。对于乘客而言，可以享受完善便利的服务；对于出租车而言，可以使运营效率加快；对政府而言，则能增加税收。不同主体的利益分析如表3所示。

表3 出租车、政府、乘客的利益分析

		出租车（佛山）	政府（广州）	乘客
规范化管理	收益	①可以减少等客时间，提高运营效率 ②完善配套服务设施，增加吸引力	政府的财政收入增加	①管理更加规范化，过于热情的拉客行为减少，乘车更有安全感 ②配套服务设施更加完善 ③出租车运营效率提高，拼车候车时间减少，节约时间成本
	损失	①税收增加，成本提高，使乘车费用增加，造成乘客数量一定程度的减少 ②与“野鸡车”竞争处于劣势，更多乘客选择价格相对便宜的“野鸡车”	①政府要投入一定的人力、物力规范化管理回程点，支出有可能大于收入 ②规范化管理后，出租车运营数量可能大幅增加，而减少公交车运送旅客数，造成公交车运营的不经济	乘车价格提高，为相同的路程支付更高的费用

机动性，让生活更美好

无缝接驳

广佛出租车联运制度调查

TAXI

四、方案优化

目前出租车联运制度还不够成熟，因而在实施过程中，存在一系列的问题，针对这些现状问题，提出以下改善意见，进行方案的优化，为方案在全国范围内的推广提供依据。

1. 扩大客运规模

尽管目前出租车的客运量已经初具规模，但相对于公交车而言，还是较小的，仍出现了公交车饱和，但出租车闲置的现象。从图5和图6可以看出这种现状。

根据调查，发现出租车存在巨大的潜在市场，因此，要想扩大出租车的客运规模，就必须尽可能地争取潜在乘客；继续发挥出租车的优势，并加以强化；弥补和改善不足之处，提升服务质量，从而达到扩大客运规模的目的。

图5 公交车“饱和”现象

图6 出租车“闲置”现象

2. 加强制度的宣传

根据问卷调查，发现公交乘客中有6%的人不知道有出租车这种出行方式。高达70%的乘客感觉出租车价格太高而选择公交车，主要是不了解“合乘”的方式，有20%的乘客认为回程点位置不够明显，难以发现。对于出租车联运制度知道的人更少，甚至出租车司机本身也不清楚。对于广州的三个出租车回程点，大部分乘客只知道坑口，只有37%的乘客表示听说过另外两个回程点。（如图7、8、9所示）

针对此，须加强对出租车联运制度的宣传，让更多的司机乘客熟知这项政策，并了解回程点的分布，以方便乘客的出行；明确地标志出回程点的位置，方便乘客查找。

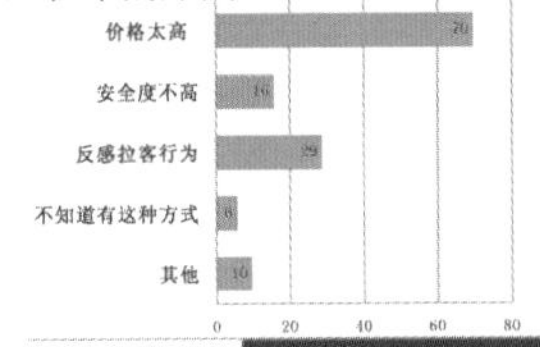

图7 目前乘客没有选择乘坐出租车的原因

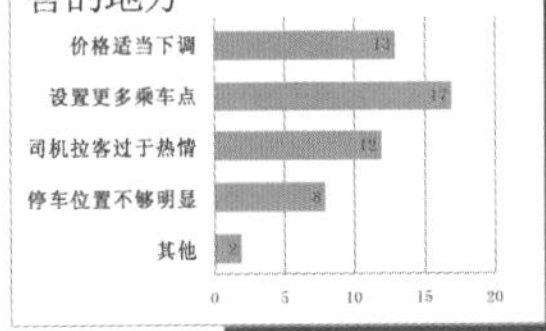

图8 出租车乘客认为其需要改善的地方

图9 您是否知道滘口和新客站这两个佛山出租车候车点？

A 知道 37%

B 不知道 63%

3. 对回程点进行规范化管理

目前回程点尚未形成完善的管理系统，出租车司机出于各自的利益需求，激烈地争抢客人。除拉客行为过激之外，出租车司机还争相抢占回程点路口位置，造成道路拥堵。回程点周围的“野鸡车”抢客现象，也加剧了管理的不便。

针对此，须在回程点设置专门的管理人员，协调搭客发车行为；严厉打击“野鸡车”的抢客行为。

4. 改善硬件设施

目前回程点处缺乏必要的硬件设施，既无候车室，也无管理亭。即使存在一些商业服务机构，但也由于种类少、档次低而无法满足各消费者的需求。在进行优化时，可以修建候车室和管理亭，完善周围的配套商业服务设施。

五、方案推广

针对广佛出租车联运制度的实施现状及其优化方案，对其结果进行概括提升，建立“4+2”的推广模型。

“4+2”模型是在现有的基础上进行改良，希望用最少的资源实现最大的优化效果，创建最优出租车联运模式。该模型包括四个主导因素和两个辅助因素，主导因素包括规范化管理、改善硬件设施、设置换乘点以及税收鼓励；辅助因素包括建设拼车网和出租车调度系统。

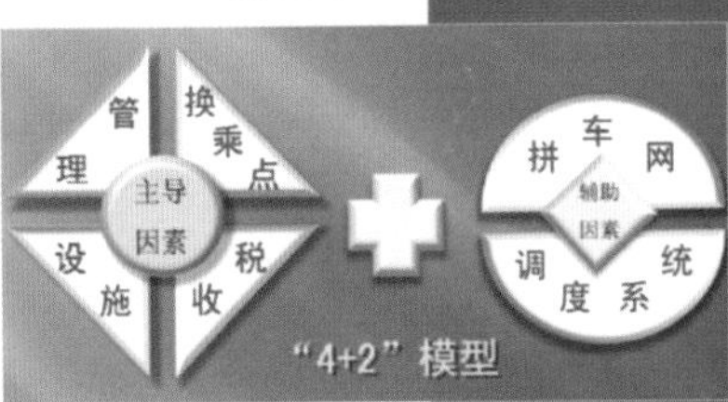

1. 规范化管理

协调各地的点，以使其能覆盖较大的市场范围。在回程点，可以设置专门的管理人员，进行拼车的协调及乘客乘车的安排。禁止

机动性，让生活更美好

无缝接驳

广佛出租车联运制度调查

TAXI

出租车司机的拉客行为，以免有损出租车在乘客心中的形象。加强对周遭“野鸡车”的管制，遏制非法的载客行为，规范出租车市场。

2. 改善硬件设施

扩大回程点停车场的规模，以容纳更多的出租车。建设小型站台兼作管理亭及候车点。设置明显的指示牌，便于乘客辨认。在条件允许的情况下，尽量争取和其它交通站点结合，扩大影响力，方便乘客对交通方式的选择。加设少量的商业设施，以满足乘客的需求。

3. 出租车换乘点

出租车联运制度考虑较多的是外地出租车的回程问题，而较少涉及与本地出租车的接驳。目前这种两地出租车接驳的现象很明显，但缺乏规范的换乘点，因而这种接驳的场所通常发生在主道路旁，容易导致交通阻塞。要有秩序地进行两地出租车接驳，则需要在外地出租车的回程处设置出租车换乘点。将换乘点与回程点结合，并在此基础上设置一个小规模的站台，方便乘客上下车。另外，也可以在市内其他地方单设这种换乘点，方便乘客下了外地出租车后能便捷地换乘本地的出租车。

机动性，让生活更美好

4. 税收鼓励

导致目前出租车价位偏高的一个重要因素就是税收政策，价位偏高使得一些出租车的潜在客户被迫选择公交车出行，造成时间成本等的浪费。因此，要想扩大目前的出租车市场，则一定程度上需要政府的支持，降低税率，鼓励出租车联运制度。对于停车场的收费，也应该有所控制。通过税收鼓励政策，降低出租车的运营成本，从而达到降低出租车价格、激活出租车的潜在市场、扩大目前的出租车市场规模的目的。

5. 建立拼车网

构架一个网络平台，方便经常出行于区域间的乘客相互联系及乘客与司机交流沟通，提前预约、组建拼车团体、对出租车提供监督及建议等，最终达到出租车出行的最有效利用。乘客们提前在网上组成拼车团，并预约司机，提供出行信息，司机就可以准点到达拉客，节省了乘客的等车时间及拼车时间，也可以节省司机的等客时间并有效利用时间进行搭载活动。乘客也可以通过这个网络平台，对出租车实时监督及批评建议，给出租车改善服务提供依据。这个网络的管理者最好是由政府人员担当，比较能维护其正常运行。

6. 出租车调度

在区域范围内建立一个出租车调度系统，进行外地出租车的调度，根据市场需求，安排不同点出租车的数量，实现出租车资源的有效利用。

不一样的“调调”
——广交会出租车调度方案调研与推广（2010）

广交会出租车调度方案调研与推广

不一样的“调调”

1 方案背景与意义

从举世瞩目的2008年北京奥运会到上海世博会，近年来，随着中国综合实力的迅速增强和国际地位的不断提高，开始有各种大型的赛事、活动、会议等在国内各大城市举行。一方面，这些活动的举办提升了举办城市的形象，增强了举办城市的影响力；另一方面，这些活动也需要在较短的时间内有效地集聚、转移和疏散大量的人流且不对城市交通的运行造成严重的影响，这就对城市交通系统的机动性提出了考验，如何应对这种大型活动的特殊交通需求成为中国城市管理者正面临的重要课题。

广交会创办于1957年春季，是中国目前层次最高、规模最大的综合性国际贸易盛会。今年的第107届春季广交会吸引了20多万名客商。广州市交通委调集了大量的车辆为客人服务，其中出租车以其方便、快捷、省时的特点成为广大客商的首选交通工具。为了满足广大客商对出租车的需求，广州市交通委实施了广交会出租车集中调度方案，15天内组织出租车24500车次，疏运客商约64711人次，顺利完成了广交会客商疏运任务，获得了很好的效果。其方案的特色之处也为我们应对城市大型活动的交通疏散提供了很多启示。

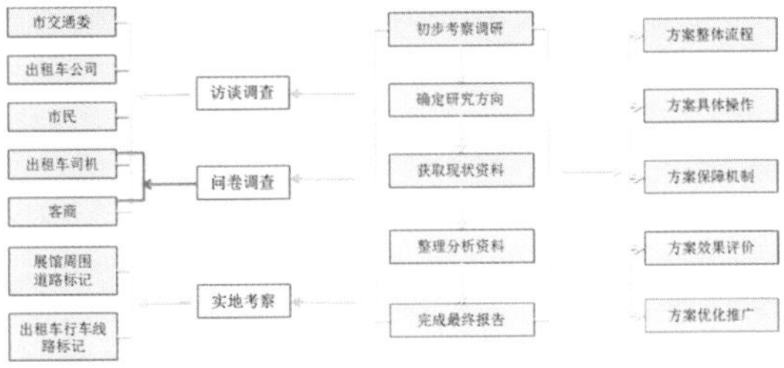

市交通委
出租车公司
市民
出租车司机
客商
展馆周围道路标记
出租车行车线路标记
访谈调查
问卷调查
实地考察
初步考察调研
确定研究方向
获取现状资料
整理分析资料
完成最终报告
方案整体流程
方案具体操作
方案保障机制
方案效果评价
方案优化推广

图1　技术路线

广交会主办方
市交委
出租车公司
出租车司机
广交会现场调度
广交会之前，由主办方根据经验预测本届的客商数，确定需要的出租车数量，上报市交通委。
市交通委根据主办方提出的要求制订出具体的出租车调度方案，将调度方案通知各出租车公司
各公司根据市交通委的方案安排本公司的出租车调度情况，并将安排通知各出租车司机。
在展会当天规定时间按计划参与调度，为广大参展商和采购商提供服务

图2　方案流程

2 方案研究的方法与技术路线

本小组通过定量分析的问卷调查法（共发放问卷200份）、定性分析的访谈法（共进行访谈38次）、固定区域和对象的实地考察，查阅文献等方法，对方案涉及的各方对象进行调研，以了解广交会出租车调度方案的运作方式、实施效果、存在问题等，并进行进一步分析。（见图1）

3 方案介绍

3.1 整体流程（见图2）

1）广交会之前，由广交会主办方、市交委、出租车公司共同制订出租车调度方案。

2）广交会期间，按照方案实施调度，并根据当时的情况适当地进行调整。

3）广交会之后，对调度情况进行统计，对调度效果进行评价，并对出租车司机进行补贴。

3.2 调度实施

1）广交会期间，出租车在规定时间（通常是闭馆时）到展馆附近的集结点集结，并刷卡列队。（见图3）

2）接到指令后，出租车进入展馆出口的接客点接客，然后去往目的地。（见图4）

3.3 保障机制

3.3.1 刷卡机制

方案中采取刷卡制度确保出租车司机在规定时间段能到达展馆，以保障方案顺利进行。对计价器进行设定，在设定的时间（通常是下午16：00～18：30，即闭馆人流高峰期）到来时，调度车辆的计价器将会自动锁住，司机需赶往展馆外指定地点集合并刷卡，刷卡后计价器重新启用，出租车进入展馆前排队拉客，并将客人送到目的地。

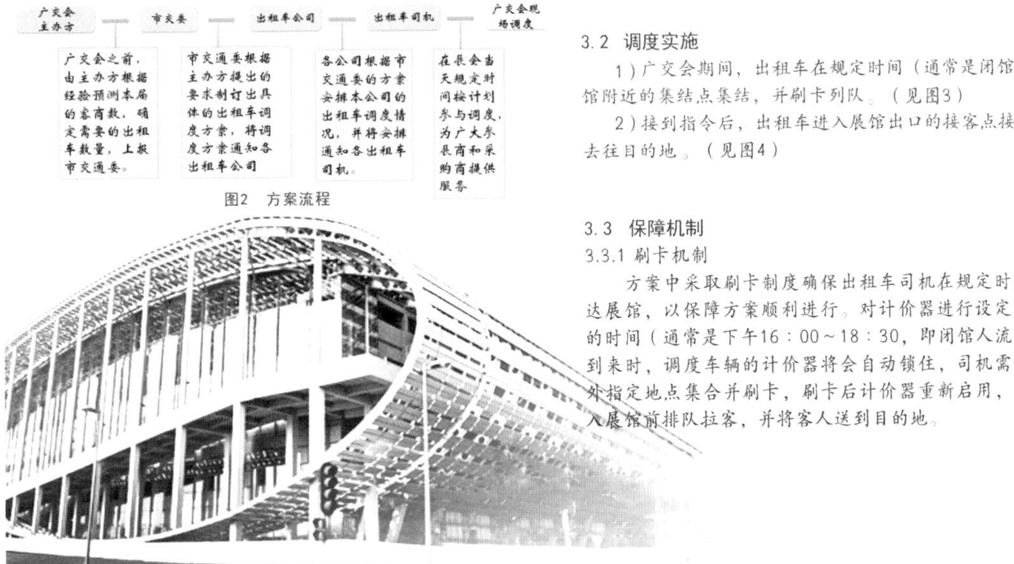

page1

不一样的“调调”广交会出租车调度方案调研与推广

TAXI

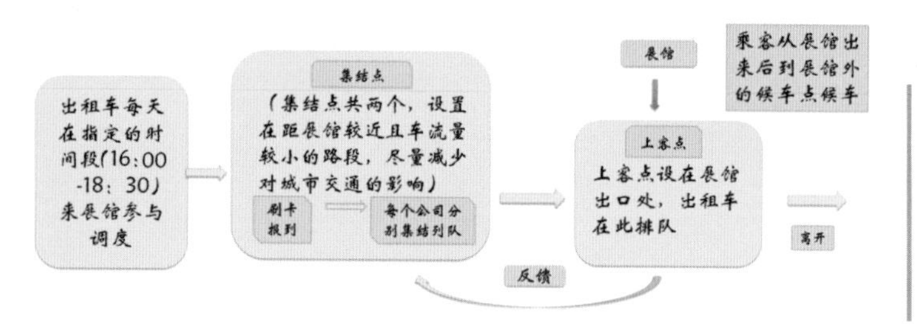

图3　现场调度流程

3.3.2　补偿机制

方案中采用补偿机制弥补司机参与调度的经济损失，以调动司机的积极性，保证方案实施的效率与质量。即在广交会结束后，根据刷卡记录对出租车司机进行补偿，并对表现优秀的出租车公司和司机进行表彰。

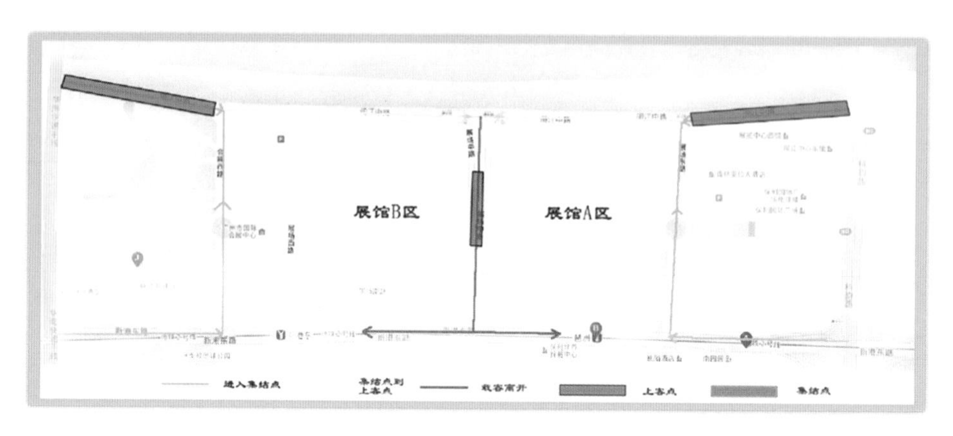

图4　出租车行车路线

3.3.3　应急机制

由于会展当天客流量可能与计划方案有出入，市交委用智能交通平台对部分出租车进行临时调度。智能交通平台可以借助GPS系统实时了解整个广州市的出租车运行情况，当会展当天客流量较大，原计划出租车不够用时，市交通信息指挥中心可运用智能交通平台调度当时距离展馆较近的出租车去展馆疏散人流。

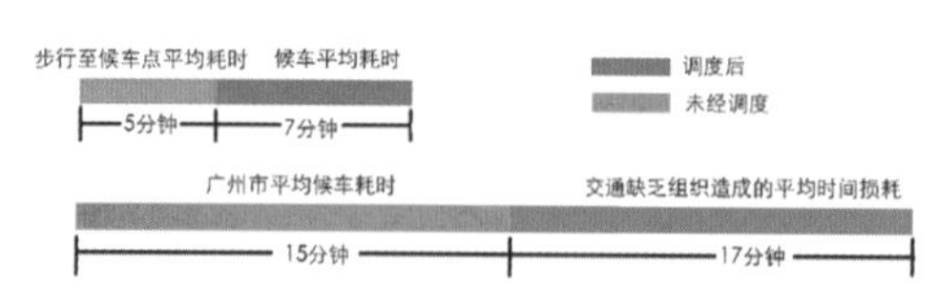

图5　调度实施前后乘客候车时间对比

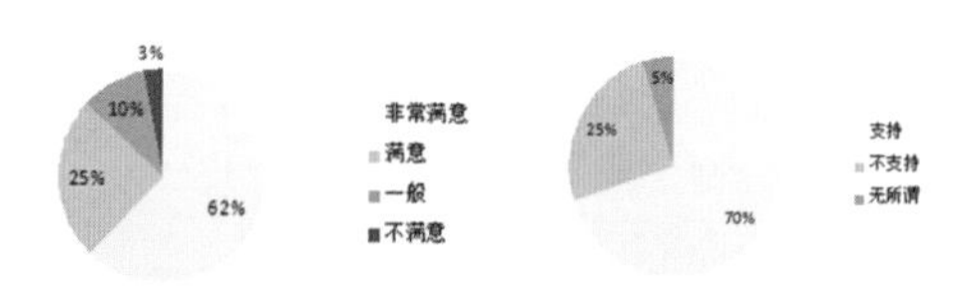

图6　　图7

4　方案效果评价

4.1　不同主体评价

乘客评价

方案优点：

1）时间耗费低，出行效率高。（见图5）方案实施后，出租车资源供应充足，组织有效，乘客候车时间由原来的30多分钟减少到10分钟左右，大大提高了出行效率。

2）现场组织井然有序，人流疏散秩序良好，乘客的满意度高。（见图6）

出租车司机评价

方案优点：

1）对日常营业影响不大。一般来说，每个司机每届只有一次的出车任务，而且每次出车任务只有1—2个小时，因此对出租车的日常运营影响很小。

2）实现司机提供优质服务的愿望。（见图7）在访谈中，不少司机表示他们认为能够参与广交会调度工作并为乘客优质服务是一件光荣和有意义的事，能够体现自身的价值。

存在问题：

1）出租车候车时间过长，给司机造成了一定损失。据调查统计，出租车司机通常要空车去往展馆区参加调度，并且每次要等30分钟到一个小时才能排到客人，一次大概要损失40～80元。

2）补贴机制存在问题。当前方案缺乏一个统一合理的补贴标准，政府只是象征性地给一些补贴，数量很少，并且有很多并没有真正发到司机手里，影响了司机的积极性。

不一样的"调调" 广交会出租车调度方案调研与推广

表1　综合评价

评价指标	评价分值	评价说明
有效性	★★★★★	1. 有效实现广交会大量客流的迅速疏散，机动性强 2. 大大缩短客商候车时间，获得广泛好评
操作性	★★★★½	1. 操作流程简洁，受限制条件少，推广空间大 2. 组织环节可进一步优化
灵活性	★★★★	1. 运用智能信息平台灵活调度出租车 2. 交通量的信息反馈机制仍需完善
经济性	★★½	1. 政府需要投入较多人力物力 2. 出租车候车时间较长，司机收入受损

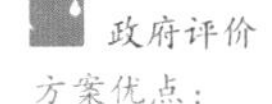

政府评价

方案优点：

1）能有效疏散大量人流，顺利完成疏导任务。经实践检验，该方案确实能在较短时间内高效地实现大量广交会客商的疏导。

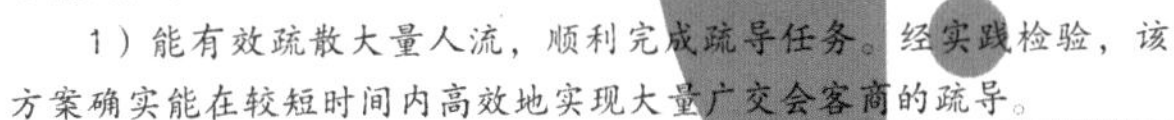

2）有利于树立良好的城市形象。该方案能给客商提供优质的交通服务，并使得整个广交会的组织井然有序，获得了广大客商的一致好评，有利于建立起良好的城市形象。

存在问题：

耗费政府大量人力物力。由于该方案是政府主导的，因此政府要花费较多的人力物力参与到整个方案的计划制订，现场指挥协调等环节中。

4.2 总体评价

从总体上看，该方案有着较高的有效性和操作性，具备一定的灵活性。（见表1）

5 优化推广

5.1　方案优化

本课题组基于对调研结果的深入分析，提出以下几点优化建议，并试图探寻方案在城市重大活动和紧急情况下推广的可能。

5.1.1　引入市场机制，政府由组织者变身为服务者

现行方案：方案的制订和组织工作都由市交委负责，实施形式主要为交管部门向各出租公司下达任务，强制执行。这就导致了在一些环节上（诸如出租车提前集结，现场点车等）需要投入大量的人力和物力，降低运行效率，提高运行成本。

方案优化：可在广交会召开前，由举办方直接联系出租车公司，双方协商后制订调度方案，签订相关合同，并就会展期间的具体情况进行相互沟通和处理。政府只是提供当天的交通管制、现场监督等行为即可。

5.1.2　建立公开合理的补贴机制，提高司机积极性

现行方案：参与广交会的调度行动，会为司机带来一定的经济损失，司机只能被动地接受一些象征性的补偿，影响司机的积极性。

方案优化：建立统一的补贴机制，由主办方出资对出租车司机进行补偿，双方可以通过协商确定补偿的方式和数额，签订合同，可充分调动出租车司机的积极性，同时政府也不需出资进行补偿了。

5.1.3　采用高新技术，完善信息反馈平台

现行方案：广交会的交通需求一般通过经验数据预测，在实际运营中，经常处于供不应求的情况，而临时的调度往往效果不尽如人意。

方案优化：一方面可以通过入口电子登记，现场监控等措施，实时了解人流量，预测交通需求，并将结果反馈给交通指挥中心，便于指挥中心提前调度车辆。另一方面，采用GPS和羊城通结合的方式，提高主控中心的监管力度和应急情况的调度能力。

不一样的“调调” 广交会出租车调度方案调研与推广

5.1.4 运用电子记牌系统，简化现场组织，减少出租车候车时间

现行方案：方案中出租车到达场馆外并不是直接进行排队，而是要分公司集结登记，每个公司集结到一定数量才能去排队接客，这会导致一些先到的出租车在集结点等候很长时间，造成时间上的严重浪费。

方案优化：取消分公司集结登记这一环节，采用流水发车，出租车到达集结点后直接去排队，由电子记牌系统自动记录出租车的车牌和公司，以用于广交会之后的统计和对司机的补偿工作。

5.2 方案推广

鉴于该方案简单易操作的特点，同时考虑到该方案可以被有效应用到城市中需要调动大量车辆以聚集、转移、疏散人流或者物流的情况，本小组对该方案做出以下推广。

事故发生地

即时上报事故性质，规模，需要疏散的人数，以及地理位置和现场的特殊情况

紧急事故中心

启动紧急事故机制：确定需要的车辆种类和数量，运用GPS，移动信号监测等技术确定周边的交通情况，以及可调动的机动车辆，发送信息通知需要的车辆前去支援。

机动车司机

事故发生地

反馈现场信息和事故处理结果，以及参与救援人员

图8 城市突发事件应对机制

5.2.1 城市大型活动与赛事的交通调度

当前，国内的大型活动与赛事的交通调度方案中出租车调度的方式主要是电话预约调度，实施后效果不佳，像广交会调度方案这样的做法很少。由于其操作性强，受限制条件少，可以广泛推广到其他城市的大型活动和赛事的交通调度上。

另外，这种调度机制并不限于出租车，公交车、水上巴士、轨道交通甚至私人小汽车等都可以采用这种调度机制来进行调度，城市交通部门可以运用GPS，智能信息平台等技术手段，并结合类似于广交会出租车调度机制这样的管理手段，以实现对大城市大型活动与赛事等交通状况的有效应对。

5.2.2 城市突发事件的交通调度

近些年来，我国城市突发事件数量不断增加，例如非典疫情、重庆氯气泄漏事件、北京密云踩踏事件……这些突发事件给城市造成了严重的经济损失和不良的社会影响，如何快速有效地组织各种力量进行处理，以避免影响扩大化，成为我们必需面对的问题。而广交会出租车调度方案的模式正可以推广到对这类问题的解决上。

例如，城市交通管理部门可以建立这样一种城市突发事件应急机制（见图8），包含各种技术方案和管理措施等。当某处发生紧急情况后，交通管理部门立即启动应急机制，通过GPS定位、智能交通平台等先进手段了解当时事发地周围的交通状况及可调度车辆状况，然后通知调度车辆赶往事发地参与救援。如果交通管理部门所管辖的救援车辆距离事发点较远或者数量不够，可以调动周围的公交车、出租车，甚至私家车参与救援，事后可以对司机的损失进行补偿，对表现突出的可以进行奖励。这样不但可以调动广大司机的积极性，更有利于提高救援组织的效率和灵活性，增强城市交通的机动性，以应对紧急事件的突发性与不确定性。

白天不懂夜的黑
——广州高铁站夜间公交动态调度运营模式调研（2015）

白天不懂夜的黑
——广州高铁站夜间公交动态调度运营模式调研

Abstract

With the increasing needs of night-tour, traffic organization at night becomes an urban issue which cannot be ignored. A large quantities of cites have had night buses but many of them have not given special focus on the need of passengers at night. Night buses, whose origin is Guangzhou South Railway Station , concentrate on the discrepancies between the needs of passengers in the day time and at night. They meet the needs of passengers at night.

Night buses which are based on the temporal and spatial difference, work out the problem which is traditional night buses neglect the passengers' needs at night. The dynamic operation helps meet the passengers' needs and achieve the goal of the optimal allocation of resource as well. It provides a new perspective for public transport service.

1　背景与意义

图 1　调研实况

高铁站是大型的人流集散地，在北上广等大城市，高铁运营时间一般都会持续到次日凌晨。午夜时分，地铁停运，出租车供不应求，夜间公交应运而生，为乘客提供夜间接驳服务。

然而各大城市夜间公交车的设置鲜有考虑乘客白天和夜间乘车需求的差异，导致线路设计不合理、调度和运营机制僵化，乘客夜间的乘车需求难以得到满足。

广州高铁站在调查乘客夜间出行需求的基础上，考虑乘客日夜需求的差异，推出接驳高铁夜间公交弹性调度模式，实现公交车的动态化运营和需求化转向。

以“时空需求差异”为核心的广州高铁夜间公交弹性调度模式，解决了传统夜间公交车对乘客夜间特殊需求忽视的问题，既实现了对夜间稀少公交资源的优化配置，也为我国大城市大型交通枢纽的夜间公交服务提供了一种新思路。

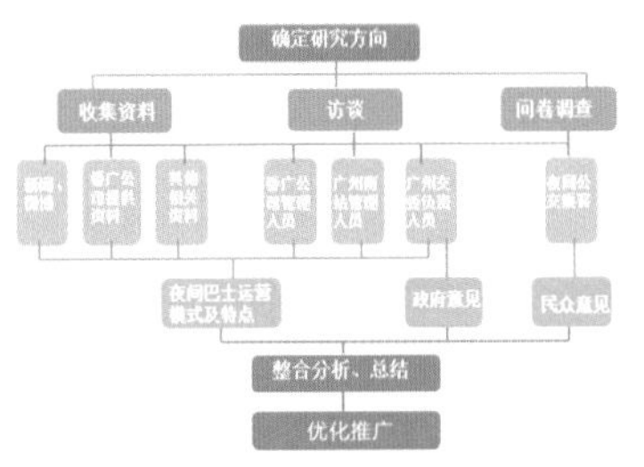

图2　技术路线

2　技术路线

小组首先通过查阅资料，阅读新闻确定选题，了解夜间公交基本情况。调查阶段通过多方访谈，从公交车司机、广州南站站场管理人员、广州市交委、番广公司四方主体了解信息，深入剖析夜间公交的运作机制。最后通过问卷调查了解乘客对夜间公交的评价与需求。

3 方案介绍

3.1 方案概况

夜间十点之后，大部分公交及地铁线路相继停运，为了及时疏散广州南站的夜间旅客，番广公司先后开通了三条夜间公交接驳高铁：夜 61 路（广州南站—体育中心）、夜79路（广州南站—广州火车站）和夜 20 路（广州南站一中山八路）。三条夜间公交线路经过了番禺区、海珠区、越秀区和天河区，覆盖了市区主要人流密集的区域，方便夜间乘客从高铁站返回市区。

表 1　夜间公交基本情况

线路	夜 61 路	夜 79 路	夜 20 路
开通日期	2011.12.26	2012.9.22	2014.9.6
票价	4 元	5 元	4 元
运营车辆台数	8～9台	8～9台	8～9台
运营时间		22：00～01：00	
发车间隔	22：00～23：30每30分钟一班；23：30～00：30发班间隔不大于20分钟；00：30～01：00发班间隔不大于30分钟		

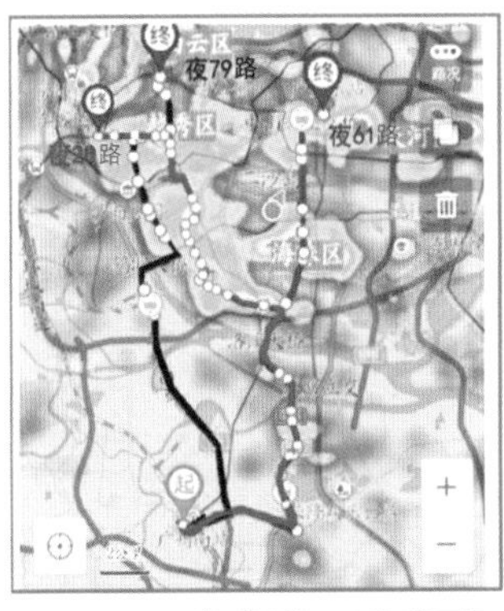

图 3　夜间公交线路覆盖范围

白天不懂夜的黑

——广州高铁站夜间公交动态调度运营模式调研

3.2 运作流程

3.2.1 准备阶段

三条夜间公交的线路由番广公司根据乘客需求进行设计，上报广州市交委批复后即可运营。其过程可分为两个阶段：

1）民众反映需求阶段。

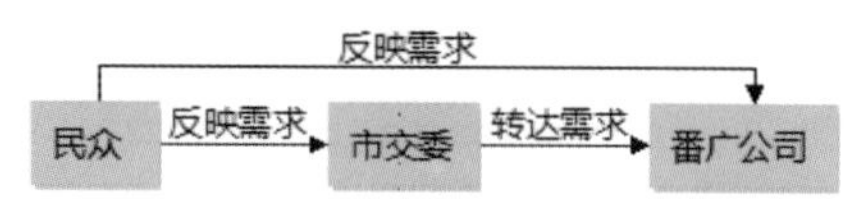

图4 民众反映需求流程

2）线路初始设计阶段。

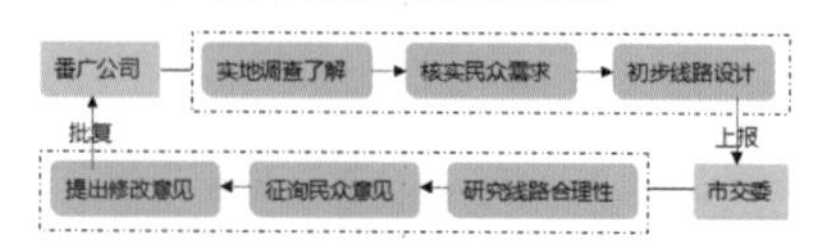

图5 线路初始设计流程

3.2.2 运营阶段

1）弹性运营。

a. 广州高铁站设置有三条常规夜间公交线路，而节假日则会调整现有线路，并新增线路。

b. 运营时间正常为 22:00~01:00，高铁晚点情况下根据乘客需求弹性调整运营时间。

2）动态调度。

a. 通过智能公交系统帮助实现弹性化调度：利用 GPS 技术定位公交车，掌握公交车的地理位置，利用 3G 通信技术与公交车司机保持联系掌握实时信息。

b. 依据乘客需求的时空差异采取动态化的调度方案：番广公司根据来自高铁管理中心、站场管理中心或司机反馈的乘客信息，对发车班次密度进行动态化的调整。

3.2.3 反馈阶段

乘客对广州南站夜间接驳公交的任何建议均可反馈到广州市交委，交委处理后答复乘客。

1）乘客反馈到交委的渠道。

a.拨打 96900 交通热线

b.登录广州交通信息网

c.发送 E-mail 到交委电子邮箱

2）市交通部门采取闭环管理方法处理市民投诉。

a.市交委初步审核投诉问题

b.督促番广公司协查整改

c.番广公司答复乘客，同时回复交委

d.交委核实回复情况，确认无误后结案

e)抽样回访，再次征询乘客意见

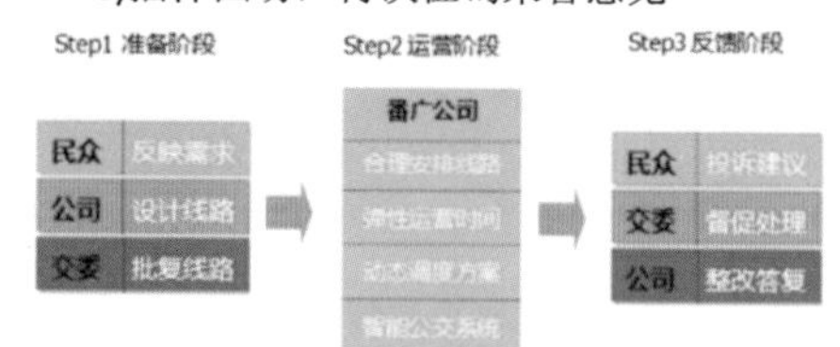

图6 方案运作流程

3.3 方案特点

3.3.1 公交线路差异化

广州高铁站夜间公交并非简单地将日间公交延长营运时间，而是根据乘客的夜间需求重新设置线路。

以下将高铁站夜间公交与和其起终点大致相同的三条日间公交线路在23：00的人流分布热力图上的分布差异进行对比分析。

日间公交312（滘口客运总站—祈福新村总站）与夜20（广州南站—中山八路）对比，夜20的行车线路经过了夜间人流更为密集的区域，更符合夜间乘客的乘车需求。

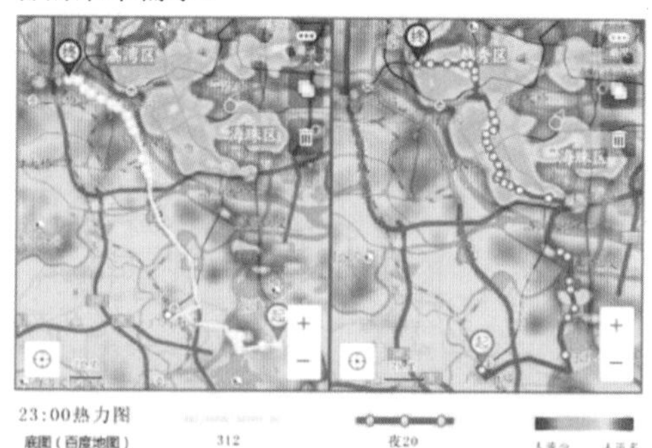

图7 312路与夜20路线路对比

日间公交303A（广州南站—天河客运站）与夜61路（广州南站—体育中心）对比，夜61路的线路精简，省略了去往华南植物园、长隆欢乐世界等日间游乐场所的路段，效率更高。

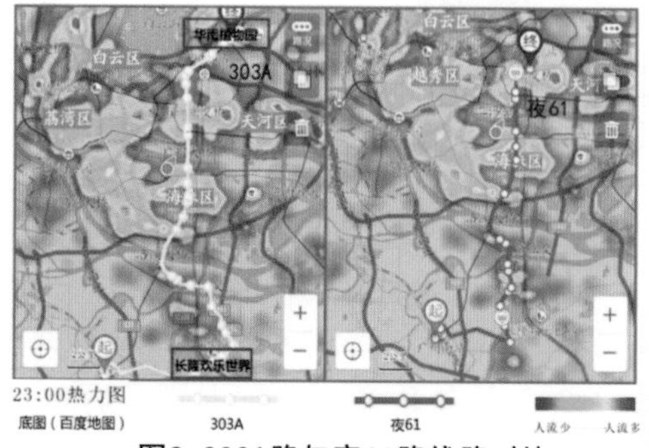

图8 303A路与夜61路线路对比

白天不懂夜的黑
——广州高铁站夜间公交动态调度运营模式调研

日间公交301A路（流花汽车站—市桥汽车站）已与夜61路线路有所重合，而夜79路（广州南站—广州火车站）的设置扩大了夜间公交服务范围，与夜20路、夜61路配合，可满足更多乘客的需求。

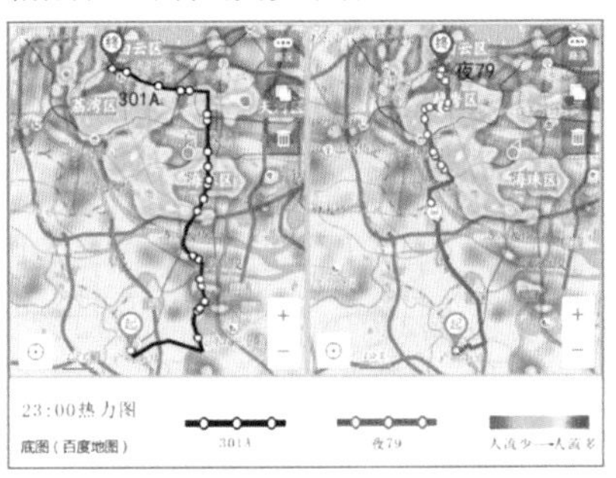

图9　301A路与夜79路线路对比

3.3.2 弹性运营、动态调度

随着社会的发展，民众对公共服务的质量提出了更高的要求。在信息化的背景下，公共服务领域中的动态化、弹性化的服务更能够满足民众的多元化需求。

在广州高铁站夜间公交车接驳系统当中，公交车公司通过弹性化、动态化的服务满足了乘客具有时空差异性的需求。

1）运营时间动态调整。

广州高铁站和公交车公司并非两个独立的系统，它们之间存在信息共享。当夜间高铁晚点，超出夜间公交最晚发车时间，工作人员就会提前和公交公司进行沟通，公交公司则会根据晚点的具体时间来调整夜间公交车的最迟营运时间，以满足乘客需求。

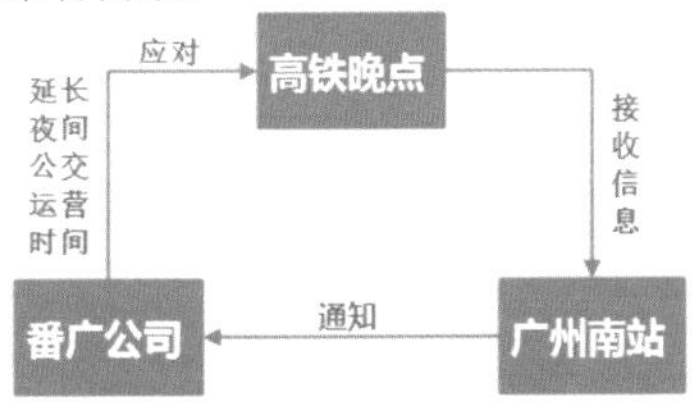

图10　广州南站与番广公司信息联动

2）班次密度动态调整。

广州高铁站夜间公交车的班次密度并非一成不变，而会根据实际乘客人数做相应调整。当等候公交的乘客明显增多时，公交车司机向公司反馈，管理者随之增加班次。

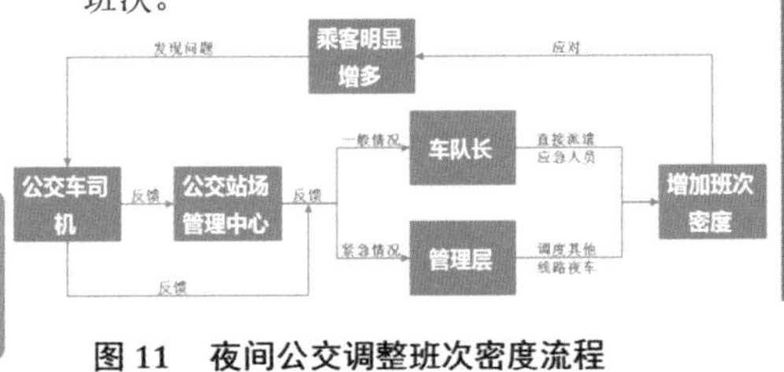

图11　夜间公交调整班次密度流程

3）公交线路动态调整。

节假日期间会新增线路并对原有线路进行更改，以满足节假日期间游客对夜间公交更大线路覆盖范围的需求。

以2015年春节期间为例，2月24日至2月27日，3月4日至3月7日，广州高铁站新增夜班公交312路，末班车时间由22:30改为次日凌晨1:00，线路相应变化。

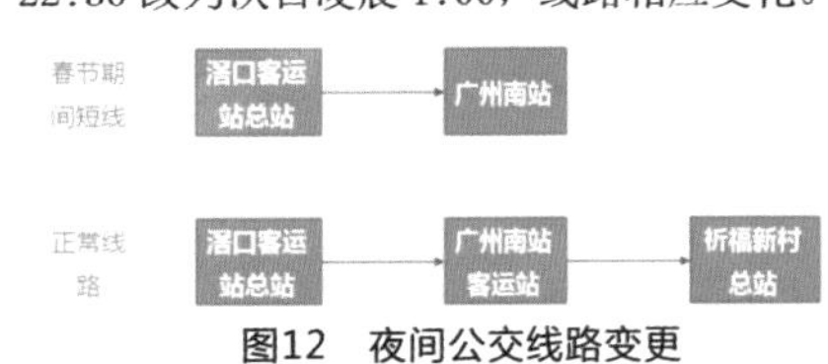

图12　夜间公交线路变更

3.3.3 信息化支撑

信息化的支撑为夜间公交的信息反馈和高效调度提供了可能。

1）信息反馈。

高铁站夜间公交在前期选线和后期运营过程中的信息反馈都需要网络信息技术的支撑。

2）智能调度。

公交公司通过车载GPS定位，利用3G通信技术与司机保持联系，以掌握实时运营情况，帮助高效迅速地调度夜间公交，实现了精细化、动态化的运作方式。

4　方案评价

4.1 不同主体评价

4.1.1 乘客

优点：

a. 线路设计合理，直达率高，满足大量乘客换乘需求。

b. 票价合适。绝大多数乘客对夜间公交的票价表示满意。

c. 安全性高。大量乘客表示他们选择夜间公交而非“黑车”的一个重要原因是夜间公交的安全性较高。

缺点：

a. 发车班次较少，发车不准时，导致乘客等候时间过长。

b. 夜间公交站牌设置不明显。目前的夜间公交站牌对大量初到广州的乘客来说辨认相对困难。

自天不懂夜的黑

——广州高铁站夜间公交动态调度运营模式调研

图 13　乘客词频统计图

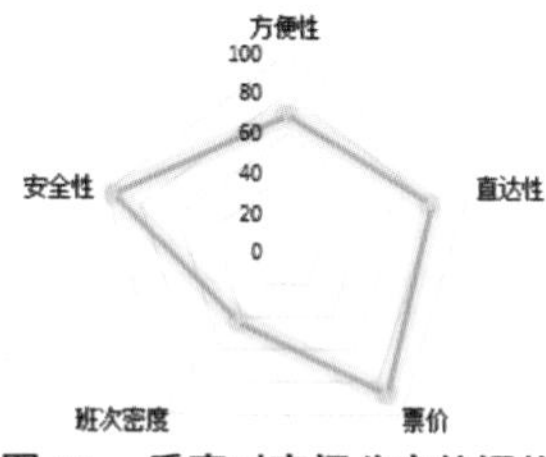

图 14　乘客对夜间公交的评价

4.1.2 番广公司

优点：

a. 调度动态智能化。公交公司与高铁站信息联动，并采用 GPS 和 3G 技术进行灵活调度，提高了夜间公交运营效率。

b. 实现资源优化配置。在“时空差异”基础上的需求化运营做到了资源的优化配置，以有限资源满足了更多乘客的需求。

缺点：

赢利较困难，夜间乘客相对于白天较少，因而收入较日间公交也较少。

4.1.3 政府

优点：

夜间公交通过市场化的手段减少了黑车的生存空间，减轻了政府的监管负担。

缺点：

a. 宣传效果较差。目前广州南站夜间公交弹性动态化的调度运营模式并没有得到很好推广。

b. 夜间公交客流不稳定，运营成本较高。目前政府资金补助较少，夜间公交需要更多的财政补贴。

4.2 对比评价

表 2　传统夜间公交与广州高铁站夜间公交对比

	传统夜间公交	广州高铁站夜间公交
线路设置	采用原有日间公交线路	根据乘客夜间需求重新设置线路
运营时间	延长日间公交运营时间，运营时间固定	正常情况下22：00～01:00，并会根据乘客实际需求做相应调整
调度方式	仅配备固定公交车，固定的调度模式，利用率低	在配备固定公交车的基础上进行动态化的调度，资源利用效率高

4.3 总体评价

综上所述，广州高铁站夜间公交弥补了传统夜间公交固定化的运营模式难以满足乘客夜间特殊需求的问题。在“时空需求差异”基础上的动态化运营，实现了公交车资源的优化配置，完善了公交服务。但是由于服务“需求化”转向在国内仍处于初步阶段，因而仍存在不足。

5　方案优化推广

5.1 方案优化

5.1.1 建立完善的公交指引系统

公交指引系统有待完善。广州高铁站存在大量初到广州的外来旅客，而目前公交路牌夜间的辨识度较低，因此需要建立更加醒目的公交路牌和指引系统，以方便乘客搭乘。

5.1.2 搭建方便易行的沟通平台

现番广公司虽建立了一套乘客反馈机制，但鲜有乘客通过反馈机制来反映需求。因此需建设更加方便易行的沟通平台，切实了解乘客需求。

5.1.3 利用大数据确定乘客需求

夜间公交需要充分挖掘乘客乘车特征，以便提供更好的服务。而大数据时代，可通过公交刷卡系统对乘客的上车地点进行统计，确定乘客较多的热点区域，帮助站点选择更加合理化。

图 15　方案优化推广

5.2 方案推广

5.2.1 理念推广

广州高铁站夜间巴士这种“从时空需求差异角度出发，进行弹性化、动态化运营调度”的理念对于其他公共交通的组织具有借鉴意义。并可以推广到其他城市公共服务设施的建设当中，以帮助实现资源的优化配置。

5.2.2 地域推广

广州高铁站的夜间接驳公交模式可推广应用到各大型枢纽站，帮助解决乘客夜间的换乘需求。

5.2.3 技术推广

高铁站与公交公司之间的信息联动机制可以推广到其他接驳系统当中。通过不同交通方式之间乘客信息的共享，实现资源的优化配置。

跳跃分流　殊途同归
——春运异地分流方案优化及推广（2011）

春运异地分流方案优化及推广

跳跃分流，殊途同归

1. 背景和意义

春运历来是困扰中国人民的“顽症”，被誉为人类历史上规模最大的、周期性的人类大迁徙，在 40 多天左右的时间里，将有 20 多亿的人口流动，约占世界人口的 1/3。尤其是作为铁路运输南枢纽终端的广州，春运压力更是不言而喻。2008 年，由于冰雪灾害，庞大的客流高度集中，广州火车站的压力达到极限。在总结 2008 年春运经验的基础上，广州市政府提出了“异地分流、属地管理、分级预案、综合协调、有序衔接”的指导思想，其中异地候乘和始发分流是“异地分流”方针指导下的重要举措。

始发分流是指抽调广州火车站北上始发列车在深圳、东莞和佛山等地始发，而异地候乘是指让部分旅客直接到广州火车站以外的琶洲会馆候车。这两种举措很好地缓解了春运时期广州火车站的候车压力及流花地区的交通压力，同时为旅客尤其是农民工提供了更加优越的候车环境。当前，很多城市都面对巨大的春运压力，而始发分流和异地候乘这两种措施能够进行有效的分流，全国范围内大型交通枢纽城市值得将其推广。

图 1　2008 年前后广州火车站春运时期对比

2. 方案的研究方法和技术路线

通过问卷调查（100 份）、访谈、实地考察、查阅文献等方法，对异地分流各方面进行研究，总结该模式实施的优势，细探其不足之处。在此基础上，对该模式进行完善，为其他同样面临春运重压的城市提供参考借鉴的样式。（图 2）

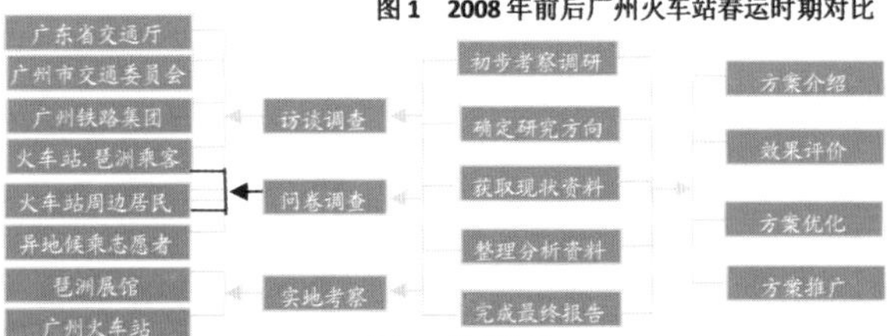

图 2　技术路线

3. 方案介绍

3.1 异地分流概况

2009—2011 年春运，广州都启用了异地分流措施，主要有两种运作模式：

模式一：始发分流，是珠三角区域的分流，协调铁路部门充分利用全省铁路网络和珠三角地区铁路客运站场资源，抽调广州火车站北上始发列车在深圳、东莞和佛山等地始发，提前分流外来务工人员，减轻广州客流压力。

模式二：异地候乘，是广州市区域内的分流，通过分流广州火车站春运节前发送高峰期的旅客到广交会琶洲展馆异地候乘点候车，从根本上有效解决了流花地区高峰期人流高度聚集的问题。

表 1　两种模式对比

模式	始发分流	异地分流
外移作业	“购票，检票，候车，上车”	“检票，候车”
分流目的	就地消化珠三角部分乘客	改善广州火车站夜间候车情况
选址要求	珠三角主要客源地，交通枢纽	配套良好，联系便捷的大型场馆
交通资源利用	充分利用珠三角现有铁路客运资源	增加临时线路和班次
分流作用	每天抽疏约 4.8 万铁路旅客	每天抽疏约 4 万旅客

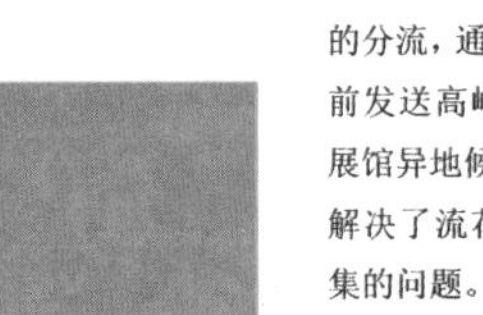

图 3　异地分流的作业方式

page 1

春运异地分流方案优化及推广

跳跃分流，殊途同归

3.2 异地分流模式的核心：变革客运组织作业流程

铁路客运组织中，乘客进站乘车一般经历“购票、检票、候车、上车”四个步骤，而异地分流主要通过外移以上步骤起到缓解广州火车站压力的作用。根据分流的思想产生两种运作模式：

始发分流模式是基于客源地和现有交通枢纽，使部分铁路班次的作业整体外移的模式；

异地候乘模式是基于大型场馆的服务配套和便捷交通联系，而把铁路作业的“检票，候车”环节外移的模式。

3.3 调度系统

3.3.1 春运办的统一协调与管理

成立负责统一协调各个交通部门的组织，按属地管理的思想，从行政组织上引导管理大交通。（图4、图5）它主要的职责是明确各交通部门职能分工和有序衔接，以形成不同交通方式的有机结合。

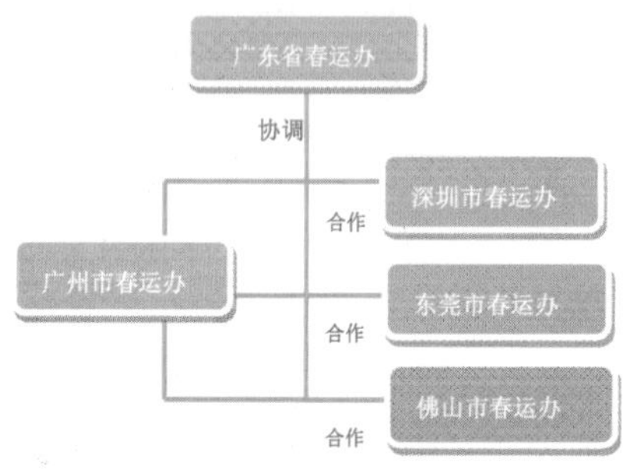

图4　始发分流协调部门

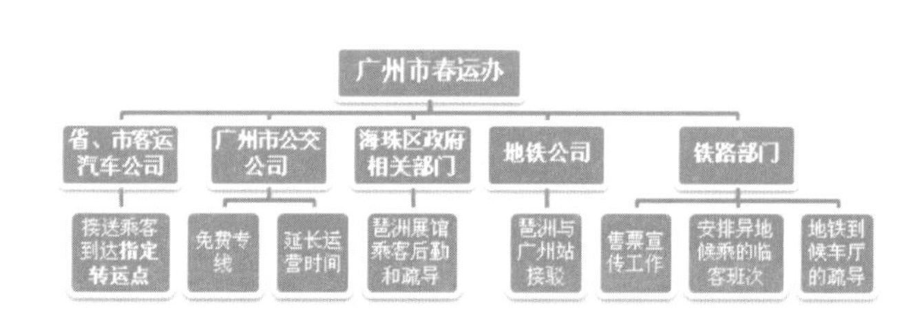

图5　异地候乘协调部门分工

3.3.2 大交通体系

（1）**始发分流**，主要依托广东省发达的铁路网络和珠三角区域内部各种交通方式的紧密联系，考虑广州火车站的合理容量，错开发车高峰；同时在考虑接受地火车站的合理容量和时间允许的前提下，调配相应的临发班次到东莞、深圳、佛山等市进行始发分流。（图6）

火车

广东省各市	大巴 →	深圳、东莞佛山	公交或临发专线 →	深圳、东莞佛山火车站

图6　始发分流交通组织

（2）**异地候乘**，主要利用广州市内各种交通方式的便捷接驳。旅客可通过市内各大客运站场的免费接驳线，或免费公交、地铁等形式到达琶洲展馆，再通过地铁专列免费到达广州火车站。（图7）

①前向交通：省内各地进穗班车全部免费接驳琶洲展馆

a. 省内各市开往广州的省、市汽车站（广州火车站附近）的客运班车，在进入广州的省、市汽站前，必须绕行琶洲国际会展中心或指定转运点，而后琶洲乘客可乘坐免费专线车直达琶洲展馆。

b. 广州市内持琶洲候乘车票的旅客可通过免费公交或地铁到达琶洲展馆。

②后向交通：从琶洲展馆通过免费地铁到达广州站

a. 在地铁正常运营时间（20:00～23:15），采用专厢（6节车厢中的3节）运送琶洲候乘旅客，途中正常停站。

b. 在地铁非运营时间（23:15～2:00），采用专列形式运送，途中不停站。

c. 地铁到达广州站后，旅客从地铁B出口（设有验票点）直接前往车站候车大厅。

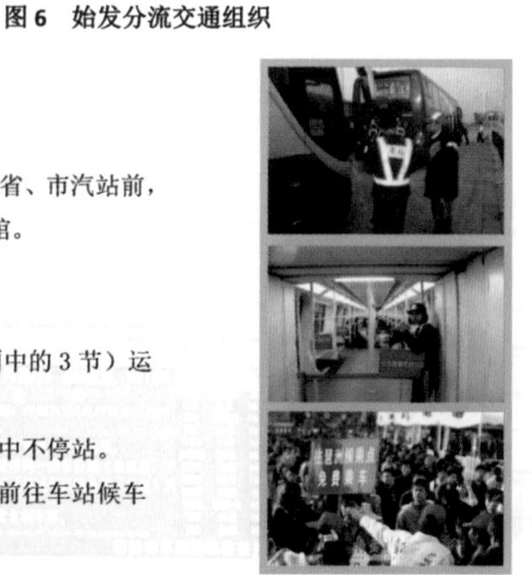

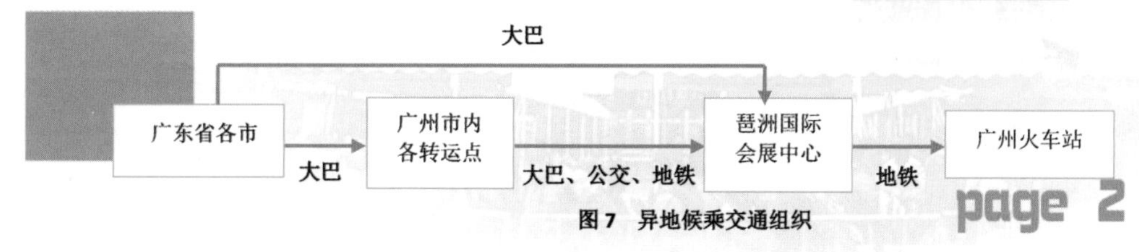

图7　异地候乘交通组织

page 2

春运异地分流方案优化及推广

跳跃分流，殊途同归

3.4 辅助系统

3.4.1 宣传

采用了多种方式如报纸杂志、电视新闻等媒体和发放异地候乘随票宣传册，使乘客在一定程度上了解了始发分流和异地候乘的相关注意事项。

3.4.2 硬件配套服务

分流点都有相对完善的硬件设施来满足乘客的基本需要。同时配套高素质的工作人员和志愿者，维持良好的秩序，为乘客提供多样化和人性化的服务。

3.5 实施效果

（1）缓解了广州火车站的旅客聚集压力。广州火车站春运期间每日平均发送量约为20万人，始发分流和异地候乘各分流了约4万旅客，火车站地区候乘人数始终维持在7万人以下，治安状况和候车环境也因此得到了很大程度的改善。

（2）缓解了交通压力。一方面，两种措施共同作用，很好地缓解了流花地区的交通压力。自2009年异地分流措施实施以来，广州站在春运期间再也没有封锁车站周边道路，调整车站附近公交线路，公交车站和出租车站场也没有被迫让位给候车旅客，极大地改善了火车站周边地区的交通状况，基本不会影响到周边居民的正常出行。另一方面，始发分流减少了其他城市到广州的交通量，一定程度上缓解了整个广州市的交通压力。

（3）改善了夜间旅客候乘环境。夜间车次的旅客是往年候车时间最长、候车环境最差的，异地候乘中，琶洲为他们提供了良好的候车环境，使其能够安静地坐着候车，不受冻、不挨饿、不淋雨。

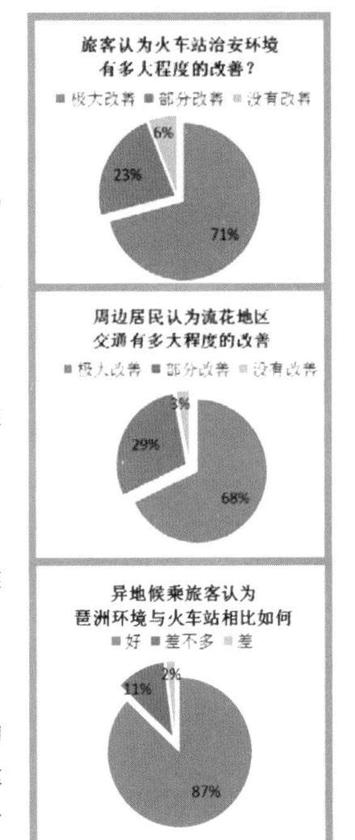

图8　异地分流效果调查

4. 方案优化

基于对异地分流方案的深入分析，我们针对其不足之处提出以下几点优化措施，为其他城市的推广提供借鉴。

4.1 加强宣传工作

据调查发现，异地分流的宣传存在一定程度的问题，对于始发分流，有一部分深圳、东莞、佛山的乘客表示不知道有这项措施；对于异地候乘，有32%的琶洲候车旅客需在途中经过一系列问询才能到达琶洲，有45%的旅客不知道持有琶洲候车的火车票可免费乘坐公交、地铁到达琶洲。因此需要加强关于异地分流方案及相关注意事项的宣传，使旅客获得更为准确的信息，减少其经济损失和时间消耗，使其转运旅途更加方便愉快。

4.2 保证旅客能够便捷到达候车点

始发分流实施过程中，分流点部分火车站的公交线路和数量不够，不能满足春运突然增加的客流量；异地候乘的后向交通由于2010年广州地铁线的拆分，琶洲异地候车的乘客需要经过换乘才能到达火车站，增加了旅客的不便。因此，为了增加旅客的出行效率，需要对异地分流的交通进行适当的优化：对于始发分流，应临时增加火车站的公交线路和数量以保证旅客顺利便捷地到达火车站；对于异地候乘，在条件允许的情况下，应保证候乘点与火车站的流畅接驳，尽量避免转乘。

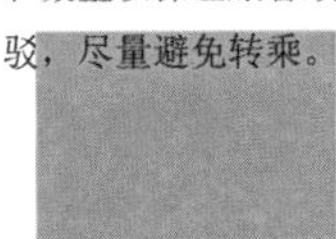

春运异地分流方案优化及推广

跳跃分流，殊途同归

4.3 改善分流点的硬件设施

始发分流点，特别是佛山和东莞的火车站对于突增的客流在设施准备上仍然不甚充分，候车环境仍然较差；异地候乘的琶洲候车室的硬件设施也尚未能满足平均每日约 4 万的候车乘客需求，尤其是在乘客休息座椅等方面存在着很大的不足。

佛山、东莞火车站和琶洲展馆作为广州春运异地分流的固定点，应该完善其作为候车室的一些必备硬件设施。

5. 方案推广

每年春运高峰期铁路旅客发送量都是平时的 2～3 倍甚至更多，部分火车站的候车承载能力不足以应对春运等高峰时期巨大的客流聚集压力，限制了铁路的运量，同时也造成了治安、交通、环境等各方面的问题。为了解决平时和高峰时期客流量的矛盾，火车站可以运用异地分流的方法来缓解火车站的候车压力，也在一定程度上解决了春运对火车站地区造成的各种问题。

针对广州异地分流模式的实施现状和优化方案，我们将异地分流总结为**“跳跃式”分流模式**，它包括了核心流程、保障因素和辅助因素三个方面。（图 9）核心流程是指旅客乘车的四步骤“购票、检票、候车、上车”全部外移或部分外移，并利用“大交通体系”确保旅客能便捷到达分流点或火车站的完整流程；保障因素是统一协调和管理；辅助因素包括加强宣传和注重人文关怀。我们认为该模式可以运用到春运、暑运和黄金周期间交通压力大的铁路重要枢纽点，甚至可以推广到客流特大的体育中心馆等易出现检票口客流滞堵危机的场所。

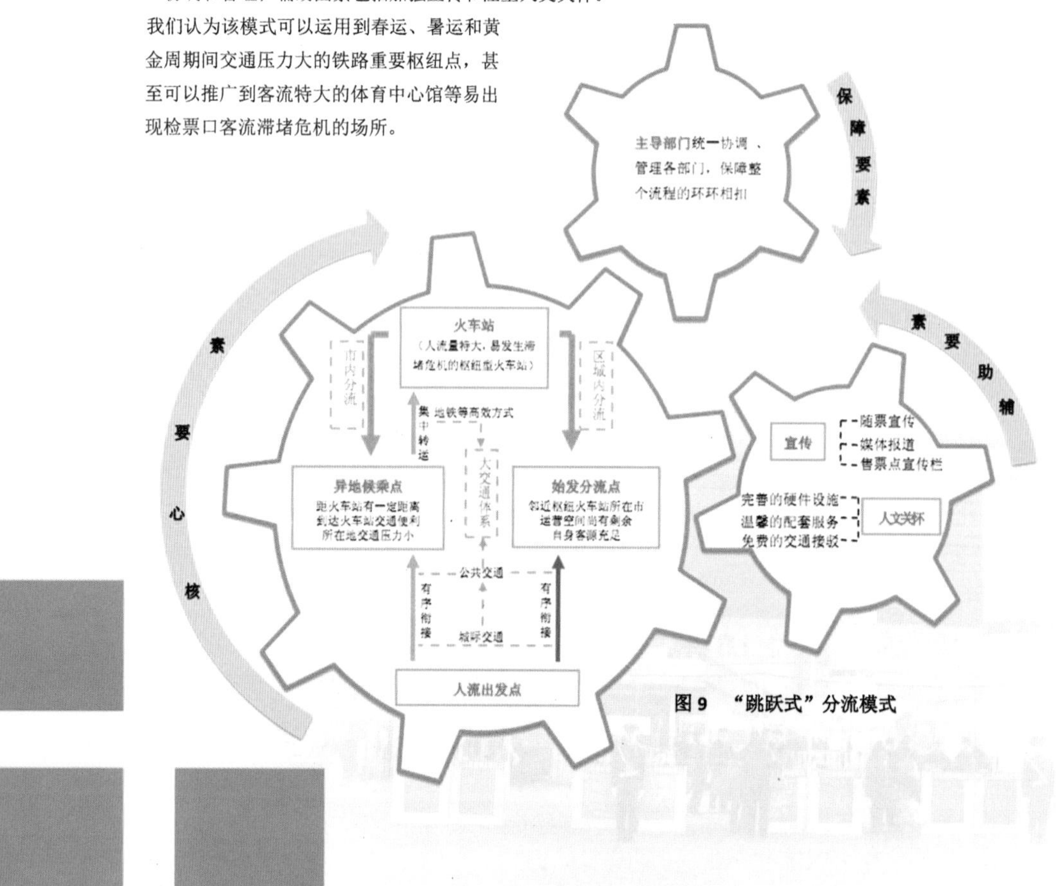

图 9 “跳跃式”分流模式

网罗城乡

——基于传统客运资源的城乡物流网方案研究（2017）

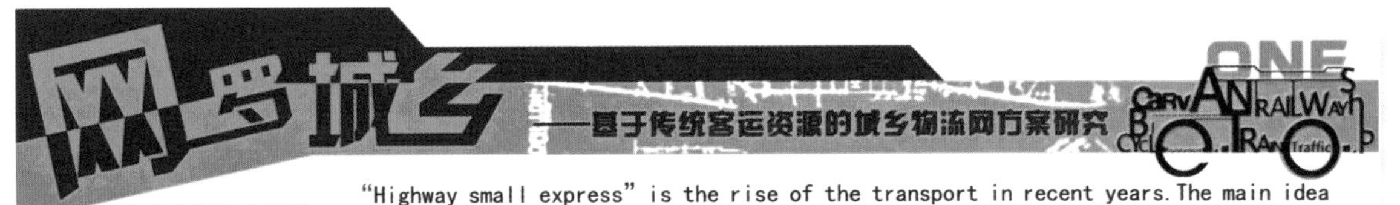

ABSTRACT

"Highway small express" is the rise of the transport in recent years. The main idea is to use the idle luggage compartment and station for express delivery, in order to reuse the idle resources. In addition, by taking advantage of its routes deep down into the country-side, bus express can truly achieve "express to rural area" and "arrival on day of order". Such as FLY-E, Passengerbus expressing has established a comparatively complete urban and rural logistics network in Guangdong on the basis of station resources integration. Through interviews with related departments, organizers and users, as well as questionnaire distribution and site investigations, we summarized its operation mechanism and management mechanism and characteristics, optimized its scheme and conducted promotion stimulation. According to the study, the operation and management mode of passengerbus expressing can offer new thinking for transition and innovation in passenger and freight transport industry in future.

1　方案背景与意义

近年来，多元化交通方式的发展分流了传统巴士的客运量，传统客运站场及巴士资源出现闲置状况，其客运运营每况愈下；与此同时，新世纪物流也迎来了机遇和挑战：国内县级以上的物流配送日臻成熟，然而县域内的配送，特别是农村终端配送和农产品上行的配送，一直是难以解决的问题。2017 年 2 月，“快递下乡”工程再一次被纳入了中央一号文件，力求解决农村对高质量服务的需求与粗放的县域内物流之间的矛盾。

本次介绍的是以广东“网上飞”公司为案例的巴士速递方案，其核心是利用现有客运站场、巴士及职工资源进行快递运输，从而建立全省当日达的城乡物流网；方案提出的传统客运资源再利用、提高传统运输效率、构建城乡物流网等理念，为今后客、货运行业提供了新的转型创新思路。

2　技术路线

本方案的调研分成三个阶段：前期收集整理资料，中期广东“网上飞”公司座谈、站场实地调研、交通厅电话访问、民众问卷访谈（共收集有效问卷 280 份），后期整理成文稿。

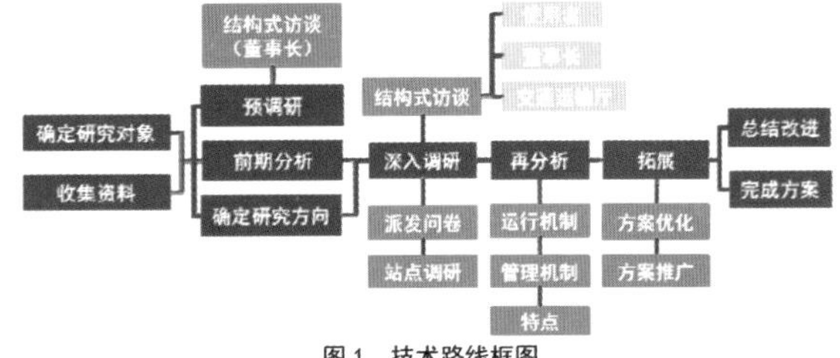

图 1　技术路线框图

3　方案介绍

3.1 整体概况

巴士速递方案的内容是传统客运国企通过成立第三方公司，整合全省客运巴士及站场资源，利用客车进行快递运输；目的是充分利用传统客运资源，提供一种新型的物流速递服务，建立覆盖全省、深入乡镇的当日达城乡物流网络。

3.2 运行机制

3.2.1 支撑体系

点——客运站下设快运中心：每个客运站利用已有的物力设施和人力资源建立快运中心，专责快件流转。方案统一向所有快运中心提供软件和制度支持，通过各快运中心点与点的连接建立标准化管理的城乡巴士速递网络。

线——高频次的城乡客运班线：方案以客车闲置底仓为运载空间，通过城际 20～60 分钟一班、乡村平均 30 分钟一班的高频率客车班次，在客运资源边际利用的基础上，实现快件的省内当日达。

表 1　巴士速递方案介绍（以广东“网上飞”公司为例）

项目	巴士速递	配送范围		
快运服务	普通快件运输			
	网上飞电商农特产快运			
运作资源	1000+城乡客运站场 4万辆客运巴士			
		价格	3kg以内8元/件	
配送时间	全省当日达		自到客运站场寄/取	
配送物品	客户自寄物件	配送方式	上门收派 增值服务	城市：第三方配送
	巴士速递电商农产品			乡镇：职工带货

网罗城乡——基于传统客运资源的城乡物流网方案研究

网——通达全省的城乡快运网络：巴士速递方案以加盟方式整合覆盖全广东的1000多个客运站，实现城市客运站覆盖城市地区、乡镇客运站辐射邻近村镇的服务规模，打通“城—乡”物流网，实现碎片化、高频次的当日达小件运输。

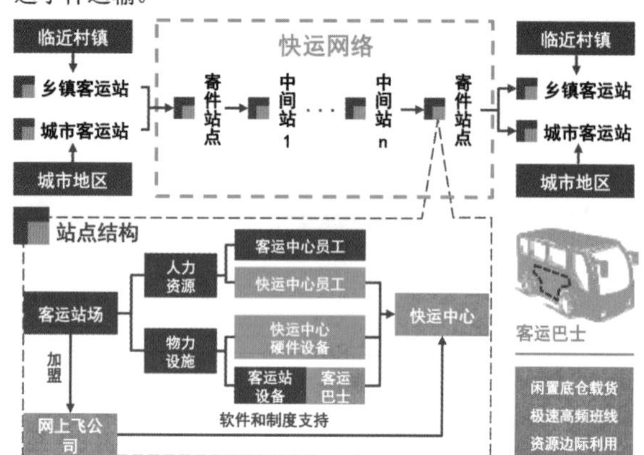

图2 方案体系

3.2.2 方案流程

巴士速递的技术流程包括以下三个阶段：

（1）寄件入仓。

寄件方可将货物自提到站下单，或在线上平台下单等待收取，其中乡镇地区由客运站在岗职工通过抢单机制上门，城市地区交由合作快递公司上门取件。货物进站后均需按要求过机安检，受理员录单、打包、收费，即可入仓扫描。

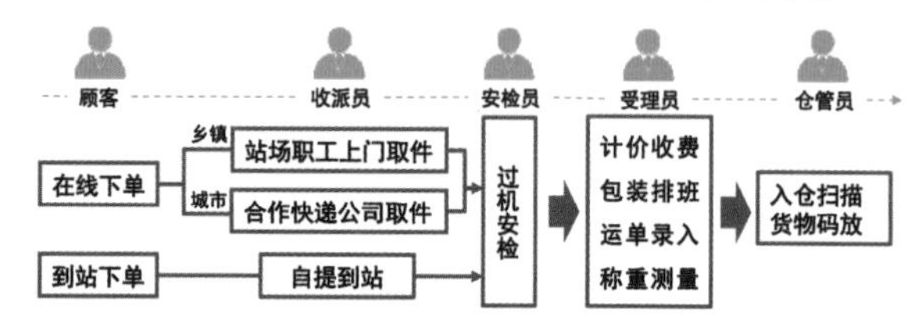

图3 寄件流程

* 抢单机制：上门取/派件属于增值服务，用户在线上平台发布上门取/派件需求后，客运站的在岗职工通过平台收到需求提示，选择抢单接受业务，先到先得，再利用下班或其他空闲时间为顾客上门取件或派件。乡镇地区快件周转量少，通过抢单机制实现“最后一千米”送达，较为经济适宜。

（2）装车配送。

货物出仓后根据站场巴士排班，以最近一班巴士的底仓载货，司机签字后开始发车配送。

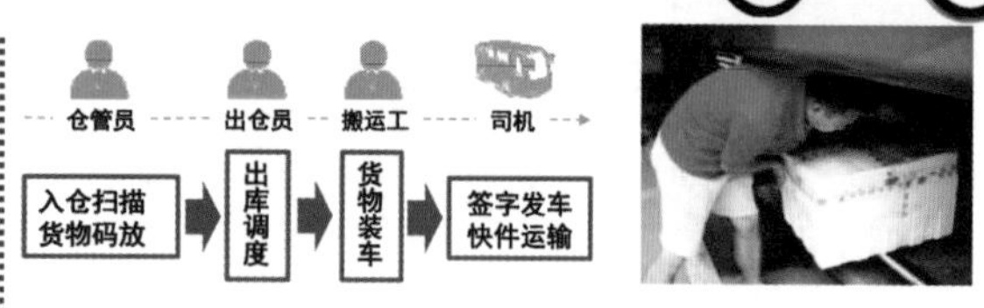

图4 发车流程

图5 装车现场

（3）到站收件。

客车到达目的网点后，若派件要求司机直送（特殊乡镇地区）则结束流程，否则继续卸车入仓。收件方可选到站自提或送货上门，其中乡镇地区由站场职工闲时抢单上门，城市地区交由合作快递公司带货上门。

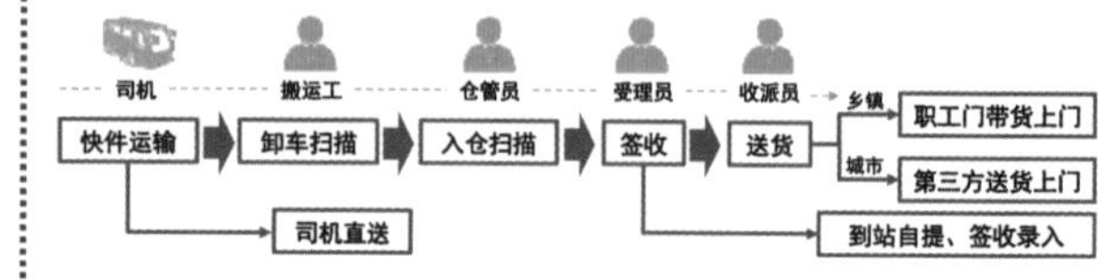

图6 收件流程

3.3 组织模式

巴士速递方案之所以能有效协调遍布全省城乡地区的1000多个客运站场，得益于它在组织模式上的创新。

巴士速递方案选择“加盟+直营”的组织创新模式，其特征体现在以下三点：

a. 为求转型升级，国有企业采取了相互合作、成立如“网上飞”等第三方公司的方法，更好地管理客车货运业务，巴士速递方案也因此奠定了高效管理的组织基础。

b. “加盟路线”。巴士速递方案利用国企的资源调度能力获得一批站场加盟，只需向站场提供软件支持、人员培训和制度管理，而无须担负直营的成本代价。

c. “直营路线”。巴士速递方案需要有效协调众多网点，“网上飞”等第三方公司没有各站场的直营权限，无法直接介入站场的运作。此时国有企业可发挥作用，直接对站场资源进行调配，配合第三方公司工作。

这种组织创新用加盟方式降低了成本，迅速扩大了经营，并利用国企资源，有效实现了对站点的直营管理。

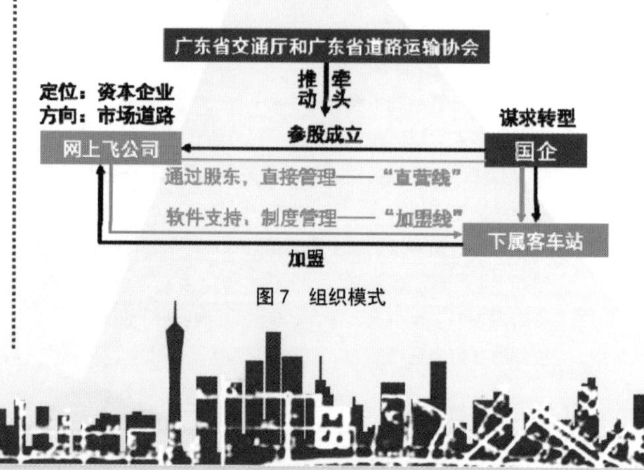

图7 组织模式

4 方案评价

4.1 整体评价

4.1.1 深入乡镇，形成可持续性发展的城乡物流网

（1）城市商品下乡。

表 2　行业内乡镇物流发展模式比较

组织	网点	成本估计	覆盖范围	优劣势
顺丰等快递公司	自营	网点成本 职工成本 货车成本	乡镇地区布置网点	全职网点职员工资难以维持；乡村偏远因成本无配送服务。
中国邮政	邮政局			
巴士速递	客运站点	-90% 职工带货 兼职成本	+30% 职工带货 深入村庄	职工兼职抢单带货，深入乡村。

a. 成本降低，易于维持：巴士速递利用客运公司本身拥有的客运站点资源、巴士资源、职工资源，附加其快递物流的功能，将传统快递必须考虑的货车、职工成本降到最低，此举保证了商品下乡后，乡村物流网点的可持续发展。

b. 职工带货，深入乡村：偏远乡村因运输负盈利，顺丰、邮政等未设置配送服务，巴士速递鼓励站场职工兼职配送人员，进行快递抢单，并在下班或者空闲时带货深入乡村进行递送，从而扩大了乡村服务范围。

图 8　巴士速方案城乡联络图

> **"网上飞"董事长：**"利用我们站场本身的员工带货，解决了多个村镇的快递量养不起一个快递员的问题。"

（2）农村农产品进城。

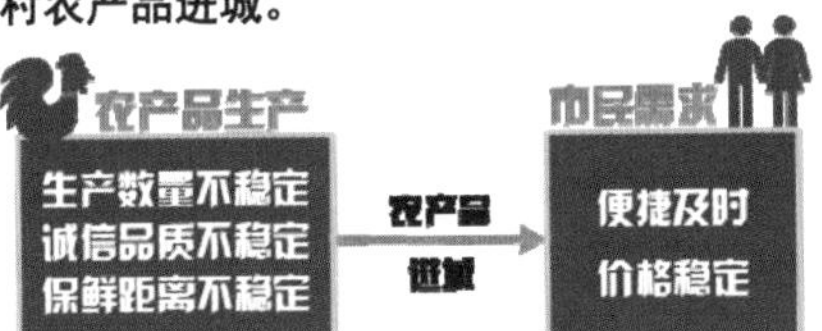

图 9　巴士速递农产品进城

a. 品质诚信：在农产品输出中，巴士速递利用自身电商平台和本地员工对农产品的了解，一定程度上保证了交易诚信。

b. 便捷及时：巴士点对点运输做到全省当日达，保证了农产品的新鲜与品质，满足了市民对生鲜产品的需求。

4.1.2 国企转型升级的新型企业管理模式

相较组织松散或成本高的其他组织模式，巴士速递的管理思路是通过成立第三方公司，形成"直营+加盟"模式，使其可以整合不同客运公司的运输资源，高效地进行组织管理，从而促进客运行业更有效率地转型升级。

表 3　行业内现有组织管理模式比较

模式	结构	特点	缺点
松散联盟		客运企业联盟，并发物流软件并应用。	缺乏有效的管理机制，领导能力不足。
直营		承包已有客运站等，由总公司直接经营。	运营成本高，资源调度低效。
独立经营		成立独立企业，建立独立的快运网络。	服务范围有限，竞争力弱
"加盟+直营"		加盟以降低成本，直营以有效管理站点。	高度依赖股东资源

4.1.3 边际利用，传统运输资源的再利用

（1）运输效率及环保。

巴士速递利用了客车底舱进行货运，既提高了客车底舱空间的利用率，又提高了客车本身的运输效率，整体上还形成了减少交通尾气排放的效果，做到了相对的"绿色运输"。

（2）空间人力资源再利用。

使用现有站场资源进行货物高频率集散，是对空间的高效节约利用；巴士速递利用职工带货，则是因地制宜，是对人力资源的有效调度。

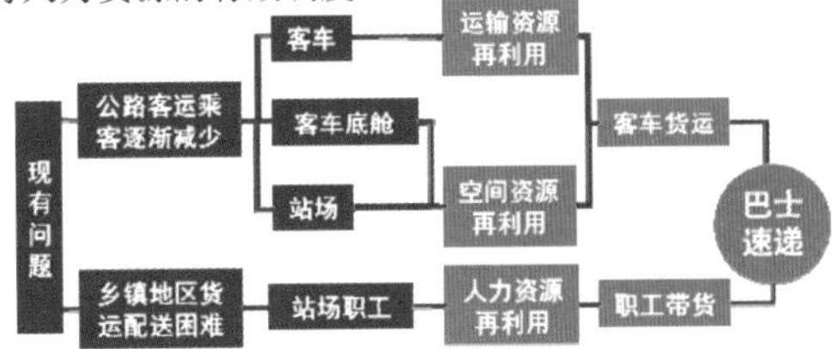

图 10　边际利用示意图

4.2 不同主体评价

4.2.1 民众角度

（1）优点。

a. 寄件的新选择：目前普通快递难以提供乡镇"当日达"的特色服务，巴士速递满足了寄送急件的民众的需求。

b. 满足对于区域特色商品的需求：巴士速递拥有本地员工这一采购资源，民众对商品评价较高，且乐于尝试。

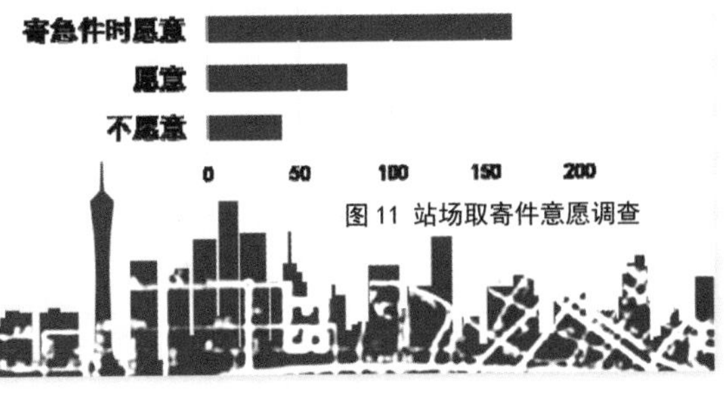

图 11 站场取寄件意愿调查

（2）缺点。

a. 寄取快件的不便：目前巴士速递的上门取寄件服务不完善，主要依靠第三方送货，且需另外付费。

b. 宣传不足：虽然大部分的民众都可能有运送急件的需求，但是只有少部分人了解巴士速递服务。

4.2.2 企业角度

（1）优点。

a. 速度与价格的优势：

顾客对运输的速度和价格普遍看重，而巴士速递高效的运输模式和较低的运营成本，使得它的速度和价格优势得以凸显。

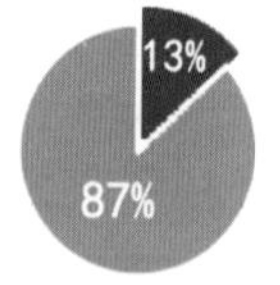

■ 知道巴士速递
■ 不知道巴士速递

图 12　民众对巴士速递了解调查

表 4　多种快运公司时效价格比较表

广州市天河区（308.8公里）揭阳市榕城区

1kg快件

配送单位	配送时间	运费
巴士速递	10h	8元
顺丰速运	20h	13元
申通快递	42h	10元
中通快递	29h	10元
EMS	36h	24元

b. 乡镇发展前景广：利用职工带货，填补了乡镇快递配送的空缺，成为巴士速递在货运行业重要的竞争优势。

（2）缺点。

a. 客户资源难扩展：民众对巴士速递了解较少，同时更习惯性相信和使用常见速运品牌。

b. 小件货运市场竞争激烈：各个速运品牌已经占有了相当的市场份额，巴士速递作为新兴的速运方式，虽然在急件运输方面优势突出，但就形式而言仍略显单一。

4.2.3 政府与传统客运行业角度

（1）优点。

a. 边际利用，创新升级：巴士速递节约的资源包括了小至客车底舱，大至集散仓库的空间资源、运输与配送的人力资源等，资源的边际利用带来了行业转型的创新服务升级。

b. 构建完善城乡物流网：通过新型的巴士速递模式，进一步深入完善城乡物流网，一定程度上缓解了农村对高质量服务的需求和粗放的县域内物流之间的矛盾。

（2）缺点。

监管制度缺失：巴士速递行业目前无专门的规范和标准，政府难以根据有关规定对巴士速递行业进行监督引导。

政府工作人员：“巴士速递是我们比较支持的公路客运企业转型升级的方式，我们主要是对行业的转型升级进行引导。”

优化及推广　5

5.1 方案优化

5.1.1 利用“存量”加强多方合作，完善城乡物流网

现有巴士速递公司的乡村物流方式较为独立，可联合中国邮政的下乡网点，利用自身巴士及客运站作为城乡连接线进行合作，取长补短，从而完善城乡物流网。

5.1.2 大小物件服务分离，站场流线优化

巴士速递过程中，小型与大型运件混合的传统模式易导致人车混合，效率降低和服务质量下降。应将大小运件在柜台进行分离，以满足顾客不同的需求；同时，小型快件所需的人行通道应与大型快件所需的货运通道分离，以此进行寄取件的流线优化。

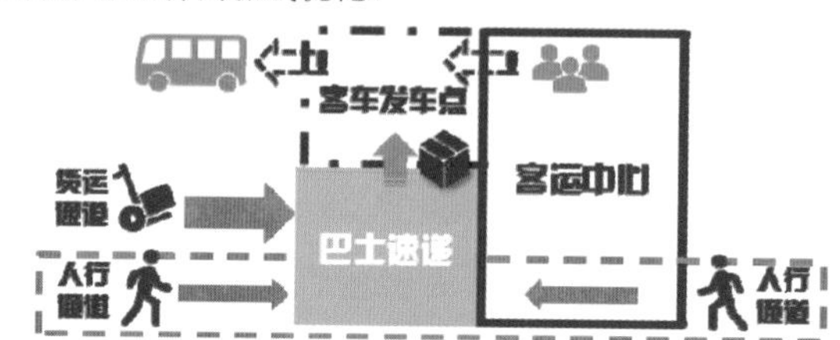

图 13　站场流线优化模型

5.1.3 完善评估机制，管理培训体系升级

巴士速递的第三方公司对站场职工培训和管理力度不够。应建立以考试体系、服务评价体系、业务排名体系与奖惩体系相结合为基础的完善评估体系，保证站场职工对新工作的工作态度和提高他们的工作质量。

5.2 方案推广

5.2.1 地域推广

针对全国范围内城乡物流因成本等因素发展较为滞后、传统客运资源整体下降、资源闲置等问题，建议巴士速递推广至其他省份，实现各个省份的当日达和乡村的职工带货，通过合作建立全国城乡物流网。

5.2.2 管理模式及思想推广

以政府与国企为先导，形成市场型第三方公司向社会大众提供服务的管理模式，可被应用到传统行业国企转型升级中；利用市场的高效快捷和固有的先天资源，发挥传统资源优势，寻找创新升级模式。

图 14　国企转型模型

出者有其位
——广州居住区停车位对外开放模式调研推广（2010）

出者有其位
——广州居住区停车位对外开放模式调研推广

《广州市行政事业单位内部停车场对外开放鼓励办法》（穗交〔2008〕395号）第二条：本办法所称内部停车场是指仅供本单位车辆停放使用的非经营性停车场。
《广东省物价局机动车停放服务收费管理办法》（粤价〔2007〕290号）按照地段的繁华程度和停车周转率将路内停车场划分为一、二、三类地区分路段收费，白天收费标准以此为半小时5元、4元、2元，夜间则按10元/次收取。路内停车场一类地区24小时最高限价80元，最高涨价2.5倍。
《广州市人民政府办公厅文件》（穗府办〔2009〕34号）第一条：对有停车需求及有条件设置停车泊位的住宅小区，在满足人、车通行的前提下，遵循不扰民、不堵塞交通、不影响消防通道畅通的原则，在住宅区内适合划线的道路两侧或空地设立临时停车泊位，同时完善交通标识标线。

图1　相关政策

1. 方案背景和意义

随着我国综合实力的增强，城市化进程不断加快，国民经济水平快速发展，我国汽车保有量呈指数式上升。到2009年末，我国私人轿车保有量已达2605万辆。停车难问题迅速蔓延：除北京、上海、广州等一线城市外，二、三线城市乃至中小城镇的停车难问题也日趋显著。为了解决城市停车问题，自2001年起，广州市内诸多居住区逐步对外开放停车位，广州市政府也相继出台相关政策对这一模式进行综合管理，如《广东省物价局机动车停放服务收费管理办法》《广州市人民政府办公厅文件》（穗府办〔2009〕34号）等。（见图1）

由于停车具有显著的“潮汐”现象，目前广州市采取如下措施：在白天，将居住区停车位对外开放，供周边写字楼、商场等外来人员使用，并收取相应费用，用于物业管理。该模式在一定程度上缓解了广州市停车难的问题，同时也为居住区带来了一定收益。据统计，这一模式每天可以解决广州市内86000余人次的停车问题，创造近30万元的收益。此外，该模式在广州运行已近十年，发展较为成熟，在组织管理方面已具有相当规模；配套服务、保障措施也相应正规化，对解决其他城市停车难问题具有借鉴意义，若得以完善，可以将此模式扩展到居住区、企事业单位等的停车场进行互补性开放等诸多领域，从而缓解我国普遍存在的停车难问题。

2. 技术方法和路线

本小组通过建立数学模型、问卷统计等方法，定量分析现状停车位供需关系，并对未来发展进行预测；通过文献综述、相关区域的实地考察、问卷调研等方法，了解广州市居住区停车位对外开放的现状运营模式、不同群体的利益诉求、模式实施效果和存在问题；通过访谈广州市政府、广州市交委等相关负责人，了解政府对该模式制定的相关政策，并结合调研所获数据资料和指导老师的建议，提出优化方案和推广模式。（见图2）

随着城市和社会的不断发展，诸如此类的中心区将会越来越多……

而在我们探讨的这个关于停车场的话题中，中心区和居住区就像是朋友一样……

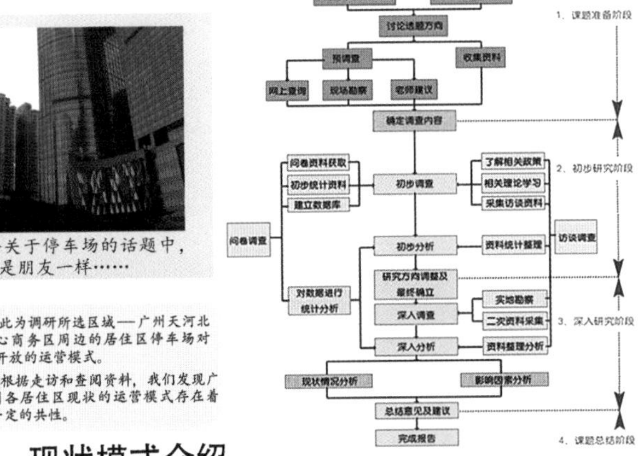

图2

此为调研所选区域——广州天河北中心商务区周边的居住区停车场对外开放的运营模式。

根据走访和查阅资料，我们发现广州各居住区现状的运营模式存在着一定的共性。

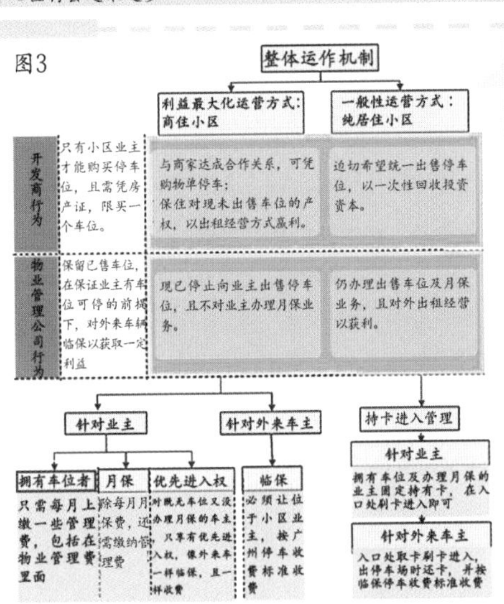

3. 现状模式介绍

3.1 模式运作机制（见图3）

为解决停车难问题，广州现已有近70%居住区的停车场对外开放，一方面可以充分利用停车位资源，另一方面也可以给物业带来一定的收入。具体运作机制如下：

物业管理公司起着主导的作用，主要是通过物业使业主、外来车主、开发商发生联系，进行停车位资源的互补和利益分配。

政府起支持协调作用，但作用力不足，只在近年来才出台了相关的政策法规，对现有模式收费标准等进行限定。

业主作为此模式的相关群体，同时也是受害者。被动参与到此过程中来，自身权益受到一定程度的损害。如自身停车需求有时得不到满足，居住区治安问题、环境问题受外来车主影响，无法得到对外开放所获得的利益。

贰

● 外来车主一般为附近办公写字楼的上班族或是到此消费的消费群体。

基于上述四类群体的不同权限，小区物业管理公司根据停车位总数与已售停车位数、业主户数等，计算出一定数量的临保车位（即对外开放车位），公式如下：

小区对外开放停车位=小区总停车位－业主已购买车位－权重比例×小区户数

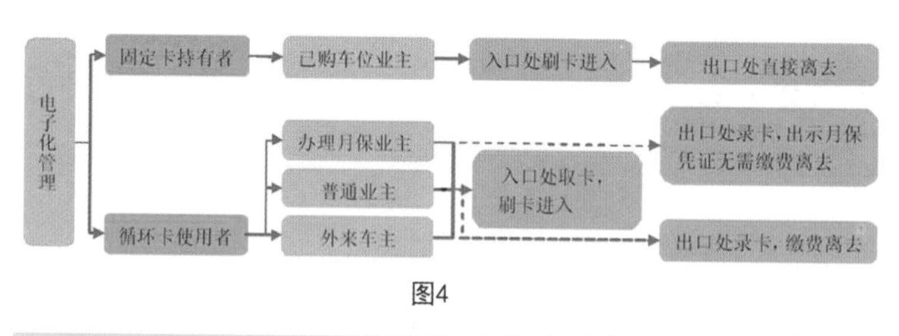

图4

它的旁边有这么多的车，他们是怎么样管理的？

面对来来往往的车辆，他们怎么做才可以让其更好？

3.2 保障机制

保障机制主要对居住区停车位对外开放模式进行支持，是保障其顺利运行的机制，有电子化保障机制和手工化保障机制两种。

(1) 电子化保障机制（见图4）。

● 电子卡上标有停车位置，保证车主顺利找到停车位。

● 卡的数量即临保车位的数量，保证系统顺畅运行。

● 入口处卡取完之后，保安会到出口处把回收的卡插入入口设备中，以循环使用。

● 停车位数量、进出车量数等可由电子设备记录。

(2) 手工化保障机制。

● 主要靠安保人员掌控一切，保障系统运作。

● 物业给不同的群体发放不同的凭证，保安据证识别。

● 每隔固定时间段保安巡逻停车场，统计出剩余停车位数。

● 剩余停车位数低于临保车位数，保安会限制外来车辆进入。

4. 方案运营现状

物业评价

现状优点：

● 为物业管理公司带来经济收入。现状居住区停车位对外开放所获的收益大部分是被作为主要发起方的物业所获取。

● 停车位资源共享，多方受益。据调研，居住区车位向社会开放，不但可实现停车位资源共享，还能为物业带来收入、为小区公共设施建设提供资金来源或减少对业主收取的物业管理费用，为外来车主提供方便，达到多方受益。

存在问题：

● 没有充分挖掘利用停车位资源。现在的运营管理模式中，很多居住区都会预留一定数量的停车位以防业主不时之需。另外，已售的专用车位在业主外出或上班时往往空置，大部分小区停车位即使在高峰时段仍有10%左右的空置率（见图5），这就造成了停车位资源浪费。

● 对外开放管理不当可能与业主产生冲突。若没有很好掌握不同业主的出行时间、停车位数量等信息，可能发生外来车主占用业主车位的现象，从而产生冲突。另外，物业根据小区停车场主权属性进行经营，若为单一产权，则只要经业主同意授权即可；若为共有产权，则须经业主大会的同意和授权，并与业主委员会签订委托经营合同，否则可能会出现类似福州市海景花园业委会对房管部门提起行政诉讼的事件。

业主评价（见图6）

现状优点：

● 利于小区建设。小区停车位对外开放所获的收益除物业公司所获取部分外，还有部分用于小区公共设施的建设维护。

● 减少业主应缴纳的物业管理费。一些物业为抚慰小区业主，将开放所获收益以降低收取物业管理费的形式回馈给业主。

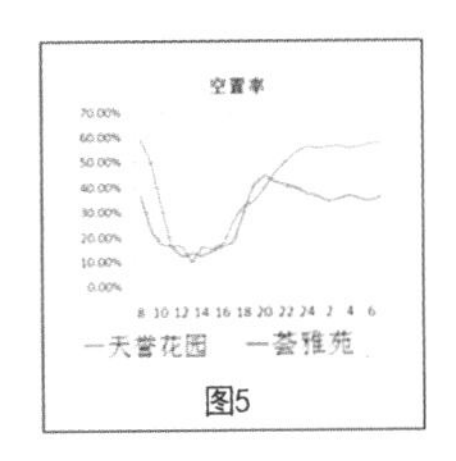

图5

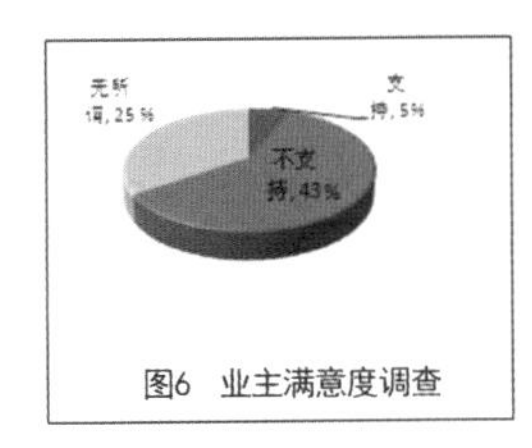

图6　业主满意度调查

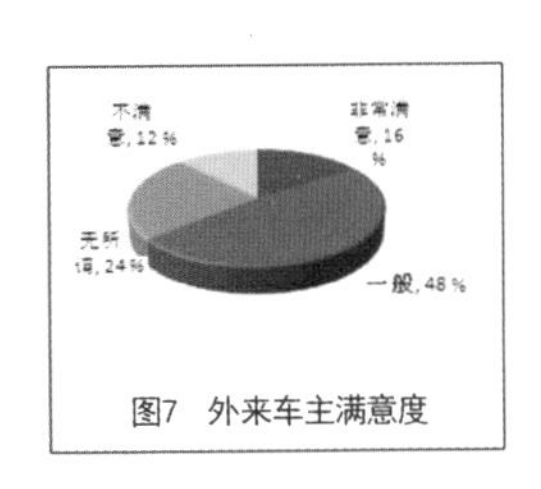

图7　外来车主满意度

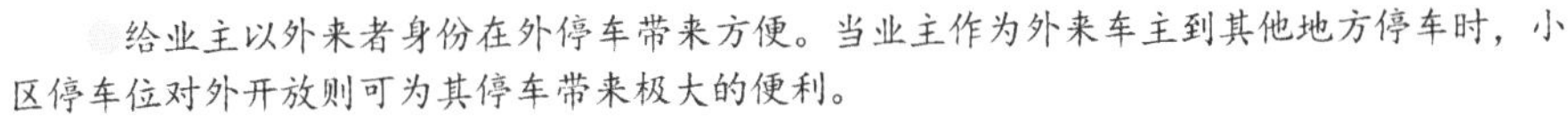

给业主以外来者身份在外停车带来方便。当业主作为外来车主到其他地方停车时，小区停车位对外开放则可为其停车带来极大的便利。

存在问题：

业主维权意识不足。政府出台了与小区停车位对外开放相关的条例，但业主普遍法律意识不强，不过多关注，从而可能发生物业未经业主委员会同意自行开放或是开放所获收益去向不明的情况。

对小区安全及环境造成影响。对外开放不可避免地带来很多外来人员，将影响小区治安。且外来车辆的增加也对小区交通安全、环境卫生等造成影响。

外来车主评价（见图7）

现状优点：

方便停车。在中心商务区附近的办公写字楼上班或到此消费的车主常因该区位停车位紧张而焦头烂额，小区停车位对外开放能很好地为这些人服务，使其轻松方便停车

存在问题：

由于制度尚不健全，系统运营尚存在不稳定，外来车主进入居住区停车场的首次停车成功率仅为37.2%。

政府评价

现状优点：

帮助解决停车难问题。广州汽车拥有量连年上升，而公共停车场建设速度严重滞后于汽车增长速度，小区停车位向社会开放有助于缓解政府这方面的压力，也更节约社会资源。

存在问题：

没有形成良好的规范指引体系。政府在小区停车位对外开放方面只出台了相关条例，并无很强的操作指导意识，没有形成完整的规范指导体系。

仍存在停车场（尤其是地下停车场）产属不明晰问题，从而造成利益纠纷。虽然物权法已出台，且物业管理条例也有这方面相关规定，但历史遗留下来的产属争议仍存在，且对相关条款解读也存在较大争议。

5. 方案推广

5.1　方案不足与优化

现状方案不足

■停车位资源浪费严重，并没有得到充分的利用；

■对外开放过程中物业与业主存在着权益与利益的纠纷；

■外来车主对小区的安全及环境问题造成影响；

■政府没有进行规范化的引导，调控和监督机制尚不完善；

■总体来说，现状居住区针对停车位对外开放模式的系统性不够，各群体、各对象之间仍缺乏一套完善、有效的运营机制，社会资源和各方利益配置效率不高。

方案优化：

■**通过系统分析以及契约等理性手段，提高资源利用效率。**

一方面，通过研究相关业主与外来车主出行停车的交通特征，在保障业主合法权益的前提下，有效组织两者使用停车位；另一方面，可通过立定契约的形式，对空置的专用车位对外开放，充分利用停车位资源。

■**利用信息技术，建立停车诱导系统。**

停车诱导系统能够在居住区内部以及居住区外一定范围内形成停车位信息网络，在社会中形成信息的处理与共享，有效帮助车主快速找到停车位，提高停车位的利用效率。

■**物业加强小区的管理与安全。**

■**政府加强引导，将此模式从半正规走向规范化。**

政府加强宏观调控与引导，能够有效鼓励该模式的运行与推广，加强监督和管理模式运行的力度，而且，对于以上各种的解决思路也有了法律的保障。

5.2 方案推广

5.2.1 推广的核心理念（见图8）

基于现状模式的调研和分析，我们得知，只有充分协调好开发商、物业管理公司、业主、车主各方的利益关系，充分发挥政府的宏观调控和引导作用，努力营造一个结合现代科学技术的综合、全面的管理和运营系统，将居住区、城市中心区、交通密集区的停车问题上升为一个公共的社会问题，并在各社会群体之间达成共识，促成共同面对、共同建设的局面，才能真正优化和解决“停车难”问题，实现资源合理、高效的配置，进而让城市的“交通生活”更美好。

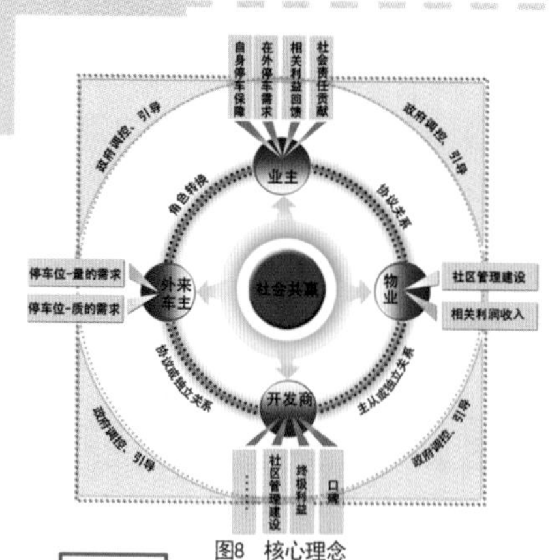

图8　核心理念

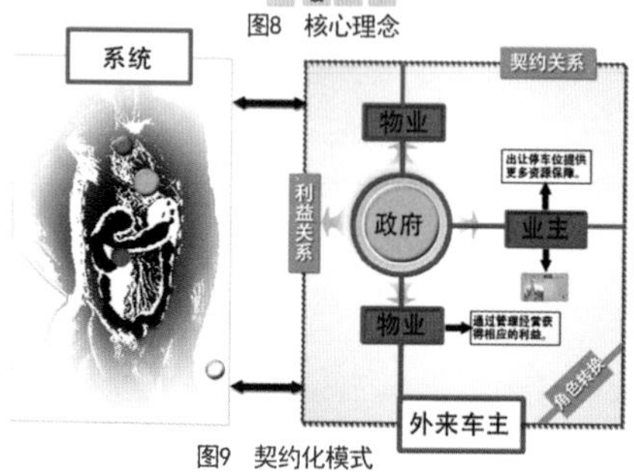

图9　契约化模式

5.2.2 推广模式

A. 基于政府引导的契约化模式

该模式由政府宏观调控和引导，物业公司、业主、外来车主多方参与，大力推广居住区尤其是城市中心区、交通密集区周边的居住区停车位对外开放，旨在于充分保障和协调好各方利益的前提下形成高效、完善的管理和运营模式，实现资源的最优配置。

在这个模式（见图9）中：

① 政府作为改进模式的心脏，应加强宏观调控，规范原有停车模式，使该模式能够有效地运行推广。

现状模式：虽然政府出台了相关条例条文，但是对居住区停车位对外开放这种半正规化的停车方式采取的是默认与模糊的态度，这就导致了相关的利益主体之间的利益矛盾纠纷。

推广模式：政府在此模式中担当的是整个改进模式的动力源与起搏器。政府一方面可通过制定相应的条例和采取一定的措施促进此模式的推广；另一方面可制定相应的条例和政策保障模式的顺利运营，加强监督和管理力度。

② 物业公司作为改进模式的神经网络，应加强其作为中介方和管理方的作用。

现状模式：物业公司通过空置一定数量的停车位在保证既有业主的回来能够正常使用停车位的前提下，将属于业主的停车位对外开放，以收取一定的利益。这种做法更加剧了停车位供需间的矛盾，造成资源配置浪费。

推广模式：物业公司在此模式中起着衔接和组织整个系统的作用。物业公司应该一方面与符合条件的业主签订协议，建立契约关系（见图10），确保业主作为授权方，而物业作为管理和执行方之间的利益分配协调员；另一方面应该根据相关停车出行特征规律，建立一套完善高效的管理子系统，并结合电子信息技术建立统一数据库，以保障整个模式的畅行及资源的有效利用。

③ 业主作为改进模式的血液，应加大对其权益保障的力度，加强其社会责任感，扩大停车位对外开放的资源容量。

现状模式：当没有购买停车位业主外出之时，小区停车位多由物业公司对外开放，利益进入了物业的口袋，这使业主的利益遭到了损害；而购买了停车位的业主外出，其停车位则空置着，造成了资源的浪费。

推广模式：业主是系统的主体，其参与为系统运行提供了资源上的保障。在保障业主自身停车需求得以满足的前提下，业主可由政府统一颁发在外停车优先权（见图11），当业主与外来车主角色转换时，可有效满足自身的在外停车需求。其次，业主在得到回馈利益的同时更能很好地履行社会责任。

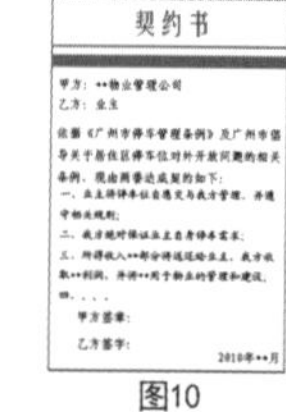

契约书

甲方：××物业管理公司
乙方：业主

2010年××月

图10

图11

④ 外来车主作为改进模式的氧气，应加强对其的引导，使居住区停车位对外开放能够在社会上得到普遍响应。

现状模式：外来车主大多为在小区停车位附近办公楼上班的有车一族。他们是形成现状居住区对外开放的驱动机制。在上下班的高峰时段，由于缺乏引导，易形成行车混乱、交通拥堵以及资源不能充分利用的问题。

现状模式：外来车主一方面要遵守相关法规以及停车场的管理制度。相关交通法律法规使其能够有效、有秩序地使用停车位，减少小区外城市交通的压力；另一方面在角色转换过程中能够切身感受到停车场对外开放的社会共赢的效益，从而支持此模式的推广。

B. 基于信息科技的智能化模式

该模式的核心是建立一个信息共享平台。

首先，运用智能停车管理系统，采取停车场（路面、路外）、停车位相关信息输入终端处理平台，实现停车收费管理自动化；其次，路面（和路外）停车终端与中心管理系统通过通信手段连接，实现停车、管理及信息发布功能；最后，中心管理系统与交通信息发布总平台发生实时数据交换，将停车状况的数据上传到交通信息发布总平台，出行者可通过交通信息发布总平台得到目的地的停车信息，进而保证一次停车成功的比率。

深化推广

A. 模式的横向推广：向国内存在停车难问题的城市的推广

在国内，如北京、上海等大城市普遍存在着停车难的问题，停车场越修越多，但是停车难的问题却依旧没有得到有效解决，甚至有更为严峻的趋势。把广州市这种居住区停车位对外开放的半正规模式规范化，将有助于有效利用空置的停车位资源，而且其可操作性高，限制性低，可有效推广到其他大型城市中。

另外，随着经济的发展，今年我国的城市化水平将达到50%，汽车保有量将达7500万辆。不仅仅是大城市存在着停车难的问题，中小城市也有这样的现象，而且在未来，汽车的增长量也将越来越大，因此，推广广州的这种停车模式对于国内城市的发展具有非常重要的意义。

B. 模式的纵向推广：城市内部其他用地性质的停车场的对外开放

近年来，随着经济的发展，国内城市的居住区、商业楼、商务办公楼、行政单位办公楼等数量不断增加，而且通常这样的用地都配套一定的停车场以供内部人员使用。这样一来，停车位的数目是非常可观的。因此，可以将居住区对外开放的模式纵向推广，将其推广到商务办公楼、行政单位办公楼等的停车场上，可以有效解决夜晚停车难的问题，与居住区的停车场能够形成一种良性的互补，从而能够将社会上的停车位资源合理充分地利用，达到资源的有效配置，提高资源的利用效率。

"堵城"的解药
——P+R 模式（2013）

P+R

"堵城"的解药——P+R 模式

【Abstract】

The "P+R" lot, located beside the metro station and serving the "white collar" commuting transportation, represents a kind of unique facilities. The office workers drive to the metro station next to their apartments and park their cars at the "P+R" lot. Then they take the subway to the destination station, which is the nearest one to where they work, and walk to their office. We focus on its advantages over other facilities. Based on the statistics and information collected at three Metro Station in Guangzhou, called Hanxi Changlong at line 3, and Shiqi as well as Haibang at line 4, we find out that the amount of commercial residence around the lot, the salience of users' commuting characteristics, the income class of residents near the lot and the functional characteristics of surroundings are four main factors acts on the usage coefficient of "P+R" lots. According to the research, we put out several suggestions to optimize and popularize the model.

1. 研究背景和意义

我国快速的城市化进程导致居住与就业在城郊与中心区上的空间分离。以通勤为主的潮汐交通流加大了城市中心区的交通压力，反映了城市郊区化过程中城市空间组织的固有弊病。

广州在南拓的城市化战略下强调了居住先行的战略思想，引导建成集聚了超过 100 万人的华南板块和金沙洲板块等多个近郊居住集团，一跃成为典型的职住分离城市。居住集团形成庞大的"城一郊"通勤流，在现有的交通组织模式下对城区道路系统造成巨大压力。同时，广佛同城化也成为日后发展主要趋势，在广佛之间开始出现定向型的跨市通勤人流，随着同城化日趋完善，缓解广佛线交通压力也迫在眉睫。

城市中，小汽车（路面交通）与公共交通系统各行其是、相互隔离是目前主要的通勤模式。这种通勤模式在没能有效利用公交系统的同时降低了路面交通效率，造成不必要的效益损失。P+R 停车场通过实现汽车和公共交通的衔接，在城市外围对小汽车交通进行截断，以减少高峰时段进入城市中心区的机动车交通量，引导居民乘用公共交通工具出行，提高公共交通的出行比重。这一方式有利于弱化不必要的交通流，对解决现有功能区之间的交通问题，缓解城市空间矛盾有着深远意义。

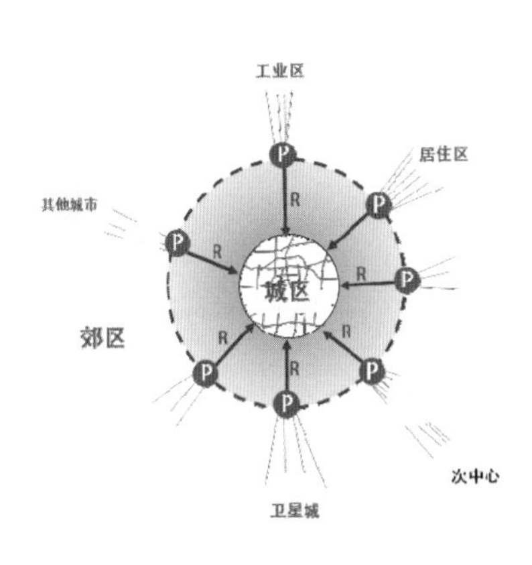

图 1　P+R 模式为中心城区构建保护圈

2. 技术路线

本小组通过查阅相关资料，了解 P+R 的运行模式和目前的发展情况。通过定性和定量方法将具有较高使用率的汉溪长隆站 P+R 停车场和使用率较低的石碁、海傍 P+R 停车场进行对比分析，进而分析得出 P+R 模式的适用性特征和优势。在具体调查中，分不同时段（节假日和工作日）记录停车空位数量，并对使用者进行访谈，获取使用者 OD 信息、使用满意度和使用意愿，对该停车场的作用方式进行定量分析；对停车场管理员进行深度访谈，了解停车场的宏观运行规律和特征，获取定性资料。最后，根据 P+R 停车场特性对其进行优化和推广。

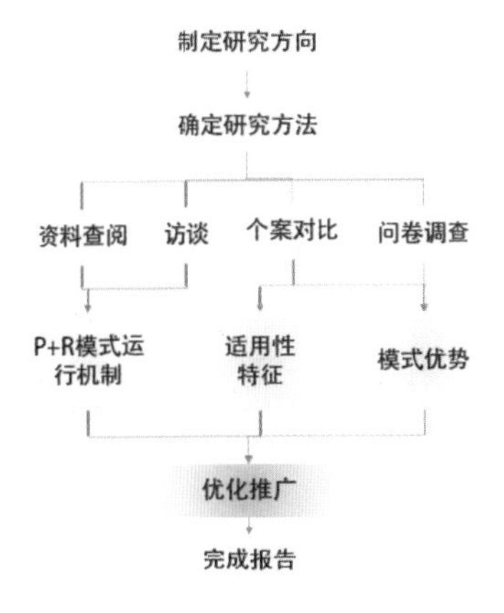

图 2　技术路线

1

P+R

3. 广州 P+R 概况和适用性特征

广州最早是在 2005 年出现 P+R 停车场，市规划部门在三号线番禺段部分站点规划了 P+R 停车场。此后随着四号线、五号线、广佛线等其他连接外围区域和市区的线路建成，更多地铁站设置了 P+R 停车场。2011 年以来，广州加大了 P+R 停车场的建设投入，围绕城区外围陆续布局 30 多个 P+R 停车场。通勤人员在上班时间从家中开车前往地铁附近的 P+R 停车场，然后换乘地铁进入市区上班；下班后坐地铁抵达停车场，驾车回家。

这一通勤方式避开了上下班高峰期的路面拥堵，同时也减少了路面交通车流量，提高了城区道路通行能力。由于广州南部存在祈福新村等大型居住楼盘，产生明显的南北向交通流，故研究选取位于广州南部的汉溪长隆、海傍、石碁三个 P+R 停车场为例探讨其适用性。

汉溪长隆、海傍、石碁的 P+R 停车场均位于南北走向的地铁线路站点附近，为广州中心区与近郊区的过渡地带，起到连接近郊与中心区的作用。其中，汉溪长隆站所在的地铁三号线连接南部华南板块居住区与北部天河办公区，每日通勤流量大，是典型的城市潮汐交通线路；石碁、海傍站周边环境与汉溪长隆站存在较大差距。调查发现，汉溪长隆站使用率较高，石碁、海傍站使用率较低。以使用率为衡量依据，发现 P+R 停车场具有以下适用性特征。

3.1 邻近周边居住区

P+R 停车场作为替代小汽车直达城区的换乘方式，在空间上需要邻近周边居住区，并需要在停车场与居住区之间有便捷的交通条件，以降低向 P+R 模式转换所带来的不便利性，提高居民使用率。调查发现，73%的使用者认为 P+R 停车场与居住地之间的距离是影响使用意愿的重要方面。

3.2 具有适当人口规模

P+R 模式主要服务对象为市郊居民。如果周边居住区规模小，没有足够的人口规模支撑，停车场引力下降，使用率降低。故 P+R 停车场邻近的居住区规模越大，地铁站使用率越高，更能有效发挥 P+R 停车场的截流作用。

3.3 使用者具有较高的职住分离特点

P+R 模式主要服务于从郊区到城区的交通流，其中通勤人员是主要的服务对象。同时，在“城一郊”通勤线路上设置 P+R 停车场所起到的截流作用更为明显。对汉溪长隆站的车位变化情况调查显示，高使用率的时段职住分离特征更为明显。

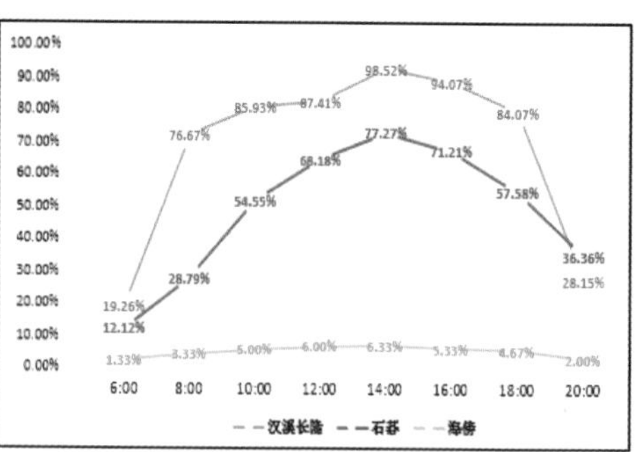

图 3　P+R 停车场分时段使用率情况

图 4　P+R 停车场实地照片

P+R

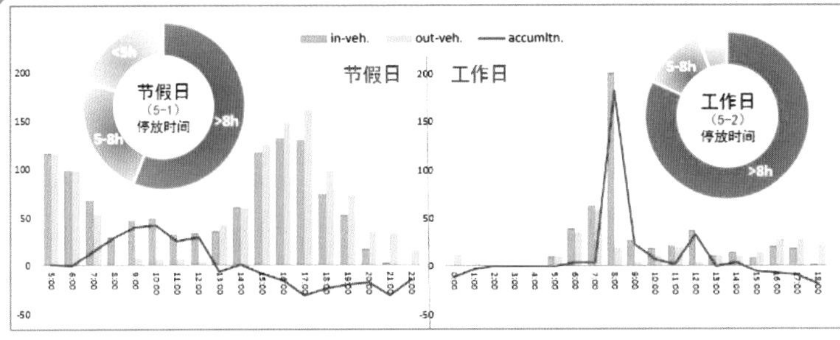

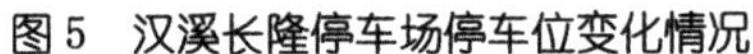

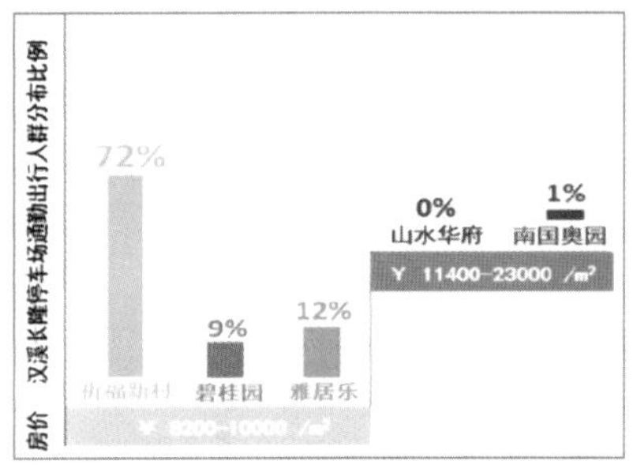

图 5　汉溪长隆停车场停车位变化情况

图6　使用者中93%住在中低档

3.4 主要服务于中等收入群体

收入水平高的人群对燃油税、拥堵费等控制城区小汽车数量的政策举措弹性较小；中低收入者受影响较大，因而更可能选择 P+R 模式。故中等收入的居民对 P+R 停车场需求更高，使用意愿更大。

4. P+R 模式的优势

4.1 有效组织通勤交通流，减缓城区交通压力

P+R 模式通过重新组织交通流的方式降低“城—郊”间道路交通复杂性，缓解高峰时段路面拥堵情况，提高通勤效率。其中，P+R 模式有效利用了机动车灵活性高以及公共交通系统稳定性高、准时、交通线路独立的通行优势，实现了城市中心区与郊区之间高效的交通互动，体现了多种交通方式协调运转的基本理念。

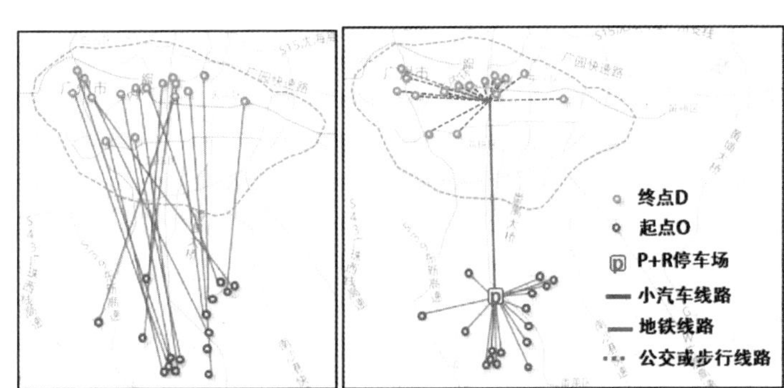

图 7　使用 P+R 停车场与否的交通流动效果存在明显差异

来源：通过 P+R 停车场使用者 OD 信息推断模拟得出

4.2 居民使用意愿强烈

据调查显示，若汉溪长隆 P+R 停车场停用，现有使用者中 82%车主会选择开私家车上班，6%车主会选择改乘公交上班。由此说明，居住在周边的“城—郊”通勤人员对 P+R 停车场的接纳度较高，反映了 P+R 停车场的出现能将通勤人员中的机动车使用者有效转化为公共交通使用者。这一现象说明，在居民“城—郊”通勤方式的选择上，P+R 模式具有明显优势。

4.3 使用者满意度较高

调查显示，与 P+R 停车场建成前的使用情况对比，汉溪长隆站使用者对其在便利性、可达性、通勤时间方面带来的改变满意度均较高，进一步说明 P+R 停车场对原有通勤模式的替代性好，在满足通勤者需求方面有较好的表现。

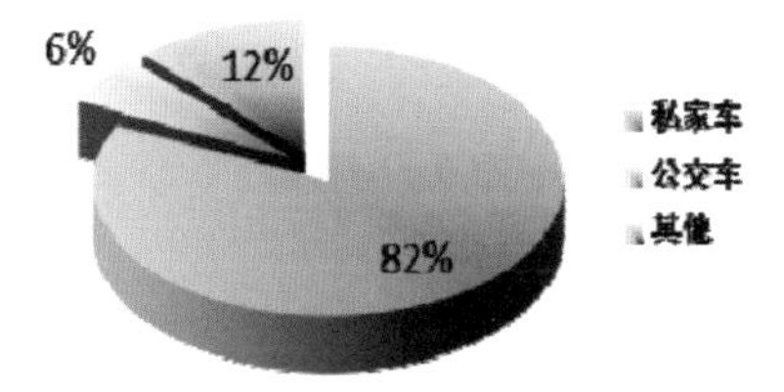

图 8　通勤方式比例

P+R

5. 模式优化与推广

5.1 模式优化

- 优化选址区位

① 选址直接决定了停车场使用效益，根据上文分析的 P+R 换乘模式的特性，停车场应选址在居住区规模较大，具有明显职住分异特征和以中等收入群体为主的近郊区域。

② 完善 P+R 停车场在市内合理区域的网点布置，使 P+R 模式能在主城区外围形成一道"过滤膜"，有力地缓解中心区交通拥堵问题。

- 优化基本设施

① 扩大效益优良的停车场规模，保证充足的停车位。同时，应改善停车场及周边的环境，增强安全性。

② 构建私家车、公交车、自行车三位一体的综合停车模式。目前 P+R 停车场主要针对的是私家车群体，忽略了公交和自行车出行群体。故可以增加公交车和自行车的停车配套设施，为更广大的乘客群体服务，扩大 P+R 的服务边界。

图 9　P+R 模式优化因素

- 优化服务管理

① 设置专门的管理运营公司，统一对市内 P+R 停车场进行规范化管理，防止出现乱收费现象及安全性问题。

② 构建停车场智能管理系统，比如使用电子指示牌提示停车空位数，采用刷卡进场等先进的服务管理措施。

③ 推出"停车+地铁"收费套餐，将停车与地铁收费联合，实行停车即免费乘坐地铁的优惠政策，吸引使用人群。

- 优化媒体宣传

① 通过网络、电视、报纸等媒介，大力宣传 P+R 换乘模式，体现其在环境保护和缓解市内交通拥堵方面的意义和作用，从而发掘更多的潜在使用者，促进 P+R 模式在全市范围内应用和推广。

② 在适当的路段设立 P+R 停车场的指示牌，引起潜在使用者的关注，并引导其使用。

5.2 模式推广

- 换乘模式的推广

① 在市中心区范围内，可以将 P+R 的换乘模式推广到自行车与公交的换乘、自行车与轨道交通的换乘。即可以在地铁站和重要公交车站旁设立自行车停车场，实现市区内通行的无缝衔接，提高中心区公共交通运行效率，引导更多的中心区市民考虑以公共交通方式出行，缓解中心区交通拥挤问题。

② 在城市范围内，除"私家车+轨道交通"的换乘模式以外，还可以建立其他交通方式与轨道交通的换乘系统，比如公交车与轨道交通的换乘，即公交车可以停放在 P+R 停车场内，使城市整体交通通勤效率有更大程度的提高。

③ 在城市群各大城市的交通联系上，可以使用 P+R 模式的换乘概念，即在 A、B 两座城市的抵达站附近设置停车场（如珠海北站和广州南站）。在区域范围内扩大 P+R 的概念，将之合理运用到城市之间的交通走廊衔接上，提高城市间出行效率，对于城市间的交通无缝连接起到重要的推动作用。

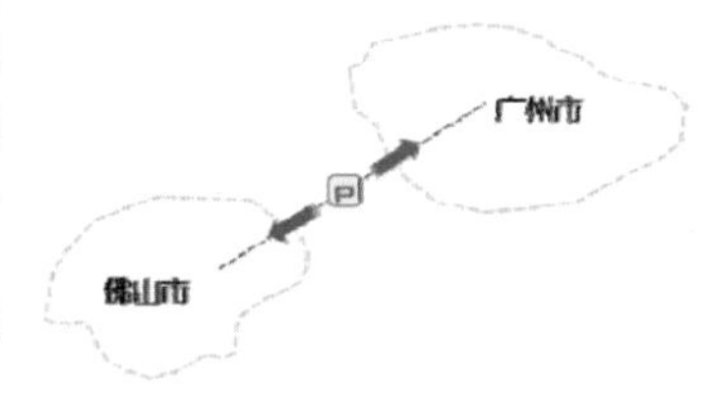

图 10　同城化城市间 P+R 模式接驳

- 适用地域的推广

① P+R 模式适合快速发展的特大城市和大城市，比如北京、上海、广州、南京等。这些城市的城市蔓延速度快于公共交通系统扩张速度，中心区的用地和人口密度都远高于边缘地区，市中心区多以商业和商务为主，居住区大量向城市边缘地区迁移，职住分异现象越来越明显，产生大量住在郊区但在中心区工作的通勤人群，这是 P+R 模式保持稳定效益吸引的主要人群。

② P+R 模式也适合沿某一特定方向发展的中等城市，如兰州等。虽然整座城市的郊区化现象还没有明显出现，但由于城市发展的不均衡，形成了沿某一特定方向的通勤人流，造成中心区的拥堵。

第三章　特殊群体出行专题

为特殊群体提供交通出行便利性是人文关怀的重要体现。在当前的交通体系中，出行不便利的残疾人、老年人、孕妇和司机等群体的出行需求还需要引起进一步的重视。本系列作品分别从无障碍公交车、免费无障碍出行车、老年人专线、地铁孕妈徽章以及为司机提供的厕所信息服务等方面展开项目推介。

其中，“交通无障碍，出行有依赖——广州市无障碍公交实施方案优化与推广”和“社会有爱，出行无碍——深圳 NGO‘免费无障碍出行车’使用状况调研及推广”两个项目主要针对出行不便利的残疾人的交通需求，通过实施人性化的无障碍公交车以及借助社会力量，组织公益人士免费为残疾人提供交通出行等方面服务，在已有无障碍设施和交通供给不完善的情况下，提供软性的服务，在一定程度上改善了残疾人的出行环境。

“爱心突‘围’——广州爱心巴士运营推广研究”和“尊老重礼，一路有你——广州‘尊老崇德’124 专线公交线路运营情况调研”两个项目则针对老年人出行的需求，运用乘客分流的理念，通过提供专门的公交班次，辅以相应的服务，在提高整体公交运营效率的基础上，保障了特定人群的乘车环境与安全。

另一类特殊的群体，怀孕初期孕妈的出行安全往往容易被忽视。“孕‘徽’风，行和畅——广州地铁‘准妈徽章’使用情况调研”作品针对广州地铁部门在 2014 年 5 月开始推行“准妈徽章”项目展开调研。“准妈徽章”激发了乘客自身的社会责任感，增强了乘客的文明意识，社会效应良好。

此外，如厕困难这一问题困扰着司机群体，长期以来未能得到很好的解决。“全民献‘厕’，关爱随行——广州滴滴‘厕所信息服务’功能使用情况调研”作品以滴滴公司推出的“厕所信息服务”作为调查对象，对在“互联网 +”背景下司机、民众、商家、滴滴平台之间资源整合和互动的方式进行了总结和梳理。

城市交通朝更加智能高效方向发展的同时还是要回归以人为本的初衷，本次系列作品正是抓住了这一点，选题新颖，以小见大，体现出交通组织管理者和运营者对特殊群体的人文关怀。

交通无障碍，出行有依赖
——广州市无障碍公交实施方案优化与推广（2010）

交通无障碍，出行有依赖
—— 广州市无障碍公交实施方案优化与推广

1. 方案背景与意义

如今，在“城市，让生活更美好”的理念下，人们的出行便捷程度日益提高，但在中国，人口达到6000万人的残疾人和8811万人的65岁以上的老人却由于身体原因不能正常利用城市交通设施。从社会公平角度来看，政府在提供公共服务创造美好生活的过程中应更加重视服务的平等性，努力推动经济福利转向社会中那些缺乏政治、经济资源支持，处于劣势的弱势群体，因此弱势群体的出行更应是“城市，让生活更美好”理念实现的重中之重。无障碍公交推广方案即是对弱势群体交通出行的关注——针对现有公交系统对公交车和站点的无障碍设施进行改建，同时通过政府、企业、非政府组织的合作，改善项目的组织运营和管理情况，保障社会公平——具有很强的实践意义和推广性。

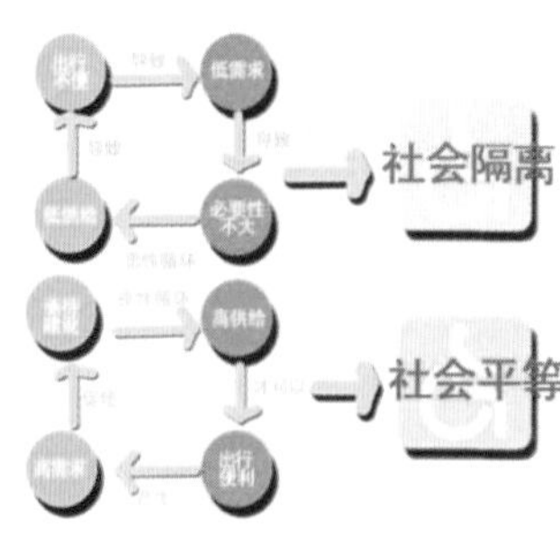

图 1　方案实施的社会意义

2. 方案的研究方法与技术路线

小组调研方法有问卷法、实地考察法、访谈法三种。调查问卷派发 126 份，有效问卷 120 份，有效率达 95.2%。实地考察则每天分成不同小组乘坐 133 路车，并按不同时段观察、访谈 42 次。访谈对象为公交车司机、无障碍公交负责人以及残疾人士。

图 2　无障碍公交车

3. 方案介绍

3.1　方案概况

2002 年，由中共广州市委作出决定，号召全市支持参与“友爱在车厢”活动，广州市一汽在政府的号召下投入运营两辆残疾人专用的无障碍公交车于 133 路线，使得残疾人首次可以和正常人一样使用公共交通独立出行。如今，为迎接配合残亚会的召开，更是加大投放到 133 路线的车辆数量，并为这批新车加装了语音导音乘车系统、协助上下车装置、残疾人专用安全装置等无障碍服务设施，充分照顾老人、残疾人士的乘车需求。

3.2　实施机制

3.2.1　调度机制

（1）日常班次：每 3～5 分钟一班 133 路公交，但其中 10 辆无障碍公交是随机调度的。

（2）包车服务：若广州市残联近期举行关于残疾人的活动，则与 133 路公交车进行残疾人专用车的包车，负责残疾人接送，比如：残疾人统一体检活动。

（3）大型节日和活动的无障碍公交专线：市交委专门成立亚残会交通运输组织保障指挥中心，主要负责统筹各类注册人员的交通服务，并有专人接管无障碍交通车辆的组织协调工作。

图 3　平台式上下车装置

3.2.2　保障机制

（1）公交优惠机制：凡持有《中华人民共和国残疾人证》的残疾人在广东省各地乘坐城市市内公共交通工具时，不论户籍在何地，均可按《广东省扶助残疾人办法》规定享受免费或减半缴费待遇。

（2）意见反馈机制：公交公司有专门的投诉热线，残疾人能够及时投诉，133 路公交会统一进行处理并对自身服务进行改善。

3.2.3　监管机制

无障碍公交是由广州市交通委员会和广州市残疾人联合会共同监管的。广州市交委制定公交授权经营制度，与公交公司签订《广州市公共汽车电车线路经营权授权书》，完善市场进退机制，每年进行考评，考评合格继续经营。同时，采取运政稽查、服务质量督查、企业互检互查、企业自检自查“四级检查制度”，加强日常服务质量监管力度。市残联负责收集残疾人对无障碍公交的反馈意见，并同市交委进行沟通协作，主要起监督协调的作用。

133路无障碍设施对您是否有帮助？

60岁以上
51~60岁
41~50岁
31~40岁
19~30岁
18岁以下

无所谓
几乎没帮助
有，但帮助不大
有，帮助挺大

图 4　不同年龄层次使用者的评价

3.3　效果评价

3.3.1　不同主体评价

1）弱势群体的评价。

方案优点

出行方便，增加出行率。人性化的车身设计方便老年人、肢体残疾者和行动不便者出行，同时针对弱势群体的票价优惠措施给予出行保障，增加了出行率。

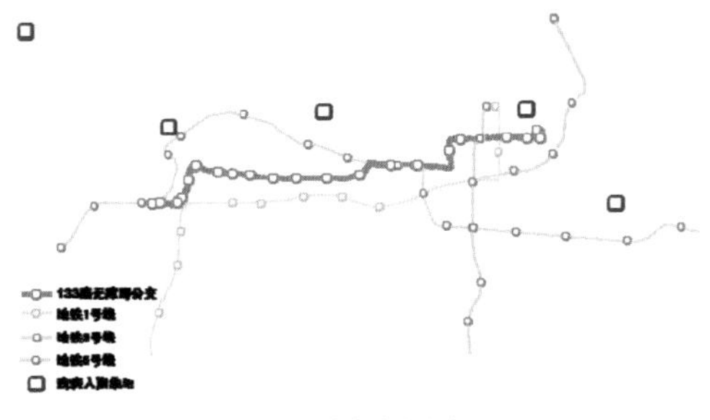

图 5　方案实施路线

组织有序，提高出行效率。公交调度有序，班次较多，等待时间短，可提供高效的出行服务，提高了出行效率。

存在问题

配套设施不完善，存在出行障碍。车站缺乏盲文牌、语音提示系统，有些盲道出现断头、被阻挡等情况，存在安全隐患，给盲人出行造成不便，因此其出行量相对较少。

路线设置不够合理，服务供给的科学性有待提高。路线设置缺乏整体考虑，不能有效联系残疾人居住空间于主要活动空间，路线设置应优化。

2）公交公司的评价。

方案优点

树立了企业形象。无障碍公交的运营增加了公交公司“友爱在车厢”的宣传效果，达到了一定的口碑效应，赢得了企业形象。

增加了企业收入。无障碍公交可提供其他公交公司不能给予的服务，增加额外收入，且对日常的调度工作影响不大。

存在问题

公交发放存在随机性，组织调度不够合理。调度机制针对性不强，无障碍公交与普通公交混合发放，没有依据不同时段的需求合理组织调度。

3）政府的评价。

方案优点

有助于树立良好的城市形象。无障碍公交促进了广州市“全国无障碍建设城市”的建设实施，有效地满足了弱势群体的出行需求，树立了良好的城市形象。

履行了政府义务，提供了均等化的公共服务。从社会公平角度来看，政府从社会公平的角度在提供公共服务过程中充分关注了弱势群体的出行需求，有效地提供了均等化的公共服务。

存在问题

缺少专门的建设领导小组，建设实施无保障。政府对无障碍建设的监管职权不清，缺乏明确的监管部门和相应的管理机制，无法保障真正的建设实施。

缺乏相应的法律规定和发展规划，不能形成系统的建设网络。现有的无障碍设施建设管理实施保障机制不完善，又存在工程量大、操作性强的特点，因此难以形成一整套的无障碍服务配套体系。

运营成本高，推广有难度。无障碍公交的购买与维护成本都较高，虽然建设方案获得上级部门批准但专项资金到位困难，对实施推广造成了阻碍。

4）残联的评价。

方案优点

有效地履行了残联的责任和义务。残联通过及时反馈残疾人的意见并与政府、公交公司沟通合作，良好地履行了残联的责任和义务，促进了无障碍公交的建设。

存在问题

与政府、公交公司的职责不明确，监管不够到位。残联虽然与政府、公交公司有合作，但各方对自己的认识不到位，职责不明确，造成监管实施的不到位。

宣传力度不够，社会各界对无障碍的认知度不高。由于残联的宣传手段相对单一，宣传力度不够，造成从上级的领导干部到普通的百姓对无障碍设施建设的必要性认识不清，社会认知度不高。

3.3.2 方案总体评价

无障碍公交实施方案总体评价见表 6。

评价指标	评价分值	评价说明
实施效果	★★★★½	方便了弱势群体特别是老年人的出行，但服务配套上有待提高。
运营机制	★★★½	整体组织有序，能提高出行效率。但组织调度的科学合理性不够，造成运营成本较高。
监管成效	★★★	监管主体履行了一定的义务，但职责不够明确，缺乏强有力的实施保障机制。

图 6　方案总体评价

交通无障碍，出行有依赖

——广州市无障碍公交实施方案优化与推广

4.方案优化

4.1　优化理念——四个“合理”

树立无障碍公交发展的四个“合理”理念，即合理的规划指引、合理的职责关系、合理的发展方式、合理的设施环境，构筑无障碍公交实施优化的软硬体系。

图7　方案优化理念

4.1.1　合理的规划指引

具有针对性的无障碍发展规划指引。根据城市无障碍情况对无障碍公交作出具有针对性的规划，制定阶段性发展目标指引。宏观层面上，应平衡多种无障碍公交线路的发展，以及与配套设施协调发展。建立在对出行需求的调查之上，定期对是否需要继续添置无障碍公交进行决策，实现无障碍公交的可持续发展。

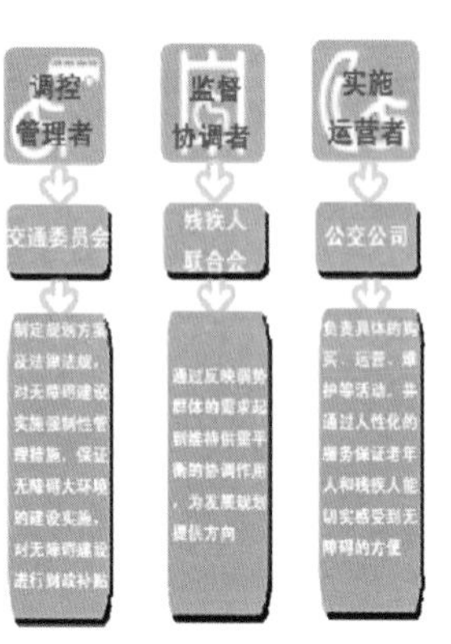

图8　职责关系

4.1.2　合理的职责关系

协调好调控管理者（各级交通委员会）、实施运营者（公交公司）、监督协调者（各级残疾人联合会）三者的关系，明确各自的职责。政府要制定相应的法律法规，对无障碍建设实施强制性管理措施，保证无障碍大环境的建设；残联作为非营利性组织，通过反映弱势群体的需求起到维持供需平衡的协调作用，为发展规划提供方向；公交公司负责购买、运营、维护等具体活动，并通过人性化的服务保证人们能切实感受到无障碍的方便。

4.1.3　合理的发展方式

从全局性和阶段性统筹考虑无障碍的发展方式。全局上不仅要重视单个公交设施的无障碍，更要保证配套服务设施以及更高层次的无障碍，构建一个完整的无障碍发展体系。阶段性上，要从区域建设和发展水平两个角度区分重点和先后合理配置，实现整体的有序发展。区域建设上要抓住重点领域和重点工程，先解决矛盾的主要方面，再进行资金和无障碍设施的全面覆盖；其次，无障碍的发展水平也会随经济发展和生活水平的提高对设施类型以及服务质量提出更多元化的高标准要求。

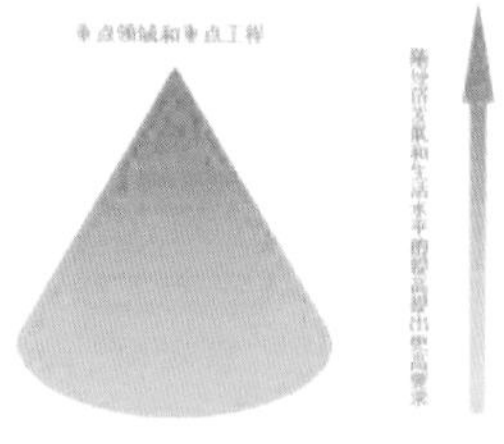

图9　发展方式

4.1.4　合理的设施环境

注重设施环境系统性与平衡性的特点，完善设施环境。从站点、道路系统、标识系统等入手创建一流的无障碍环境，平衡广州市各地区无障碍公交设施，特别是广州市边缘的有较多残疾人居住的保障性社区，并且不单是无障碍公交的建设，整个城市交通都要有无障碍意识。同时，设施环境要实现从辅助性到安全性的转变，无障碍建设绝不仅方便残疾人，而是方便全社会所有的人。

4.2　优化措施——“SMS”策略

目前，无障碍公交能够较好地为老年人提供乘车服务，但对于更加弱势的残疾人，其设施水平和服务质量还有待提高。对于残疾人的供给处于需求抑制的状态，因此方案措施希望通过合理的资源配置和管理方式来激发残疾人的出行需求，以消除其在交通上的社会隔离。

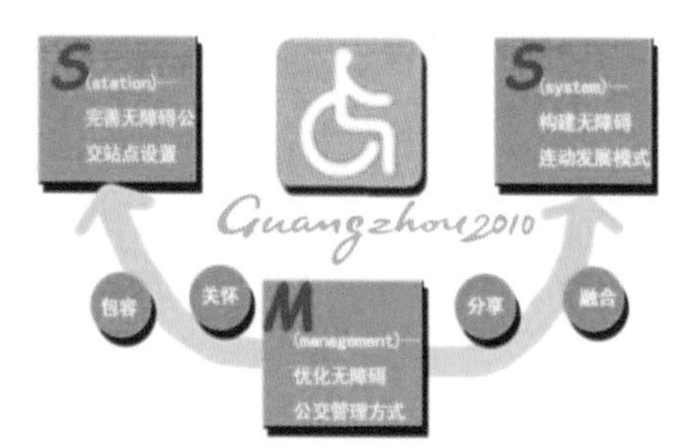

图10　“SMS”优化措施

4.2.1　S(station)——完善无障碍公交站点设置

现状

无障碍公车线路覆盖面有限。目前，133路公交线路虽然通过城市人流量较大的办公大厦、医院等，但是并没有特别考虑途经残疾人、老年人等的集聚地。

优化措施

按点轴模式发展无障碍公交线路。点的选择，以广州市老城区中心北京路为中心，选择城市边缘多个保障性住宅区为终点，如金沙洲、同德围、大塘、棠下等，途经省市残联、残疾人康复中心、就业中心等残疾人聚集地。轴的选择，以广州市发展南北轴为线路发展的依据，联通残疾人生活空间，构建多条从中心辐射四周的无障碍公交线路。

交通无障碍，出行有依赖

——广州市无障碍公交实施方案优化与推广

4.2.2 M (management) ——优化无障碍公交管理方式

现状

社会各界对无障碍设施建设缺乏认识。无障碍公车调度与一般公交混在一起，只能靠“运气”坐上无障碍公交。老人与重度残疾人可享受免费乘车的优惠，但据残联反映，残疾人希望政府给予所有残疾人免费优惠。

优化措施

加大宣传力度，特别应提高有关组织管理者对建设无障碍环境的认识。增强人们对无障碍公交的了解，更正人们对无障碍的误解，使公众认识到保障环境无障碍的重要意义，自觉地维护公交及站点的无障碍设施。

合理配置公交车的班次。无障碍公交应该在相隔特定的时间段配备相应的班次，使服务更经济有效。根据调研发现，班次时间应集中在 8:00～10:00 和 15:00～17:00 这两个时间段内，满足老年人及残疾人的出行需要的同时避开上下班高峰时间。

合理配置预约服务。提供无障碍公交车的预约服务，既为公交车的出车提供依据，也方便了弱势群体，使公交车能够准时到达，节省双方时间，提高服务质量。

优惠方案的改进。在财政状况允许的情况下，建议以实行全部残疾人免费为未来规划方向，现阶段可以先试行乘车折扣的优惠方案，将来再逐步实现全体残疾人免费的规划目标。

4.2.3 S (system) ——构建无障碍联动发展模式

现状

以公交站点为发散点的步行系统及其他交通方式的无障碍管理并不到位。133 路无障碍公交仅仅是一条线路，远远不足吸引残疾人出行，对城市中行动不便者的帮助有限。

优化措施

微观上完善公交系统的无障碍。除了公交本身的无障碍，完善公交站点及站点到目的地的沿线无障碍，包括道路系统、指引系统等，保证每个环节畅通无阻，真正实现出行线路的无障碍。

中观上实现城市交通无障碍设施的系统化。做好无障碍公交系统与城市其他交通方式的无障碍接驳，使残疾人更充分地利用无障碍交通设施，提高其使用率。

宏观上重视城市交通系统与无障碍环境建设的互动。以线辐射面，通过无障碍交通系统，使行动不便的弱势群体能便捷地到达城市各处，带动公交站附近的城市设施及建筑的无障碍化；同时，通过城市的无障碍建设与改造，特别是公园、公共建筑设施等的无障碍化，吸引行动不便的弱势群体流动，促进沿线交通工具及设施无障碍化，逐步构建网状的无障碍交通系统，二者双向互动，最终实现城市交通系统与无障碍环境建设的共同发展。

5. 方案推广

5.1　其他公共交通方式的推广

5.1.1　无障碍出租车

现状问题：车少人多，造成了无障碍出租车供不应求。

推广方式：尝试与公交一样，将有限的出租车集中在固定的时间、固定的接客站点，最大化利用有限的资源。市交委和残联定时对出租车进行监督，在需求大的时段只允许无障碍出租车接待残疾人，并建立意见反馈机制，及时调整无障碍出租车的不完善的地方。

5.1.2　无障碍 BRT

现状问题：BRT 硬件没有考虑无障碍措施。

推广方式：实施上，市残联与市交委进行号召与监管，敦促无障碍设施的建设，不能把残疾人拒之门外。监管上采取运政稽查、服务质量督查、企业互检互查、企业自检自查等“四级检查制度”，加强日常服务质量监管力度，并实行弱势群体反馈制度。

5.2　高峰时段或节日形成无障碍公交专线

无障碍公交除了和普通公交一起进行调度之外，还可以在每天高峰时段设立一到两辆无障碍公交专线，最大效率地使弱势群体在高峰时段仍然可以出行。在重大节假日，如国庆长假建立无障碍公交专线，让残疾人可以像普通群众一样逛街、购物，享受节日的快乐。

5.3　弱势群体专门包车

时下老人旅游团、残疾人旅行团都只是运用一般的客车进行运输，无障碍公交车可以为弱势群体提供专门的包车，使弱势群体的旅游、出行得到方便。

社会有爱　出行无碍

——深圳 NGO“免费无障碍出行车”使用状况调研及推广（2012）

深圳NGO“免费无障碍出行车”使用状况调研及推广

社會有愛　出行無礙

SHEN ZHEN NON-GOVERNMENTAL ORGANIZATION BARRIER-FREER OUT DRIVING

1. 方案背景及意义

近些年，无障碍作为关爱残疾人及其他弱势群体出行的一种理念，在国内多个城市引起了关注和重视。在出行上，无障碍作为帮助残疾人能够自主生活的一种理念，它能帮助残疾人独立自主地进行日常出行，是帮助残疾人参与城市生活，共同享受城市美好的一种重要理念和方式。我国“无障碍”的主要方式是由政府在社会公共场所设置各项无障碍设施，而由民间公益组织整合社会各项资源帮助残疾人无障碍出行则刚刚起步。

2012 年，致力于帮助残疾人出行的深圳民间公益组织“无障碍出行服务中心”推出了“免费无障碍出行车”的公益项目，它秉承着多方协作、资源互补、可持续三大理念，有效地组织了志愿者、社会企业、政府等多方力量，通过组织运营完全免费的“无障碍出行车”为残疾人提供出行服务，来帮助残疾人朋友（以下简称“残友”）实现方便快捷的无障碍出行。

由政府主导的无障碍主要通过两方面实现，一方面是硬件上的无障碍设施，如无障碍坡道等，另一方面是软件上的无障碍出行方式，如无障碍出租车等。前者由于城市刚性资金的制约，导致目前未能在城市形成一套连续的无障碍系统。后者则由于运营机制尚未成熟且需要大量采购资金，也未能成为实现残疾人无障碍出行的有效方式。构建“民间公益组织整合社会多方资源的无障碍出行平台”，也许是能够利用社会互补资源，实现残友便捷无障碍出行的新模式。

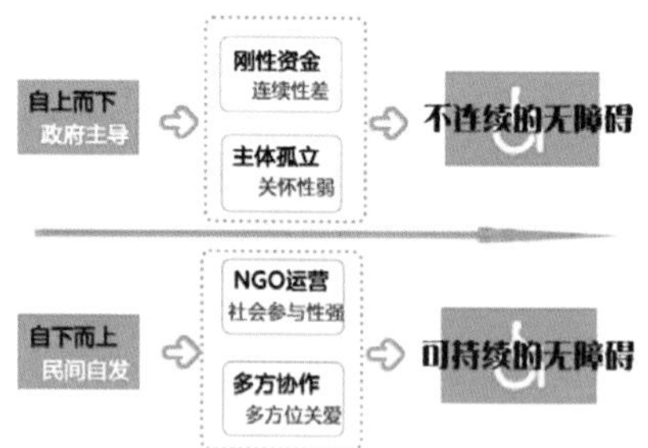

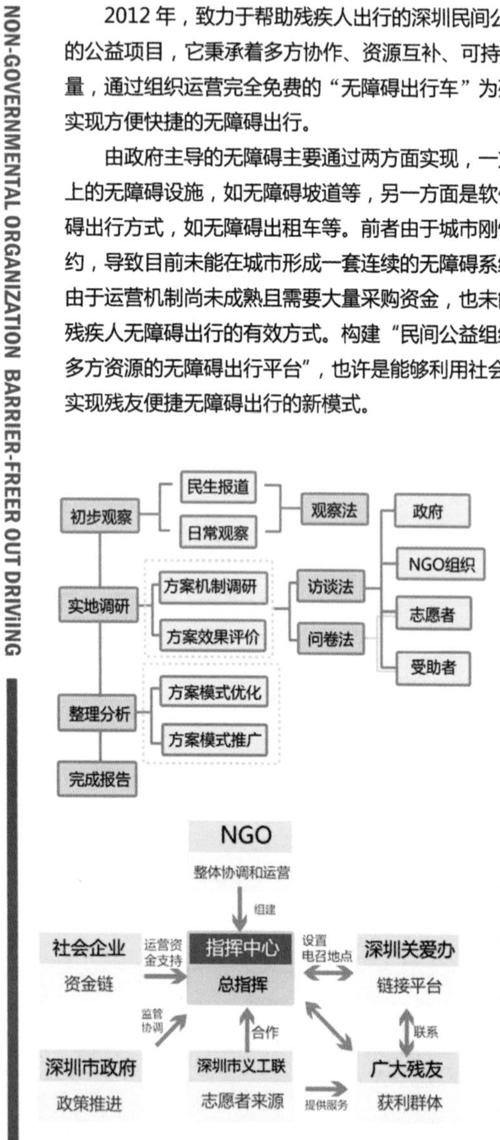

2. 方案调研技术路线

本小组主要通过访谈法（对无障碍出行服务中心负责人、区政府相关负责人、志愿者等进行访谈，共计访谈 13 人次）、问卷法（针对接受服务的受助者以及义工进行问卷调研，共回收问卷 29 份）对方案进行了全面调研，以了解其运营现状、效果评价以及存在的问题。

3. 方案介绍

3.1 运营机制

“免费无障碍出行车”是集合了社会企业的财力资源，志愿者的人力资源，残联的信息资源，政府的推广资源，以及民间团体的人力组织资源等的无障碍出行平台。而整个项目是由民间团体“无障碍出行服务中心”进行启动和组织，该团体的核心负责人都是残疾人。

①无障碍出行服务中心。起总指挥的作用，核心组织现有 5 人，分别负责项目的司机调度、财务管理、信息沟通等。建立起一系列的调度、应急等机制，保证残友的出行以及项目的正常运营。

1　BARRIER-FREE OUT DRIVING

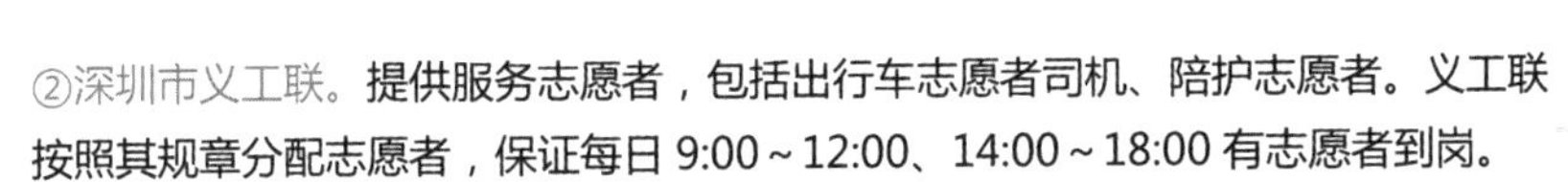

②深圳市义工联。提供服务志愿者，包括出行车志愿者司机、陪护志愿者。义工联按照其规章分配志愿者，保证每日 9:00 ~ 12:00、14:00 ~ 18:00 有志愿者到岗。

③深圳市关爱办。提供电召平台，同时利用其资源以及广泛的覆盖面为该项目进行宣传，使广大残友了解并参与到出行车使用。

④爱心企业。提供无障碍出行车的资金支持。目前无障碍出行车的改装和后期保养由汇成洋公司负责，而港铁（深圳）公司通过捐赠与慈善义卖支持出行车的日常运营支出。

⑤深圳市政府。起后期保障的作用，但目前所发挥的作用还略显不足。目前罗湖区政府正计划拿出专项资金来采购出行车项目，从而解决公益资源紧缺这一难题。

3.2 调度机制

为了实现“无障碍出行车”及时有效地完成出行的服务，“无障碍出行服务中心”成立了指挥中心，并建立了一套完整的调度机制来保证出行车每天有质有量的出行服务。

①电召预约。需要服务的残友提前一天进行电话预约，指挥中心进行筛选，确定服务名单，并通过电话或短信方式告知。

②服务确定。进入服务名单的残友，通过电话告知指挥中心自己的上车位置、目的地、出行时间和是否需要志愿者陪护。

③发车服务。指挥中心根据残友的服务要求联系志愿者司机和陪护志愿者出车前往相应地点，为残友提供定时定点的接送服务。

④信息回馈。服务完毕后，残友填写关于本次服务的相关信息，司机和陪护志愿者将信息反馈至指挥中心，服务完毕。

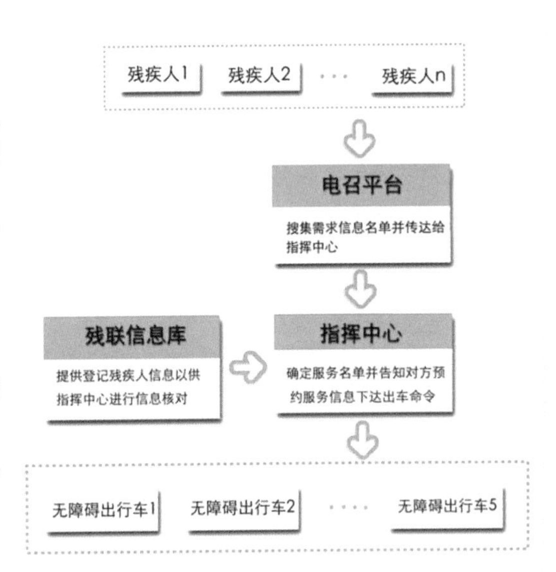

出行车外观
自动升降装置
挡板设计

3.3 保障机制

为了保障公益资源能够确实帮助到有需求的残疾人，“无障碍出行服务中心”还建立了一套较为成熟的保障机制。

①筛选机制。为保障公益资源能够合理分配，对服务名单的确定，按照先到先得的排序，每辆车每天服务 10 名残疾人。对于有特别情况的残友，指挥中心将酌情对名单进行调整。

②身份确认机制。为了保障公益资源能够确实服务到有需求的残友，指挥中心获得了深圳市残联登记的残疾人信息，对预约服务的残友进行相关信息核对。每次出车服务时，残友需要出示本人的残疾证。

③紧急预案机制。对于在非服务时间但有紧急需求的残友，指挥中心将指派与其达成协作关系的社会企业“残友集团”的司机进行出车服务，不额外占用志愿者司机的时间。

4. 方案效果评价

4.1　NGO 评价

项目优点

①学习了香港复康会一套成熟的运营体制，保证了项目的顺利运营。

深圳NGO“免费无障碍出行车”使用状况调研及推广

社會有愛 出行無碍

②出行车的购置、改装以及油费等资金，都由社会捐赠，体现出社会各界对残疾人的关爱。

③从残疾人的实际需求出发，提供全免费服务，使无障碍出行真正公益化。

④比起政府运营的无障碍计程车等项目，成本相对低，而且服务效率更加高。

存在问题

①从社会层面看，政府缺乏对项目的全面了解，导致支持力度不够，使项目难以有足够的力量去扩大规模。

②从项目本身看，许多运行机制还尚在摸索当中。由于只有两个调度点，导致时间和资源的浪费。

SHEN ZHEN NON-GOVERNMENTAL ORGANIZATION BARRIER-FREER OUT DRIVING

4.2 政府评价

项目优点

①满足了弱势群体的出行需求，体现了社会公平。

②民间团体自发推行无障碍出行，帮助残疾人出行，能够和政府的刚性无障碍进行互补。

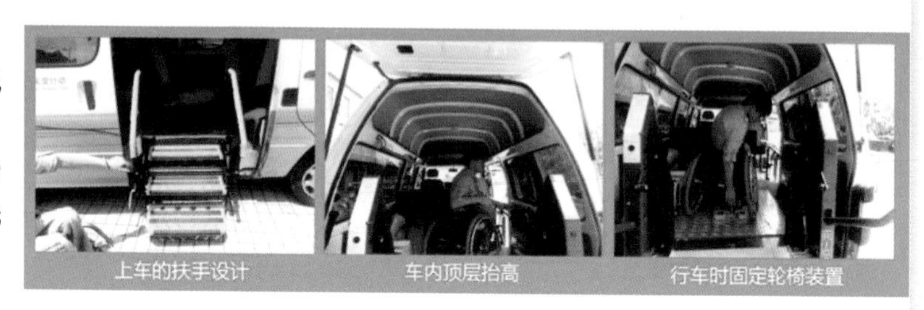

上车的扶手设计　车内顶层抬高　行车时固定轮椅装置

存在问题

①责任机制问题。行车途中出现意外的责任承担机制不明确。

②资质问题。若要扩大运营规模，很难避免不收费。倘若收费，那么出行车的运营资质问题则有待合理解决。

③监管机制问题。项目完全由 NGO 来组织，缺乏一个强而有力的监管主体。

4.3 残疾人评价

项目优点

①完全免费项目，定时定点接送，并且有志愿者陪护，满足了许多低收入残友的出行需求。

②出行车的各项设备为残疾人量身定做，非常人性化，是真正的无障碍出行。

存在问题

目前项目规模较小，每日只能为 50 人服务，不能满足广大残友的出行需求。

4.4 志愿者评价

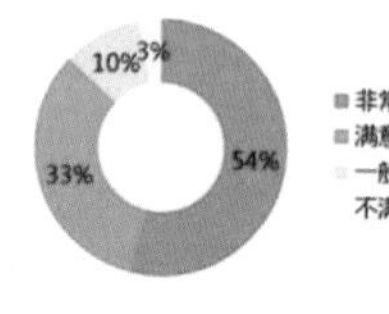

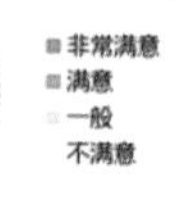

项目优点

①每天的志愿服务时间固定，工作具有规律性，不占用多余时间。

②志愿者上岗前都会进行专门的培训，保证了服务的专业性。

③提供了机会为他人服务，自己的爱心能够传达给残友。

存在问题

志愿者完全属于志愿性参与服务，需要制定详细的管理制度，以防止志愿者可能无法及时到岗等情况。

评价指标	评价等级	评价说明
运营机制	★★★★★	有完整一套电召、调度、对象筛选、紧急应对的运营机制。
运营效果	★★★★	能够做到从残友自身需求出发提供服务，不过服务范围小。
监管机制	★★★	缺乏强而有力的监管机制，只有NGO自身的公示

4.5 总体评价

从项目的运营模式、运营效果以及监管反馈来看，无障碍出行车服务目前有较强的有效性和推广性，同时也广受残友的欢迎，而监管反馈方面还需进一步完善。

3

深圳NGO“免费无障碍出行车”使用状况调研及推广

社會有愛　出行無碍

5. 方案优化

通过对调研结果的深入分析，提出无障碍出行车“CSC”优化理念，并结合理念提出具体的优化措施，以期为方案在其他城市的推广提供借鉴。

5.1 资金链的可持续性

现状 目前项目资金来源多为社会慈善企业的资助，尚不稳定。由于车辆维护费用、油费等都不是一笔小数目，所以项目还面临着一个是否采取收费式服务的问题。

优化 在项目负责人明确表示希望坚持免费情况下，出行车的资金来源应该多样化，可从基金会、社会捐助、政府等方面入手，创造无障碍出行车的核心竞争价值，加强与社会企业的合作，同时增强 NGO 与政府的“议价力”，保证资金链的稳定与可持续性。

5.2 明确责任机制

现状 NGO 组建的指挥中心负责项目的调度、监控、应急与反馈。在残友出行过程中突发意外的情况下，责任归属尚不明确，可能会出现一定的纠纷。

优化 建立完善的监督制度，在残友接受服务之前就明确各方责任。与医院或者政府合作，强化 NGO 指挥中心最主要的调度职能。

5.3 引入信息化服务平台

现状 目前项目主要依靠深圳关爱办的电召客服联系指挥中心与残友。每天有近 200 名残友打入电话，通过筛选选取 50 名获得服务，余下的残友再由客服通过电话或者短信的方式告知筛选结果。这就直接导致了人工资源的浪费，同时还可能遗漏某些残友，带来不必要的麻烦。

优化 引入电召信息化服务平台，由该平台进行首轮筛选以及及时反馈，将有限的人工服务资源最大化地利用起来。

6. 方案模式推广

6.1 地铁接驳无障碍出行车

为了让各种无障碍资源形成一个整体系统，无障碍出行车成为残疾人“最后一千米”的接驳工具。目前，我国地铁已开始设置各种无障碍设施，但由于残疾人从住所到地铁车站仍然有难以逾越的“最后一公里”，因此地铁接驳无障碍出行车能够在地铁站和住所往来接送残疾人，能够把社会的无障碍资源整合成为一个连贯的系统，让残疾人也能充分地利用地铁这样一种出行资源。让地铁接驳无障碍出行车以地铁站半径一千米周围为服务范围，能够高效、快速、便捷地服务残疾人。

6.2 社区微循环无障碍出行车

随着社会的发展，特别是房地产商开发的许多大型楼盘导致我国的社区概念在地理尺度上被扩大，很多配套设施在社区这个尺度上，其可达性对于残疾人来讲较差。而残疾人由于身体的原因，在社区这样的一个尺度上的出行需求更为频繁。社区微循环无障碍出行车，在社区范围内接送残疾人进行日常的出行，满足其社区范围内的日常购物等需求，让残疾人能够像其他人一样，享受日常的出行生活。

6.3 热点线路无障碍出行车

残疾人和我们的出行规律有相同也有不同。周末、节假日去热点商圈进行消费购物的需求和我们一样，而去重点医院进行身体检查和治疗的需求却远比我们高。因此，设定在热点线路和热点时间进行定时定点接送残疾人前往医院、商圈等热点区域，使高频的出行目的地成为专有线路，可以一次性接送多位有相同出行目标的残疾人朋友，使公益资源的使用效率提高。

爱心突“围”
——广州爱心巴士运营推广研究（2014）

爱心突“围”
广州爱心巴士运营推广研究

Abstract

It’s a common view that traffic jams in the metropolitans has become a serious problem in people’s everyday life. The proposal sets Loving Bus which is conducted in the peak period by Sunshine Bus Company as an example. We study the current implementation via field researching,questionnaire survey and indepth interview. All the essential documentation was utilized to analyse the operation mechanism, safeguards mechanism and the effect evaluation of the case. According to the study, it’s shown that the application of passenger shunt in Loving Bus program is an effective way to satisfy the needs of both office worker and the others, and as a result optimize the allocation of transportation resources.

1.研究背景与意义

大城市的公共交通高峰期的拥挤状况已经成为困扰市民生活的难题之一。近年来，以南京为首的城市通过限制高峰期的老年卡的使用来限制老年人高峰期的出行，这种通过“堵”来缓解矛盾的方式，效果甚微。2013 年 11 月，广州新穗公交公司高峰期加开“爱心巴士”专线，运用乘客分流的理念，为老幼病残妇 5 种人群提供专门的公交车与通勤人群分流，收到了较好的效果，提高了整体公交运营效率，同时保障了特定人群的乘车环境与安全。

2.技术路线

通过资料收集、问卷调查、深度访谈等方法对项目进行调研，一共发放问卷爱心巴士87份，普通巴士113份，回收两类有效问卷分别为76份、95份。运用SPSS 软件对数据进行分析处理。

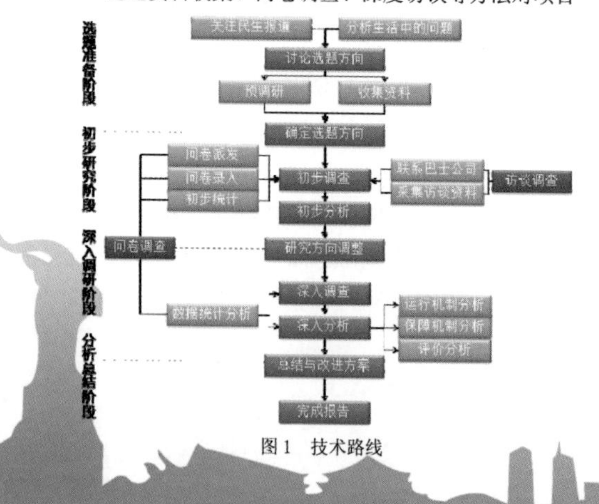

图 1　技术路线

3.方案介绍

爱心巴士的开通方案分为两个核心机制部分——运行机制与保障机制。该方案以“分流机制”为核心，各部门协调合作为保障，形成一套综合有效的方案机制。

3.1 运行机制——高峰期凸显分流效应

图 2 运行机制

3.1.1 路线选取

同德围社区作为广州城市中心区地铁建设时原住民的安置社区，落后的交通基础设施和当地人群庞大的交通出行需求形成了鲜明对比。爱心巴士的运营线路是广州215公交线上同德围（教师新村站）至中山五路站这一段，该线路具有途经老城区，老幼乘客数量多，客流量大，公交车次较繁忙，高峰出行矛盾尖锐的特点。因此，爱心巴士的开通在一定程度上很好地缓解了不同人群在高峰时段的出行矛盾。

3.1.2 车次设置

普通巴士爱心巴士　普通巴士　爱心巴士　普通巴士　（巴士类型）

6　7　8　9　10　11　12　13　14　15　16　17　18　19　20　21　22　23　24（时刻表）

图 3　车次设置

目前投入运营的爱心巴士共有4辆，每天8个班次，分别在早高峰（7:00～8:30）和晚高峰（5:30～7:00）两个时段行驶，每隔半小时发车，如图3所示。高峰时段结束之后，4 辆爱心巴士将调到 215 短线继续行驶。

爱心突“围”
广州爱心巴士运营推广研究

3.1.3 车辆特点

根据乘客类型的特点，爱心巴士的车身设计也有特别之处，体现在外观爱心商标醒目、车辆底盘低、增设摄像头、车内扶手加粗防滑、行驶速度较慢、监护设备齐全、标志提示语以及列车报站语独特等方面。

3.1.4 乘客分流

图4 车内设施一览

在上下班高峰期，爱心巴士到站之前，老幼病残妇乘客与普通乘客分开排队等候。爱心巴士到站之后，老幼病残妇队伍优先上车，其他乘客则乘坐普通巴士，达到分流效果。

3.2 保障机制——各部门协调合作

3.2.1 乘务员服务机制

每辆爱心巴士上会设置一名女性乘务员，其主要职责有以下 4 方面：

①辨别乘客类型，劝阻青壮年男士上车。

②劝说年轻乘客为老年人和残疾人让座，保障弱势群体的需要。

③协助行动不便的乘客上下车，提醒司机延缓关门。

④其他服务：包括清扫车辆、报站导乘等。

乘务员有偿服务，是爱心巴士成本高于普通巴士的重要原因。

3.2.2 司机设置机制

为了保障爱心巴士的服务质量，爱心巴士对司机的设置机制包括以下两方面：

①目前选出了 5 名司机，4 名常设，1 名轮岗。

②依照驾龄、投诉率、事故的发生率等指标择优筛选。

3.2.3 志愿者机制

爱心巴士志愿者主要来自于公司内部的志愿者团队、志愿者平台及同德围志愿者基地。

爱心巴士志愿者机制			
志愿者来源	公司内部的志愿者团队	志愿者平台招募	同德围志愿者基地
工作内容	乘务员	乘务员	导乘员

表 1 爱心巴士志愿者机制

4.方案评价

4.1 主观评价

4.1.1 爱心巴士乘客

优点：（1）乘车环境改善，满足特殊乘客需要。

爱心巴士在行驶速度、行驶平稳度、准点率、候车时间、排队秩序等都在 4 分以上，评价较高。

（2）具有广泛的社会效益。

市民认为爱心巴士开通后促进了社会友爱关怀的风气。乘客反映乘坐爱心巴士后年轻女性的让座率显著提高。

（3）改变出行习惯。

由于爱心巴士是定点定时发车，对部分居住在始发站的乘客的出行时间安排有引导作用。

图 5 爱心巴士评价图

缺点：（1）班次和线路不足。

在调研爱心巴士的过程中，有62%的乘客认为应该增加爱心巴士的班次，而有48%的乘客认为应该在其他线路中也增加爱心巴士。

爱心突“围”
广州爱心巴士运营推广研究

（2）有座率和拥挤度改善不明显。

乘客认为有座率和拥挤度有所改善，但效果不明显。

（3）残疾人设施不足。

爱心巴士并未配备残疾人的无障碍设施，是阻碍残疾人乘坐爱心巴士的主要原因之一。

4.1.2 普通巴士乘客

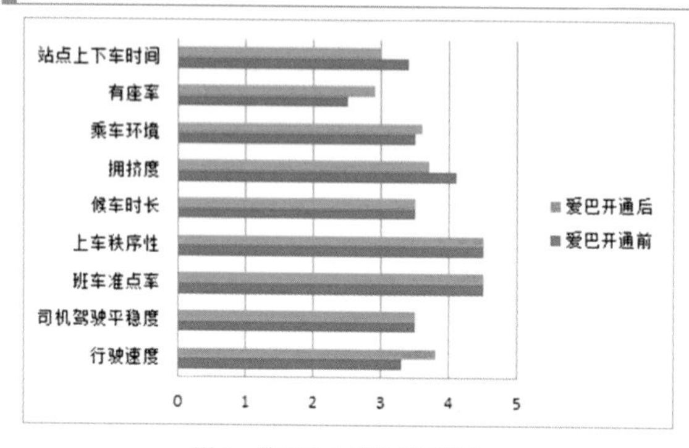

图6　普通巴士开通前后评分

优点：（1）行驶效率提升。

通过调查可知，上班族对公交的需求主要集中在行驶效率方面。通过图6的评价表我们可以看出，分流后普通巴士在站点的上下车时间减少，并且在行驶速度上有所提高，行驶效率提升。

（2）不同群体间矛盾减少。

爱心巴士开通后分流了部分老幼妇女残疾人乘客，使得普通巴士的有座率提升，矛盾和冲突减少。

缺点：（1）分流效果有待提高。

爱心巴士班次较少，仍有一些老人、小孩、妇女和残疾人不能享受爱心巴士服务，影响分流优化效果。

（2）宣传不足。

部分普通巴士的受访乘客表示不知道爱心巴士，显示出爱心巴士仍存在宣传不足的问题。

4.1.3 新穗巴士公司

优点：增强社会效益。

爱心巴士开通以来，公司的媒体曝光率和好评率有效提高，公司在广州的好形象深入人心。

缺点：提高运行成本。

爱心巴士的车辆设计、乘务员的工资都是额外的运行成本，爱心巴士的乘客中存在大量车费全免和减免乘客，收益降低为原来的9成左右。

4.2 客观评价

4.2.1 公司收益评价

公交公司的合理收益是决定爱心巴士能否正常运行的关键，爱心巴士推出后，公司收入是原来的93.75%。

根据广州政府公交补贴标准，公司平均每车每月可获补贴5000元。在爱心巴士推出后，公司收益为原来的95%。但是，公司负责人表明推出爱心巴士对公司收益的影响并不大，能够保证项目长期运营。

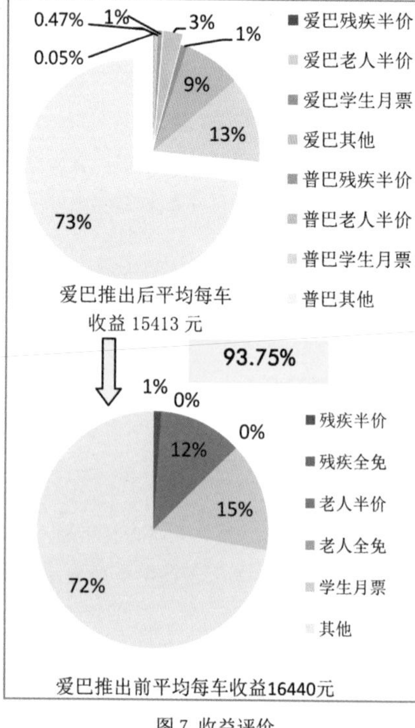

图7　收益评价

4.2.2 分流效果评价

通过4次分别在同一时间断面下分别对爱心巴士和普通巴士乘客数量的统计分析，老人与学生乘坐普通巴士的比例有所降低，其乘坐爱心巴士的比例高出10%。

爱心突“围”
广州爱心巴士运营推广研究

老人与学生更偏向于乘坐爱心巴士。由此看来，爱心巴士在高峰期产生了一定的分流效果，由于爱心巴士开通班次少，分流效果不显著。

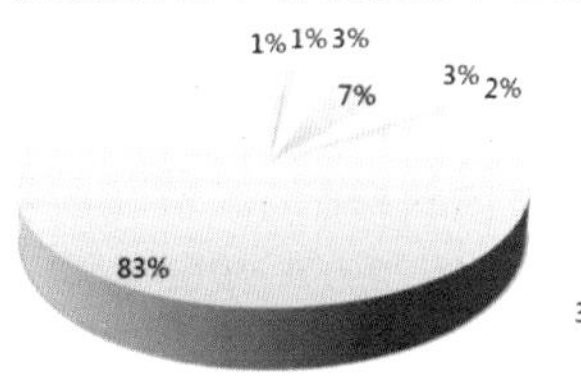

图 8　爱心巴士刷卡记录

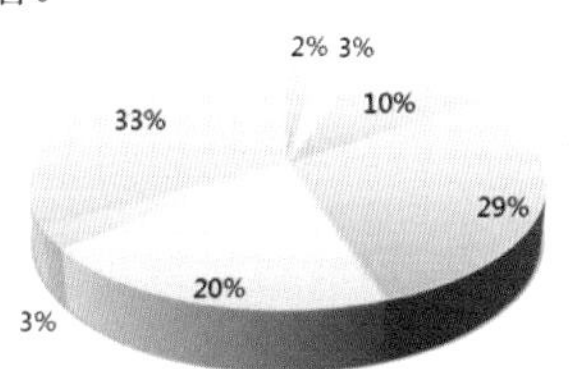

图 9　普通巴士刷卡记录

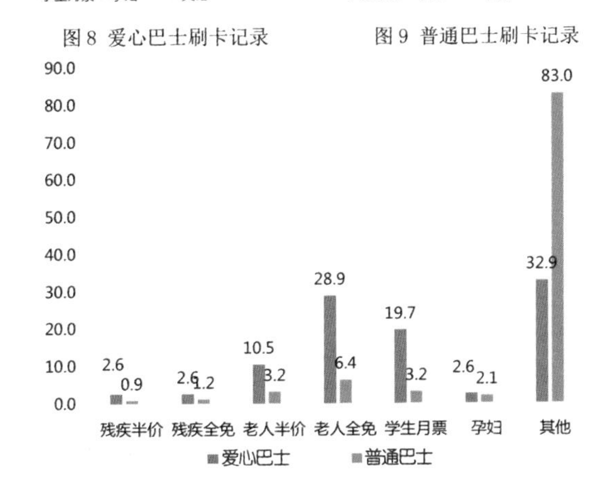

图 10　爱心巴士和普通巴士刷卡记录对比

4.3 总体评价

综上所述，爱心巴士的开通缓解了沿线站点在高峰时期的交通矛盾，通过分流机制改善乘客的出行质量，提高出行效率，并对良好社会风气的形成具有显著的推进作用。不过，在运行过程中也存在班次较少、座位量不充足、宣传力度不够以及成本较大的缺点。

5.方案优化与推广

5.1 方案优化

5.1.1 加强错峰引导作用

老人的出行目的集中在锻炼、购物、会友等，出行时间是具有较大弹性的。访谈中，老人普遍表示愿意适当提前或推迟出行的时间。因此可以通过提前或延后爱心巴士的发车时间，引导该群体错峰出行。

5.1.2 拓宽民众参与志愿服务的渠道

目前的志愿者大多来自于公司内部和附近居民，为了更好地保障分流机制，提高服务内容和水平，有必要拓宽参与志愿活动的群体，保障基本的志愿服务，同时借助广泛的志愿者平台进行宣传。

5.1.3 增强宣传力度

目前爱心巴士主要通过媒体宣传、微博宣传和乘客口头相传三种方式进行宣传，我们认为可以通过加强与志愿者平台以及民间团体的合作来促进宣传。

5.1.4 丰富志愿者的服务内容

民众反映，在沿途车站爱巴乘坐率不高的原因之一是不确定等候的时间。因此可以通过每个车站配备一名导乘志愿者的方式来提醒爱巴的到达时间，使民众能更加灵活地安排候车时间。

5.1.5 多种资金来源来保障成本问题

通过政府补贴鼓励政策、社会关爱的民间团体基金的扶持等方式弥补公司收益，保障巴士长期运行。

5.2 方案推广

有座率和拥挤度其实是与班次密度密切相关的，目前爱心巴士仍在试运行状态，班次较少，间隔时间长，因此仍然存在有座率低和拥挤度高的现象，这一点可以通过加开班次改善。

5.2.1 地域推广

在老人、幼儿、妇女与普通上班族高峰期矛盾突出的地区，可以考虑推广该方案，通过分流机制缓解矛盾。

5.2.2 应用推广

可以将该方案推广到地铁等公共交通领域，运用分流机制优化整个公共交通系统的资源分配。

尊老重礼，一路有你

——广州“尊老崇德”124 专线公交线路运营情况调研（2016）

尊老重礼，一路有你

——广州市“尊老崇德”124专线公交线路运营情况调研

Abstract

With the acceleration of China's aging process, the attention of the elderly vulnerable groups has become one of the social focus. Based on inconvenience and safety of the elderly action, to optimize the elderly travel is an integral part of people's livelihood. In 2015 June, Guangzhou bus company launched line for the elderly.In order to create a bus home , interior layout has improved, and the relationship has optimized between the driver and the elderly, the elderly between pasengers. The line creates a dynamic home aiming to expand the range of the elderly travel, and expand the elderly social circle and eventually build from static bus internal to the social functions of dynamic line flow of the elderly home.

1. 研究背景与意义

随着中国社会老龄化进程加快，对老人的关怀逐渐成为社会焦点。基于对老人行动不便及出行安全性的考量，优化老人出行方式是极富人文关怀且势在必行的民生措施。2015年6月，广州市电车二分公司基于124线路主体，通过线路改造和增添特色服务等方式，打造“尊老崇德”老人专线。其项目的开展主要带来以下三种效果：第一是服务改善，即线路基础设施和软性环境的优化；第二是老年人的社交范围和社交环境的改善，线路在改造后，公交车厢由单纯的交通工具转变为一个老年人的社交场所，并作为交通载体扩大了老年人的社交活动范围；第三是丰富了公共交通的社会职能，124专线作为社会服务老年人的纽带和平台，以公交车和公交司机为媒介进行一些针对老年人的社区服务和志愿活动，进一步体现了社会群体对于老年人群的关怀。

本研究基于对特殊群体的关怀，将对公交线路的特色化改造、针对性服务，以及公共交通拓展社会职能的可能性都产生借鉴意义。

2. 技术路线

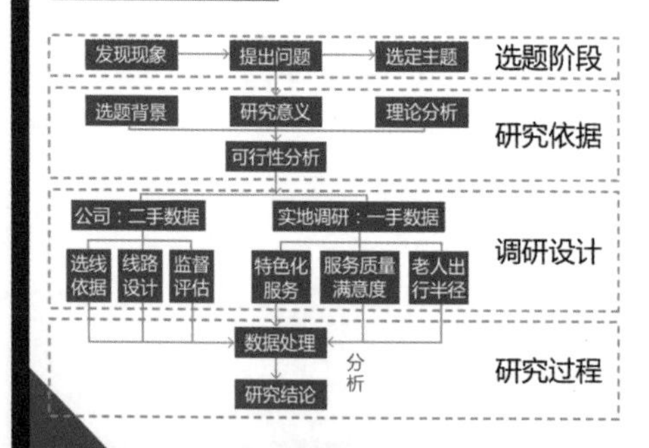

小组首先通过文献查阅确定研究方向并进行可行性分析。其后在调研阶段访谈广州市电车公司第二分公司工作人员，了解了124线路的选线及改造依据、线路设计与改造情况、监督评估体系等情况。基于此，我们进行了多次实地观察、体验和调研，针对乘车的不同群体以及线路覆盖范围内外的不同群体，对“尊老崇德”专线的特色化服务质量满意度、老人的社交关系情况以及老人出行半径扩展等问题进行了问卷调查和半结构性访谈。最后进行综合分析，总结，并提出了推广及优化方案。

3. 方案介绍

3.1线路概况

图1 司机帮扶老人

图2 124线爱心送诊

广州市124路公交线路由广州市电车公司第二分公司承运，线路区间为云苑新村总站至滘口客运站总站，全程14.3千米，共设站点17个。2015年6月，在广州市公交公司创建文明线路的背景下，124线路进行特色化服务改造，创设成为“尊老崇德”专线。

图3 尊老崇德印象词

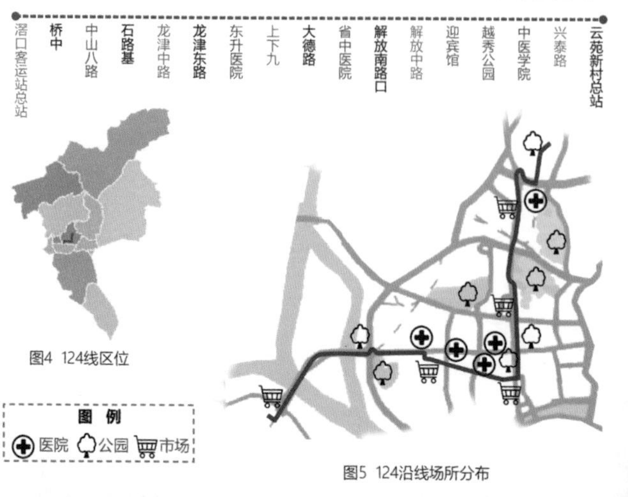

图4 124线区位

图5 124沿线场所分布

1

尊老重礼 一路有你

—— 广州市“尊老崇德”124专线公交线路运营情况调研

3.2 路线选取

尊老崇德专线，即124路的线路设计由云苑新村通至滘口客运站，全长达到14.3千米。尊老崇德专线的选线改造依据有以下两点。

3.2.1 IC卡数据统计

通过运用系统数控库提取IC卡刷卡客量进行分析，发现该线路每天乘坐的老人占乘客比例达33%，日均人数达5700多人次，每月老人卡客量占客运量比例约6.4%，属该公司内老年乘客比例最高的线路。

系统数控库提取IC卡刷卡容量（单位：万人）

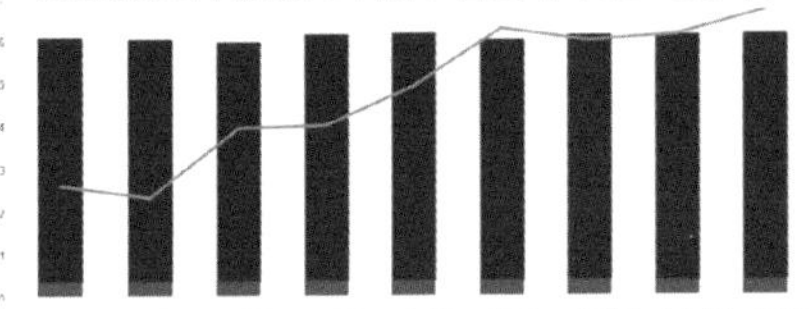

图6 IC卡老人刷卡量对比

3.2.2 线路途经点分析

124线路串联广州市的老城区与新城区，覆盖范围广。线路途经五所大型综合医院、四个大型公园以及多个综合市场，老年人对这些地点的交通需求都较为强烈。且线路穿越众多老年人聚居区，线路运载能力强，对于老年人选择公共交通出行影响巨大。

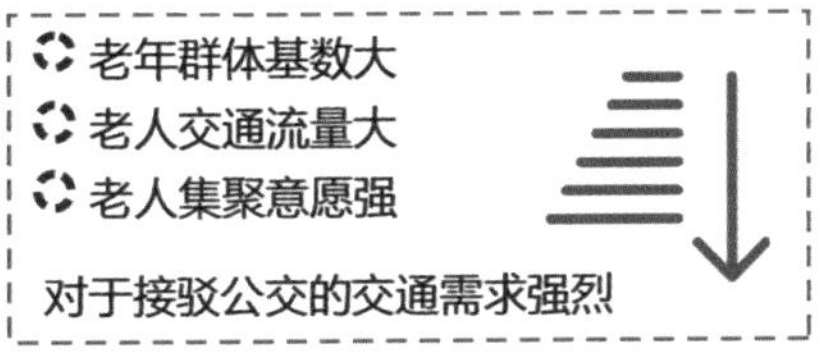

- 老年群体基数大
- 老人交通流量大
- 老人集聚意愿强

对于接驳公交的交通需求强烈

3.2.3 实地考察

该线路还通过实地考察与对老人的咨询，了解到前往广医荔湾医院看病、到龙津菜市场买菜及到荔湾湖公园游玩的老人较多。

基于考察情况，该线路往滘口客运站方向增加停靠华贵路口站（西行），使该站老人卡的刷卡次数与去年同期对比提升了6.48%。

3.3 特色服务—— 温馨的车厢氛围

3.3.1老人在车厢：尊老设计在车厢

- **海报设计**：张贴“尊老敬老”为内容的公益海报。
- **导向图设计**：重新设计线路的站点及导向图，里面包括老人关注的医院、公园等地理信息。塑造氛围的同时具有实用性。

3.3.2 老人与乘客：无处不在的关怀

- **一问**：了解老人家目的地。
- **二看**：观察老人坐好扶稳。
- **三稳**：起步，行车，停车。
- **四帮扶**：对有需要的老人给予帮助（例如上车，打卡，找座位，下车到人行道）。

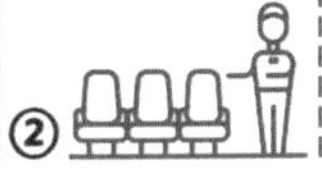

3.3.3 老人及司机：敬老从司机做起

- **微笑问候**：开展工作人员的“微笑问候”温馨服务。
- **特殊帮助**：倡导司机为行动不便老人提供帮助和关爱。
- **反馈机制**：通过老人参与“关爱老人之星”的投票活动激励服务人员尊老崇德。

3.3.4 老人与老人：扩大老人社交圈

- 老人与老人通过在“尊老崇德”专线车厢空间中的相处交谈以及日常出行的频繁相遇，形成**固定的社交网络**。公交车不再是消极的工具，而是作为载体促进了老年人**共同出行**，进而进行**小团体活动**。老人的社交圈得到了丰富。

3.4 拓展效能——公共交通的社会效能

3.4.1通达功能——对老人社交范围的扩张作用

“尊老崇德”专线扩大了其服务半径内老人的出行范围。通过对78名老人的问卷调查及访谈，图8、9以“龙津中路”一站为例，认为专线的通达功能起到了促进老年社交的社会效能。

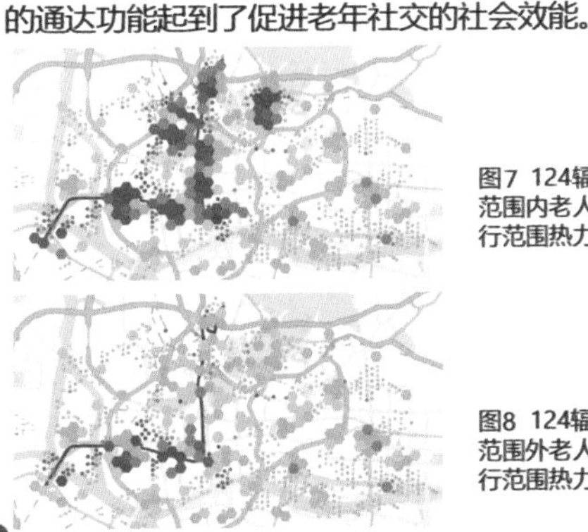

图7 124辐射范围内老人出行范围热力图

图8 124辐射范围外老人出行范围热力图

3.4.2 社会活动——对老人社会生活的关怀活动

“尊老崇德”专线不仅是传统意义上的交通工具，而且在社会活动的参与上有进步意义。如：

- **爱心咨询**：公司成员逢周一在线路开展爱心候乘等活动。
- **慰问老人**：线路工作人员参与到社区工作中。
- **走近老人**：建立老年乘客和司机间的良好关系。

其交往一定程度上解决了空巢老人问题。

老人的安全及舒适度

3.5 保障机制

3.5.1 安全行车

- **提前监督**：对线路司机进行甄别和专项教育并通过车内监控严格监督超速等违章行为。
- **3秒法则**：上车后停3秒，待老年乘客坐好扶稳后再起步；下车后停3秒，先关稳后门，再关前门，落实驾驶员此安全习惯。

3.5.2 营运调度

- 提升**运营准点率**，压降违规运营。
- 梳理并重视老人**上落客数量较大的站点。**

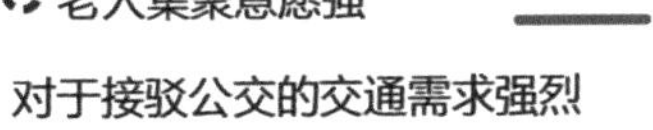

尊老重礼 一路有你

——广州市“尊老崇德”124专线公交线路运营情况调研

4. 方案评价

4.1乘车主体——老人对项目的评价

①宣传情况——作用积极 效果平平。

优点：总体而言发挥了一定的宣传推广效用，对于线路的改造及推广产生了积极的作用。

不足：由于宣传形式单一，创新不足导致对人群的吸引力弱。宣传的形式和内容不能完整地展现和囊括线路的改造内容和亮点，以致总体宣传效果未达预期。

②运行情况——稳中有升，尽善尽美。

优点：124线路通过其更加高频次的班次以及更加贴心的服务已经逐渐拥有一定数量的专属乘客。老人对于司机的服务态度，车辆运行平稳度以及站点的规划分布都相对满意。

不足：候车条件的特色化不足以及硬件设施存在缺损。

③车厢氛围情况——尊老崇德，蔚然成风。

优点：老人们认为124线路车厢内部人群之间氛围很融洽。线路上“尊老崇德”的车厢风气已经逐渐形成，主动让座，帮扶老人的情况已经成为常态。

不足：不同年龄段人群之间的相互交流还较为缺乏。

④特色服务情况——心折首肯，再接再厉。

优点：接受过特色服务的老年乘客对“尊老崇德”线路的特色服务认可度很高，感受非常直接而强烈，且认为车厢布置极富特色。

不足：部分乘客认为特色活动的意义不够突出，形式还有改进的空间，可以更接地气。同时特色服务覆盖的面积还需要大大提升。

4.2其他主体——其他乘客对项目的评价

①塑造良好的社会风气。

124线路被改造成为“尊老崇德”专线之后，老年人的数量进一步增加。在司机师傅和志愿者的大力宣传的影响之下，车厢内部尊老敬老的风气越来越盛。而其他年龄段的群体对于老人的关怀已不仅限于让座这些事情，稍年轻的乘客会主动同老人攀谈和聊天，公交巴士似乎成了一座充满关爱的“老人之家”。

②对老人出行更加放心。

124线路在细节上的改造对老人的出行特点做了充分的考量，在车厢内部设置小药箱等工具，能在最快时间对紧急事件做出反应，这使得老人的子女对于老人选择公共交通出行更加放心。124线路对于老人的针对性改造同样也可以对非老人群体创设一定的便利，可以说，这是整个公共交通服务设施改造的进步

4.3筹建主体——电车公司对项目的评价

电车二分公司把握老人选择公交作为主要交通方式这一特点，对线路进行特色改造，树立了“尊老崇德”的良好形象，使全线职工获得了自豪感和认同感，同时伴随着社会得关注，2015年124线路的老年人乘车量增幅达10%，为探索如何提升公交服务品质提供了范例。

老人了解到124线的途径

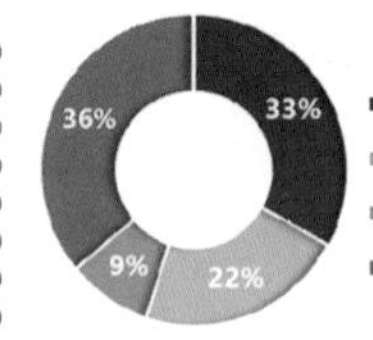

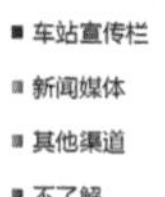

非老人了解到124线的途径

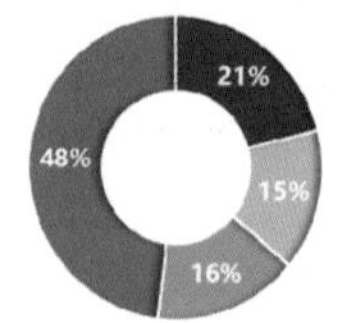

司机师傅们对我们非常热心，在休息时间他们经常都会过来跟我们聊聊天，问问我们家里需不需要什么帮助。因为124路线出行方便，服务又好，司机师傅们又特别热心，所以我一般出去买菜和看病都会选择乘坐124路。

——于云苑新村总站与某老人的访谈摘录

124线运行情况的优点

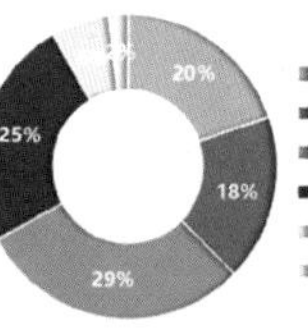

在124线是否会对老人提供帮助

5%
14%
42%
39%
会主动帮助老人
老人需要时会
视情况而定
无意帮助老人

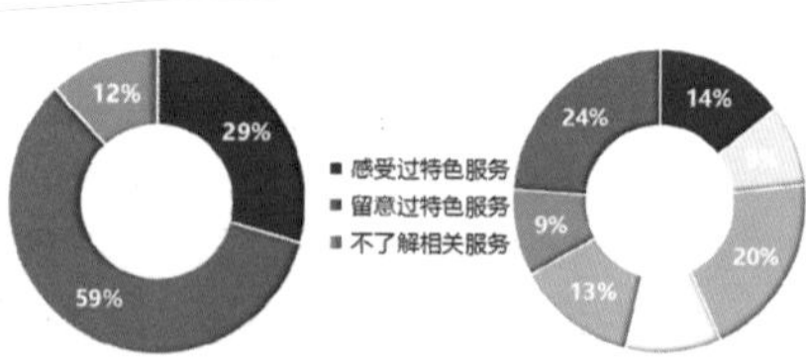

车厢布置
站点布置
司机关怀
志愿者帮助
绿色送医
关怀进社区
其他群体的帮助

乘坐124线路的老人确实非常多，但我们反而觉得这样的乘车氛围很温暖，年纪轻的朋友都会主动照顾年长的老人。大家对老人的关爱是渐渐深入的，其中124线路的司机师傅和志愿者发挥了很重要的引导作用。

——于124路公交车上与某乘客的访谈摘录

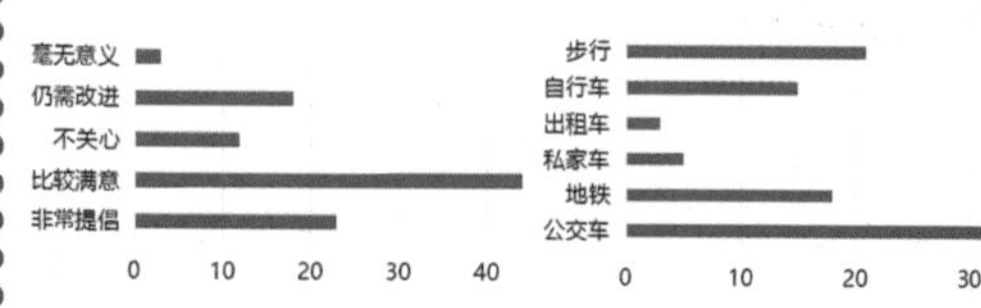

乘坐124线路的老人人数过于密集，所以对于司机师傅形成的行车压力非常巨大……我们对于“尊老崇德”专线的打造，从硬件上和软件上都会继续克服困难，不断对线路进行完善和改进。

——于电车公司与线路负责人的访谈摘录

3

尊老重礼 一路有你

——广州市“尊老崇德”124专线公交线路运营情况调研

5. 方案优化

5.1 宣传形式——扩充媒介渠道，增加传统方式

从问卷调研的结果来看，较大一部分老人对124线为“尊老崇德”专线并不了解，这存在老人接触各式多媒体平台机会较少的客观因素。针对以老人为主要服务群体的124线，可以多组织深入线路周边老街区的志愿活动，与街道、居委等取得有效合作，使124线的宣传落到实处。

5.2 反馈机制——建立乘客反馈，及时监督纠错

结合对司机进行的“关爱老人之星”的评比，124线可建立良好的乘车体验反馈机制，例如在临下车位置设置电子打分系统，利于老人对该次乘车体验进行评价。一方面既为“关爱老人之星”的评比提供了客观依据，又能形成针对124线公交司机的监督机制，为优化线路提供依据和建议。

5.3 车厢布置——车厢设施改造，营造温馨氛围

相比普通公交车，124线张贴了一些“尊老崇德”海报，营造了良好的氛围。但还需加强车厢的安全布局，对扶手、吊环、座椅等位置进行加固。还可以在车厢内增添软质座椅护边、座椅扶手，为老人的乘车安全提供更好的保障。在车厢的角落，还可以布置应急医疗箱，以备不时之需。

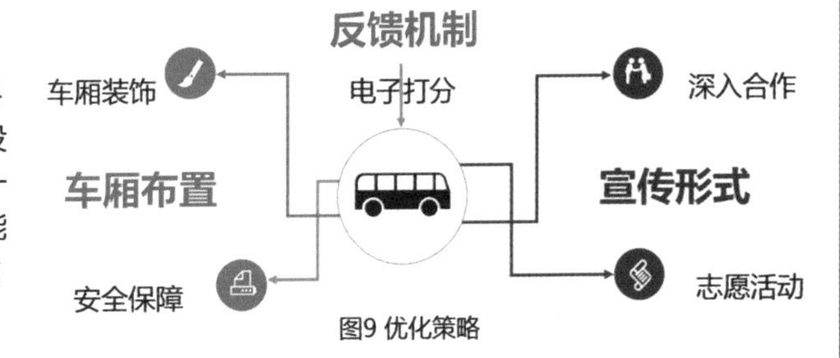

图9 优化策略

6. 方案推广

6.1 核心理念推广

老人选择公车作为出行方式的频率、时间相对其他群体较高，随着社会逐渐走向老龄化，打造以“尊老崇德”为理念的特色公交线路，既可以为大量乘坐公车的老人提供更好的出行保障，又使“尊老”这一传统道德品质得到有效的宣传和推广。

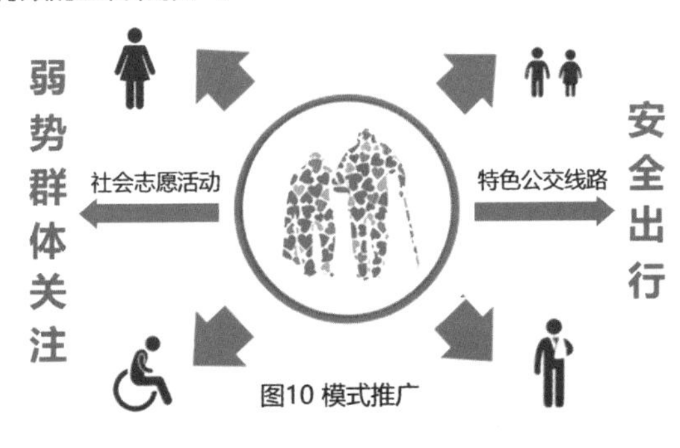

图10 模式推广

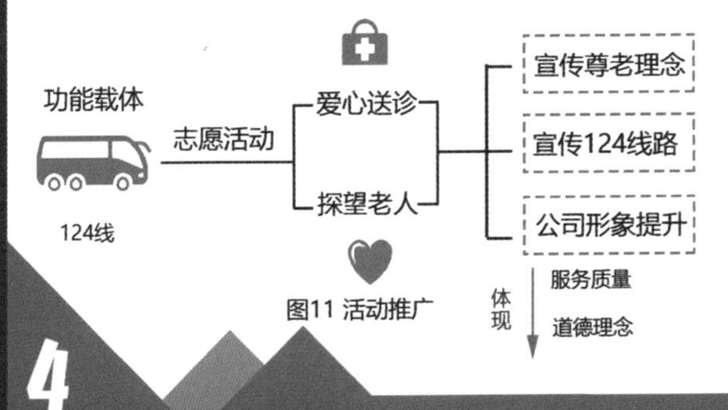

图11 活动推广

6.2 运营模式推广

①模式推广——弱势群体关注。

成功打造“尊老崇德”专线后，广州电车二分公司又推出“笃学厚德”专线，为广大学生提供优质的出行服务。这种针对以公车出行为主的弱势群体打造特色线路的运营模式使这类群体得到良好的出行保障。

②主题推广——丰富社会效能。

“尊老崇德”专线作为社会突出对老年人关怀的一个载体，其具备很多引申方向上的意义。老人公交在逐步发展过程当中，公交线路与老年社区的互动等都将进一步开展，公交车作为老年人喜爱的交通工具将进一步强化其作为老年人社交媒介的积极意义。公交车在社会当中的角色定位将从单纯的交通工具转变为具有更丰富社会效能的平台，其作为老年人日常活动所接触的直接载体，将会产生更广泛的社会影响。

③范围推广——运营经验借鉴。

自广州市推出“尊老崇德”特色线路以来，国内一些城市都陆续推出了为老年人专门服务的公交专线。广州市在老年公交线路上的创新活动以及相关经验都可以在全国范围内起到一定的引领和借鉴作用。

④活动推广——志愿活动拓展。

除了营造良好的社会交往空间和扩大老年人活动范围之外，“尊老崇德”专线工作人员还积极参与社会志愿活动，如爱心送诊或深入社区慰问老人。这不仅对124线是一种很好的推广方式，而且也体现了良好的服务质量和道德理念，是公共交通履行社会责任的优秀范例。

孕“徽”风，行和畅
——广州地铁“准妈徽章”使用情况调研（2015）

Abstract:

With the development of society, the status of female is gradually getting higher, at the same time, as a vulnerable group female is getting more and more attention. In many cities, especially in those developed cities, there are a large number of pregnant women who go to work or travel frequently, and public transportation is becoming more and more important with the demand of them. Therefore, the invention of Expectant-Mother Badge is essential to the pregnant women since it can help them get more convenient service while using public transport. We elucidate the operating mechanism of EMB(Expectant-Mother Badge) used in Guangzhou Metro. Meanwhile, we carry out a questionnaire survey and operate in-depth interviews with passengers and pregnant women about the feedback and remarks towards this new system.

Finally we come up with an optimized and generalized plan. On the one hand, this measure can be applied to other fields and other cities, delivering the sense of caring about the vulnerable group like the pregnant women. On the other hand, this measure can reflects the concept of "Citizens supporting the community" which means everyone gets involved in helping others in daily life.

1. 方案背景与意义

近年来，公共交通系统运作开始更多地关注弱势人群的出行问题，如何为弱势的或出行不便的人群开拓出更便利的出行方式逐渐成为热点话题。

广州地铁部门在 2014 年 5 月开始推行“准妈徽章”，主要服务于怀孕初期、腹部隆起不太明显或者本身体型比较肥胖的“隐形”孕妇，让她们的出行更加安全、便捷和畅通。此外，准妈徽章效用可扩散的特点使其可推广到其他公共场发挥作用，让孕妇时刻得到关怀，推动全民公益的风潮，凸显当前社会对弱势群体的人文关怀。因此，小小的徽章背后蕴含的是巨大的潜力和莫大的意义。

图 1　准妈徽章印象词频

图 2 准妈徽章派发活动照片

图 3　准妈徽章

2. 技术路线

小组通过资料收集和对地铁部门相关工作人员进行访谈，深入了解广州地铁“准妈徽章”的服务流程；同时，在各个人流量较大的地铁站随机对行人进行问卷调查以及针对孕妇进行深度访谈，并通过广州本地“妈咪论坛”进行网络问卷调查，从各方面了解不同人群对该活动的反馈和评价。最后，结合推广全民公益的理念，小组将进行综合分析、总结，并提出优化推广方案。

本次调研针对孕妇的问卷共发放 140 份，网络问卷 80 份，实地派发 60 份，回收有效问卷 128 份，访谈 8 份；针对普通民众发放的问卷共 100 份，回收有效问卷 92 份；针对地铁公司工作人员的访谈 1 份。

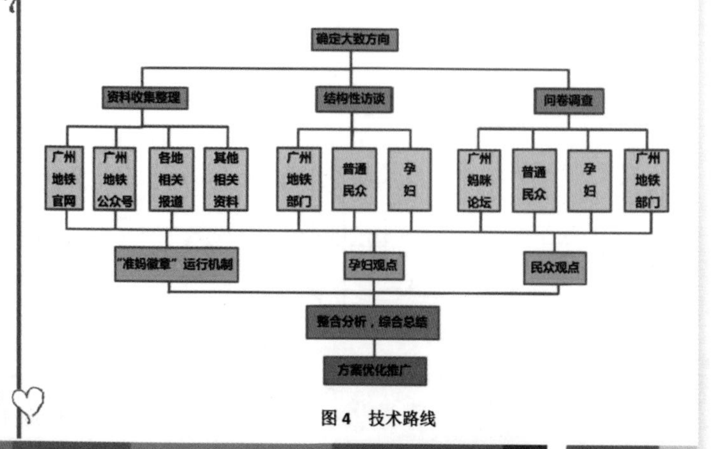

图 4　技术路线

孕“徽”风，行和畅

——广州地铁“准妈徽章”使用情况调研

3. 方案介绍

3.1　方案简介

2014 年 5 月 11 号母亲节，广州地铁为庆祝母亲节，积极提倡“关爱母亲，文明同行”的理念，在公园前、珠江新城等地铁站点举办活动，正式向过往孕妇派发地铁部门新推行的“准妈徽章”，从此准妈出行可以在各站台免费领取此徽章，标识自身身份的特殊性，以得到乘客让座、绿色通道、优先上车等贴心服务。据地铁部门统计，截至 2015 年 5 月 10 号母亲节，地铁部门已累计发出 8000 个“准妈徽章”。

3.2　准妈出行现状

对于准妈群体来说，目前出行的条件并不是非常便捷。事实上，大部分准妈都是上班族，而且临近产期都还需要通勤，每周出行的频率也不低。没有私家车的孕妇更多只能乘坐公共交通，而这个过程是孕妇出行中最拥挤、最容易发生事故的时候，尤其是那些身体条件不稳定、不易被看出的“隐形”孕妇，她们也常常遇到需要座位却“无法开口”的尴尬。

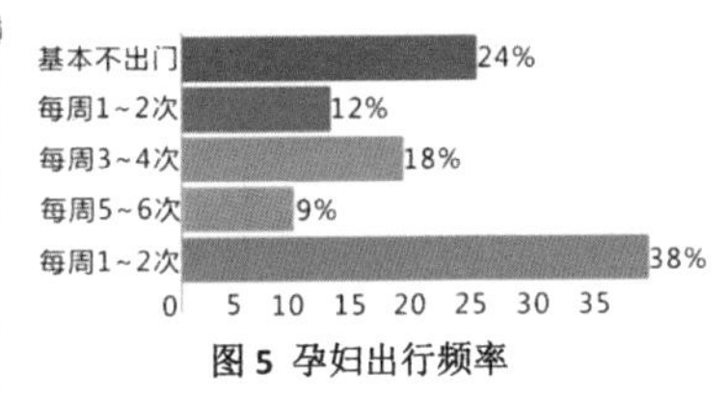

图 5　孕妇出行频率

周数	比例
36-40	44%
31-35	6%
26-30	3%
21-25	6%
16-20	18%
11-15	3%
6-10	9%
0-5	15%

图 6　孕妇产前上班周数

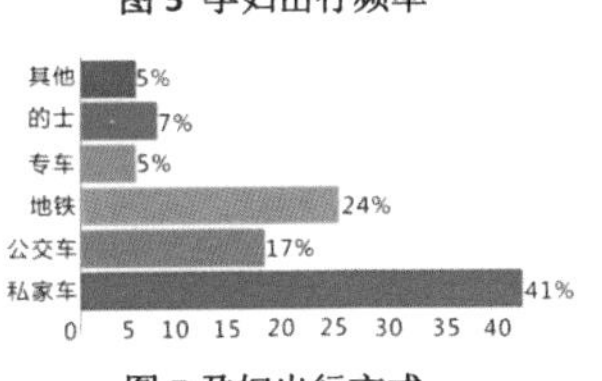

图 7 孕妇出行方式

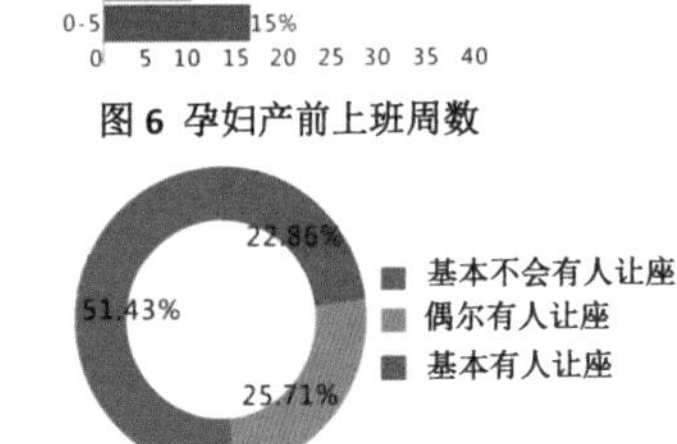

图 8　孕妇遇到的让座情况

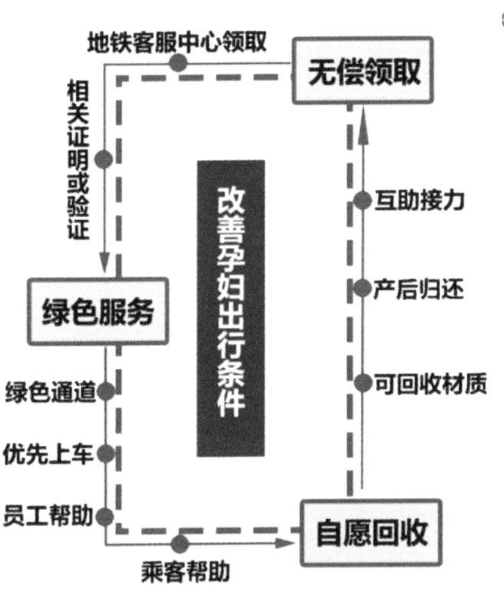

图 9　运行机制

3.3　运行机制

3.3.1　无偿领取

“准妈徽章”可无偿自愿领取。孕妇可以在运营服务时间内前往任一车站的客服中心，出具相关证明或者通过验证之后便可以免费领取。

3.3.2　绿色服务

佩戴徽章的孕妇在地铁出行可更轻松地获得车站提供的绿色服务：

①当车站执行客流控制时，员工可为其开通绿色优先通道；②员工巡视时如发现佩戴徽章的孕妇乘客，会将其引导到爱心候车区或到人较少的位置候车，让其优先上车；③准妈们如出现身体不适或遇其他紧急情况，车站员工将及时提供力所能及的帮助；④广州地铁通过多种途径加强宣传，引导其他乘客让孕妇乘客优先通行，主动让座并提供帮助。

3.3.3　自愿回收

“准妈徽章”采用可回收材质制成，地铁公司亦倡导领取徽章的准妈们升级为正牌妈妈后，主动到线网任一车站的客服中心归还徽章，以便让更多的准妈享受到此项贴心服务。

3.4　方案特点

3.4.1　识别隐形准妈

怀孕初期的孕妇往往身体状况不稳定，在出行各方面应得到特殊的照顾。所以，佩戴“准妈徽章”可以帮助周边的人识别这些隐形的孕妇，也让孕妇得到特殊照顾，不因拥挤、碰撞和久站等因素受到伤害。

3.4.2　扩散徽章效用

地铁每日的人流量巨大且有各种年龄层的人群，通过在地铁的宣传，能够更好地将大家对“准妈徽章”的认识推广到其他公共交通运输和公共场所中去，使徽章作用扩散，形成关爱准妈的公益网络。

3.4.3　回收循环利用

徽章使用金属材料制成，可供回收利用。这样的做法不仅能节约成本、绿色环保，也倡导了孕妇群体的一种互助接力。

图 10　方案特点

孕“徽”风，行和畅

——广州地铁“准妈徽章”使用情况调研

4. 方案评价

4.1 孕妇的评价

4.1.1 优点

①贴心出行，保护准妈安全

大部分的孕妇(73.53%)表示愿意佩戴准妈徽章。佩带徽章可以享受到出行的一系列绿色服务，准妈的出行更加便捷，其中最重要的是更加安全。另外，在上班高峰期，对于没有私家车且无法长期支付的士、专车费用的上班族准妈来讲，徽章的帮助更显著（51.43% 的孕妇认为徽章能起到帮助）。

②通用佩戴，徽章效用可扩散

徽章不仅在乘坐地铁时可发挥作用，当准妈还未显怀时在其他公共交通上或者其他场所佩戴，周边的人也能意识到其是孕妇，并能提供相应的帮助。

③使用简单，方便准妈出行

徽章佩戴简单，携带方便，佩戴、使用和回收徽章的过程没有复杂繁琐的程序，十分适合准妈出行。

4.1.2 缺点

①宣传不足，准妈了解不全面

调研中发现仍有较多孕妇（67%）表示对准妈徽章不了解，许多孕妇见过徽章但不知道其具体作用，而见过并且佩戴过徽章的孕妇大多是在地铁举办“母亲节互动活动”的时候了解到该徽章的。

②佩戴尴尬，害怕形成道德压力

佩戴徽章表明准妈对乘客强调自己的“孕妇”身份，因此部分孕妇（35%）认为，佩带徽章会造成一种强行让乘客让座的道德压力，因此佩戴徽章出行时会产生尴尬心理。

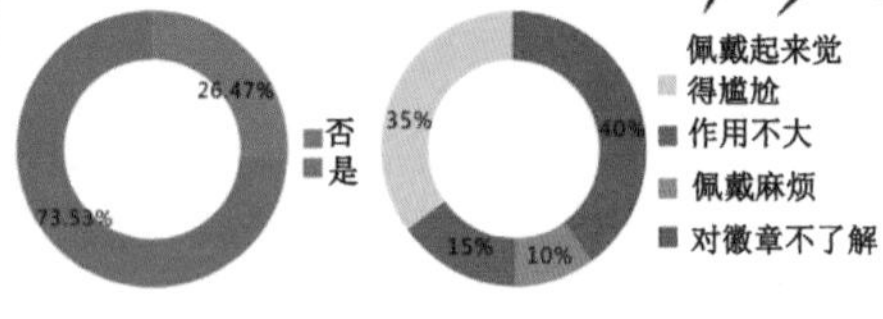

图 11 孕妇是否愿意佩带徽章

图 12 孕妇不愿意佩戴的原因

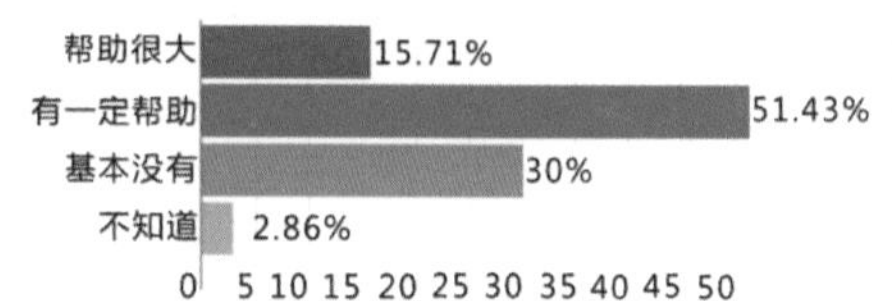

图 13 孕妇对徽章的评价

> 自从我把这个准妈徽章别在包包上之后，大多数时候，都能够得到别人的让座。
>
> ——网友“夏沫沫儿”
>
> 大着肚子显怀的还好，主要是孕早期的，我觉得有必要领一个，孕早期肚子看不出来的啊，最起码提醒别人不要挤着你。
>
> ——网友“小小的熊仔”
>
> 使用很简单方便呀，把徽章扣在背包上就可以了，在上下班高峰一般都会有人让座。
>
> ——准妈王小姐

4.2 民众的评价

4.2.1 优点

①对象明晰，愉快让座不尴尬

乘客反映（71%）有时候无法判断对方是孕妇还是身材发福。如果对方没有怀孕，则会因为让座而陷入尴尬。如今孕妇有了准妈徽章，让座对象更为明晰，民众也消除了“该不该让座”的困惑。同时，民众表示会对准妈多加留意，不随意推挤、冲撞。

②文明意识增强，自觉照顾“隐形”准妈

因为不是所有孕妇都容易被辨认出，乘客通过准妈徽章辨识并照顾到了“隐形”准妈这一群体。准妈徽章是很小的举措，但十分人性化，激发了乘客自身的社会责任感，增强了乘客的文明意识，社会效应良好。

4.2.2 缺点

①宣传不足，民众认识有待提高

准妈徽章推出后，仅依靠地铁站出入口悬挂宣传海报这一宣传途径，宣传力度比较小。不少民众（67%）表示没有听说过该徽章，也有部分市民不知道该徽章的对象就是隐形准妈群体。

②徽章体积小，辨识度不高

许多民众（16%）表示徽章体积小，图案设计不够醒目，如果没有通过事先了解，难以清楚辨识到徽章的作用。

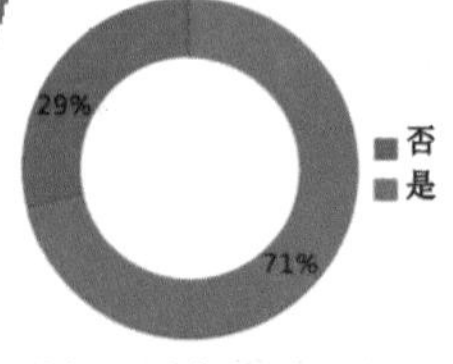

图 14 乘客是否遇到让座的尴尬

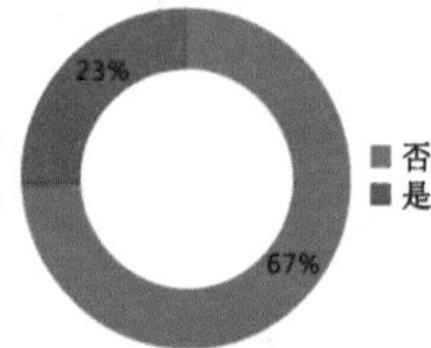

图 15 乘客是否了解徽章

> 这个很需要，因为有很多前期看不出来的怀孕了的孕妇们上车后让人纠结让不让座的问题，现在有了徽章，也会特别留意一下“隐形”准妈了。
>
> ——乘客陈小姐

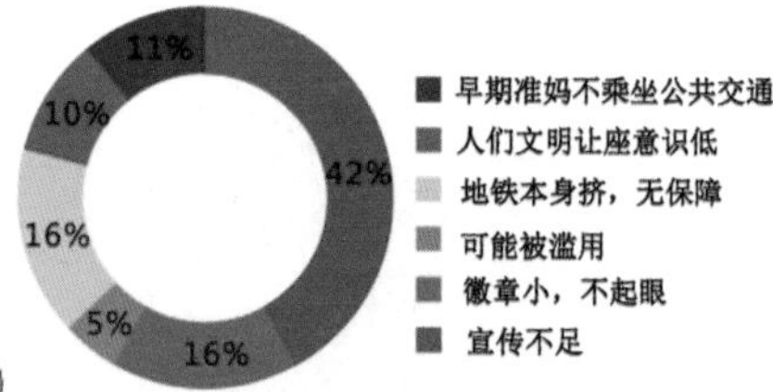

图 16 乘客认为徽章没有帮助的原因

孕“徽”风，行和畅

——广州地铁“准妈徽章”使用情况调研

图 17　优化体系

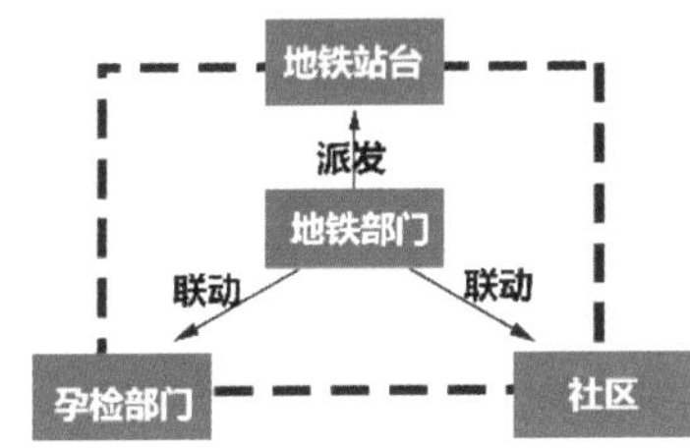

图 18　多部门协作的徽章派发体系

为“隐形”准妈提供身份徽章，初衷是因为早期的孕妈是最辛苦、最需要照顾的，以后也会考虑将更多弱势群体拉入到乘客关注的行列中。

——地铁工作人员

出发点很好，我觉得社会每个城市、每个方面、每个人都应该这么做。

——孟先生

图 19　核心概念推广

图 20　模式推广模型

5. 方案优化

5.1　加强宣传，提高徽章认知度

通过举办相关主题活动、徽章设计比赛和利用更多宣传平台多渠道对其进行宣传，引起群众的广泛关注，提高徽章认知度。

5.2　功能新升级，全方位关怀孕妇

在准妈徽章原有功能的基础上添加新功能，如地铁公司可推出免费乘车的优惠，或者结合地铁“爱心车厢”划出孕妇专座，同时可联合相关医疗机构，推出凭徽章享受折扣的活动。

5.3　回收新机制，实现徽章再利用

采取更有效的回收机制，如通过电话回访关怀孕妇使用情况，提醒孕章回收；或者植入芯片，一旦出现过时使用的情况，则由专人督促返还；最重要的是加强宣传教育，呼吁徽章的循环使用，以便更多孕妇可享受此服务。

5.4　增加领取点，各部门协同合作

地铁部门可以和各大医院、妇幼保健点和社区卫生服务中心合作，在多个地方设置“准妈徽章”发放点以方便孕妇领取，同时以实名制规范发放过程。

6. 方案推广

6.1 核心理念推广

①从关注“隐形”孕妇推广到关注弱势群体，凸显人文关怀

准妈徽章的意义在于关注“隐形”孕妇的出行问题，将关注孕妇出行推广到关注其他弱势群体，尤其是部分患有特征不明显疾病需要得到帮助的群体，构建一个弱势群体社会帮助网络。

②从关注弱势群体推广到全民公益，提倡文明出行

全民公益，是人人参与的公益，每天做一些力所能及的事情，帮助更多的人，让社会更加美好和谐。除了关注弱势群体，我们应该关注身边每一个人，互惠互助，文明出行。

6.2 模式推广

①从地铁到其他公交领域，让孕妇掌握出行主动权

除了坐地铁，孕妇更多会选择公交，因此可以将地铁的“准妈徽章”模式推广到其他公共交通领域，例如公交、BRT 等，保证出行不便的孕妇更好地掌握出行主动权。

②从公交到其他公共领域，让关爱辐射到社会各个方面

将服务于交通领域的准妈徽章推广到其他公共领域，例如与“幸孕光”项目（由广东省卫计委等多家单位联合广州八家医院同时推出的徽章，可以在酒楼餐馆为孕妇提供免费茶位等服务）结合，达到一章多用的效果，在社会形成一个孕妇帮助体系，辐射到生活的各个方面。

全民献“厕”，关爱随行

——广州滴滴“厕所信息服务”功能使用情况调研（2016）

Abstract

In recent years, with the development of urban traffic, the focus point on transportation gradually transferred from traffic itself to the people and their deep needs behind. Under this background, a problem long plagued by the drivers but has not been well solved is the difficulty to use toilet conveniently.

The "toilet information service" launched by the Didi Corporation which will be introduced here, on the one hand,through cooperation with shops and citizens , provide drivers with toilets, meanwhile increase the number of city toilets; on the other hand, provides toilet information service to the drivers, allowing drivers to find suitable toilets. We conducted questionnaires, telephone interviews and field research regarding this project, and have gained in- depth understanding of the mechanisms behind it and comments of different groups, and put forward original idea of optimization and promotion; on the one hand, the project can be extended to other traffic demand, making transportation services more thoughtful; more importantly, promote the "back from smart to people", so that the city traffic system can be more humane while being smart.

1. 方案背景与意义

近年来，交通出行朝着智能管理方向发展，在满足日益增长的出行需求的同时，以前被忽视的隐性需求也越来越得到社会关注。长期以来，如厕难题困扰着司机群体，影响其正常驾驶，带来一定的交通安全隐患；在这一背景下，滴滴公司于 2015 年“世界厕所日”推出“厕所信息服务”，以自愿互助的方式利用社会厕所资源，让司机如厕变得方便简单。此举不仅体现了对司机群体的关怀，还显现出交通出行需求的精细化管理，其模式还可推广到解决其他出行者的更多需求，体现了“从智能回归人本”“互助创造共赢”的理念。

图 1 找厕所功能印象

图 2 调研照片

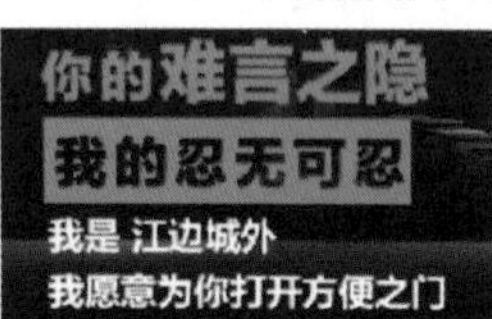

图 3 商家响应宣传海报

图 4 "一键点亮"界面

2. 技术路线

本次调研针对滴滴司机派发问卷共 153 份，回收有效问卷 149 份，其中实地问卷 44 份，有效 41 份，网络问卷 109 份，有效 108 份；针对普通民众派发问卷共 182 份，有效问卷 177 份，其中实地问卷 57 份，有效 55 份，网络问卷 125 份，有效 122 份；针对滴滴司机的深入访谈 2 份，商铺实地访谈 8 份，电话访谈 5 份，滴滴公司访谈 1 份。

小组通过多方渠道进行前期资料收集，深入了解“找厕所”功能的运营模式；后对司机、滴滴公司、商铺、普通民众等多方主体进行结构性访谈，获取多方评价；结合在各个滴滴司机 QQ 交流群派发网络问卷与前往“广州滴滴车主俱乐部”派发问卷，对司机、普通民众进行调查，量化使用情况与评价情况；最后根据调研资料，进行归纳整理、综合分析并提出方案优化与推广。

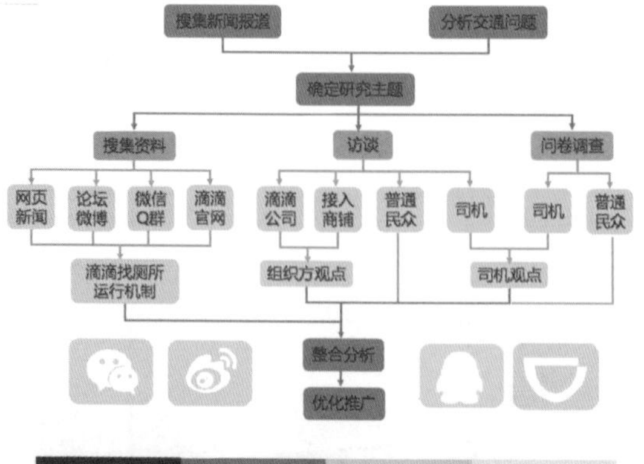

图 5 技术路线

全民献“厕”，关爱随行

——广州滴滴“厕所信息服务”功能使用情况调研

3. 方案介绍

3.1 如厕这件小事——方案简介

2015 年 11 月 19 日“世界厕所日”，滴滴公司为解决司机如厕需求，联合全国多家商铺、民众推出大型公益功能“厕所信息服务”，也称“找厕所”功能；民众通过客户端“为司机点亮一盏放松的灯”标注发现的未被纳入的厕所，商铺则可公益接入平台，免费向司机开放厕所，经后台匹配信息，司机在手机使用端一键“找厕所"，实时动态了解周边可使用的厕所，不必再为等公厕、被罚款等问题困扰。

据滴滴公司统计，该功能上线当天，民众半小时内自发点亮 50 个城市 15 万余厕所，有超过百万司机使用了该功能。

3.2 不方便的方便——司机找厕所情况

至 2015 年年底，中国机动车保有量达 2.79 亿辆，机动车驾驶员已高达 3.27 亿人，但与此同时，困扰司机群体多年的如厕难题却没有得到更好的解决。目前司机找厕所仍只能依靠公厕、加油站等“标志性”地点，难以满足需求；而当遇到急着赶路、道路拥堵、无处停车、到达不熟悉的新地方等情况时，就更让司机感到尴尬和无奈了；不方便的方便问题，成了司机群体的“难言之隐”，关注司机群体在城市交通出行中的如厕隐性需求，具有重要意义。

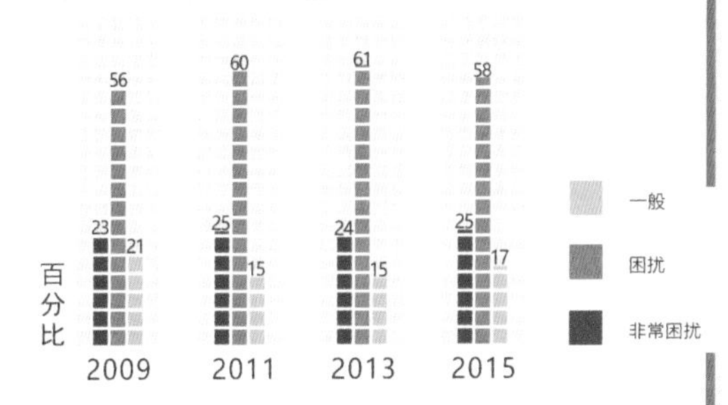

图 6　"找厕所难"对司机的困扰程度（数据来源:滴滴出行）

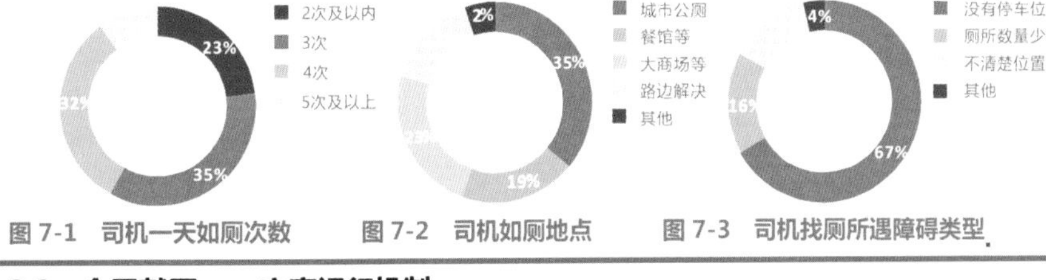

图 7-1　司机一天如厕次数　图 7-2　司机如厕地点　图 7-3　司机找厕所遇障碍类型

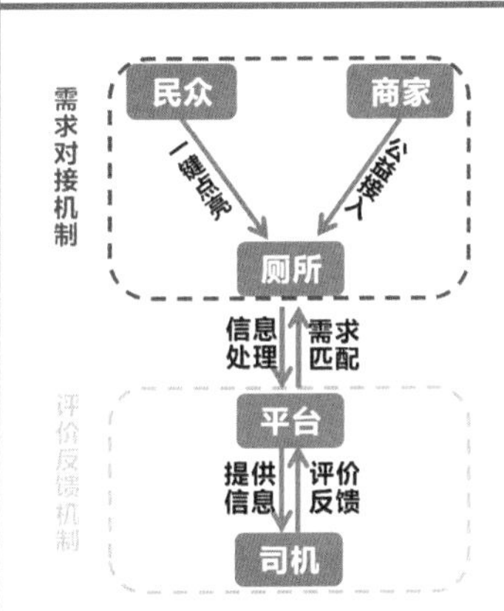

图 8　方案运行机制

图 9-1　方案特点

图 9-2　多方关系

3.3 全民献厕——方案运行机制

3.3.1 需求对接机制——全民献“厕”

民众通过微信、微博、滴滴乘客端等平台进入“为司机点亮一盏灯”页面，通过占领“所”长等有趣互动方式提供城市公厕信息。汽车 4S 店、餐饮商铺、酒店等商家则与滴滴合作接入“找厕所”平台，为司机免费提供私厕。多方厕所资源在滴滴后台与司机的如厕需求进行空间匹配，为司机提供实时动态的周边厕所信息。

3.3.2 评价反馈机制——精准献“厕”

民众在参与“占领所长”活动时，司机在使用厕所后都有相应的评价反馈机制，将厕所的使用体验，是否有停车位等信息反馈到“找厕所”平台。随着该功能的普及，评价的积累，厕所信息将更完善，从而帮助司机更便捷、精准地找到适合自己的厕所。

3.3.3 运行保障机制——持续献“厕”

该方案中，民众通过提供厕所信息践行公益理念，同时赢得打车红包。商家通过此次活动提升了企业形象，扩大了影响力。滴滴公司则在提升服务软实力的同时，接入了大量餐饮、汽车、销售行业，强化自身的大平台属性。多方合作，互利共赢，解决了司机如厕难题，从而帮助后者更好地提供城市出行服务。

3.4 精解隐忧——方案特点

① 资源需求精准对接，评价反馈体贴服务

方案充分利用城市中现有厕所，将资源与司机隐性需求精准对接，解决如厕问题； 此外，平台建立评价反馈机制让司机选择更 符合自己的厕所，得到更体贴的服务。

② 商家民众全民献厕，自愿互助创造共赢

方案借助商家、民众的力量来共同解决司机如厕问题，体现社会群体对司机的关怀，同时其自愿互助的运作方式还创造了互利共赢局面。

2

全民献“厕”，关爱随行

——广州滴滴“厕所信息服务”功能使用情况调研

4. 方案评价

4.1 司机的评价

（1）优点。

① 多方提供厕所，选择从容。

用户端“一键点亮厕所”与商家公益开放厕所，让司机有更多“方便之地”，绝大部分司机（69%）受访时都表示，“找厕所”功能对他们有帮助。

② 定位周边厕所，实时动态。

司机有时拉客到不熟悉的地方，无处寻厕。“找厕所”功能能够实时显示周边厕所信息，避免司机尴尬无援。

③ 一键寻找厕所，高效精准。

“找厕所”功能操作简单，适合司机群体使用；此外还具有司机对厕所评价的功能，可选择“不好停车” “气味醉了”“自备手纸”等标签进行评价，方便司机“精准找坑”。

（2）不足。

① 宣传不足，司机了解不全面。

因大幅宣传只在“世界厕所日”活动期间，后期宣传较薄弱，因而调研发现，仍有部分司机（20%）表示还没使用过，小部分司机（6%）不知如何使用。

② “有坑无位”，停车仍待解决。

不是所有厕所都有合适停车位，部分司机（25%）认为"找厕所"功能没用，不能完全解决司机停车问题。

③ 评价不够，功能需要完善。

目前司机与乘客的评价还没能涵盖所有厕所，而且只有文字，没有实景图片，不够直观，因此很多使用过的司机表示，希望平台本身能就所有厕所提供可靠标注且不时更新。

4.2 商家的评价

（1）优点。

塑造公益形象，带来潜在客源。

企业商铺在为司机打开公益之门的同时，也提升了自身公益形象，扩大了影响力；与此同时，司机也为商家带来了客源；部分商铺受访时表示，接入之后生意比以前好了一些。

（2）不足。

无法辨识司机，管理带来压力。

访谈中部分商家表示，目前虽只跟滴滴合作，但实际操作中是全开放的，没有识别体系，担心有不法分子冒充司机进入商铺，尤其是相对高档的场所，带来了一定的管理压力。

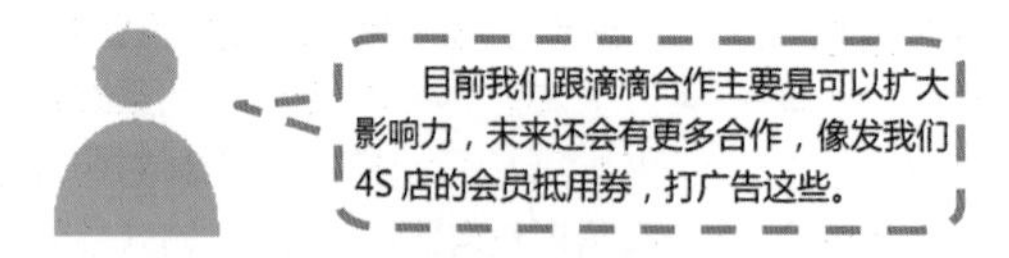

图11　某汽车4S店张经理观

图10-1　司机使用"找厕所"功能比例

图10-2　司机找厕所遇到的障碍情况

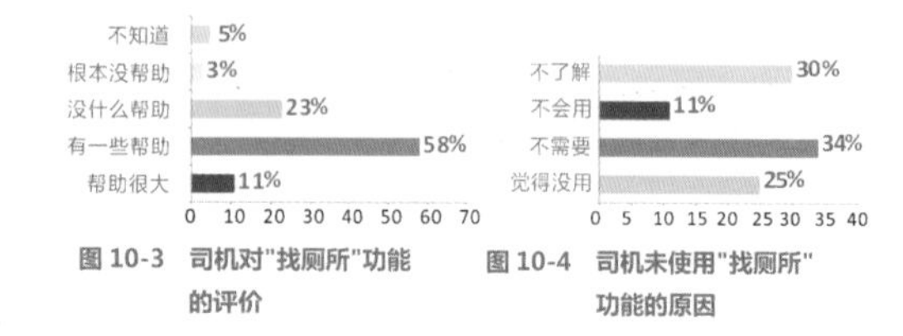

图10-3　司机对"找厕所"功能的评价

图10-4　司机未使用"找厕所"功能的原因

觉得很好的功能，自己希望将来也能用上。

——私家车车主李先生

滴滴脑洞好大，不过这个做法是挺赞的，也很人性化，司机开车更安全，我们坐着也放心些！

——网友“大1976”

会不会是话题营销啊，过一阵就冷了；毕竟司机上厕所的问题这么多年了，都没有解决好，但还是希望“找厕所”能做下去。

——网友“逍弯的狐狸”

D-toilet

表1　司机“找厕所”模式对比

	找厕所1.0	找厕所2.0	找厕所3.0
找寻方式	开车到处找	熟悉地方找	手机一键找
找寻难度	难	中	易
成功几率	低	中	高
司机体验	差	中	优

很多商家愿意参与，不过也有商家考虑到场所管理问题没有参与，不过这一项长期的功能，我相信未来会有越来越多的品牌参与进来。

图12　滴滴公司负责人观

4.3 总体评价

综上所述，"找厕所"功能的创新点在于多方共同参与，充分利用社会的厕所资源，妙解司机如厕难题；更重要的是，其体现了"从智能回归人本""互助创造共赢"的理念。

3

企民献“厕”，关爱随行

——广州滴滴“厕所信息服务”功能使用情况调研

5. 方案优化

5.1　加强宣传，扩大使用范围。

通过司机培训、评价积分奖励制度等方式扩大在司机群体间的宣传；通过"厕所积分制度""厕所评选活动"等宣传推广方式鼓励更多民众参与；通过在滴滴平台接入商家广告，向乘客派发商家的优惠券等方式吸引更多商家参与。

5.2　完善平台，提升使用体验。

目前平台界面、功能简单，需进一步优化；例如厕所介绍界面中，可加入实景照片增加可视化程度；在司机评价和民众"占领所长"活动中，可增加"有无停车位"为必选评价标签，方便司机了解停车状况。

5.3　双向标识，优化平台管理。

对接入平台的商家店铺门面增加特色标识，方便司机识别并使用。同时司机在使用企业私厕时需提供相关证件，确保双向对接。

5.4　联手政府，改善停车不足。

平台可与政府市政部门合作，由平台根据后台数据得出如厕停车需求热点区域，反馈给政府，政府再根据反馈信息增设厕所周边停车位；此外还可在城市中增加“司机港湾”等综合服务站点。

图 13　方案优化

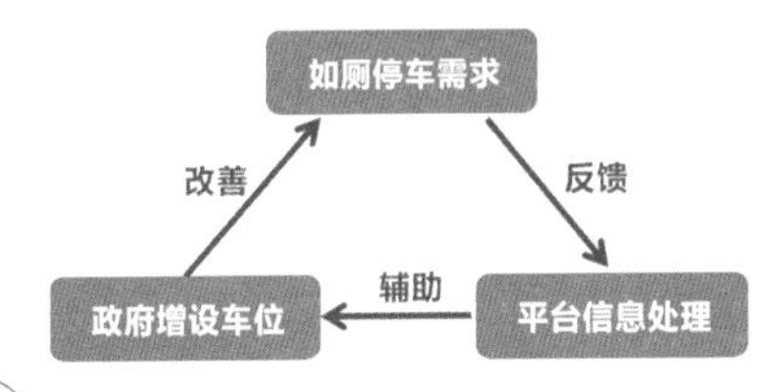

图 14　停车优化机制

6. 方案推广

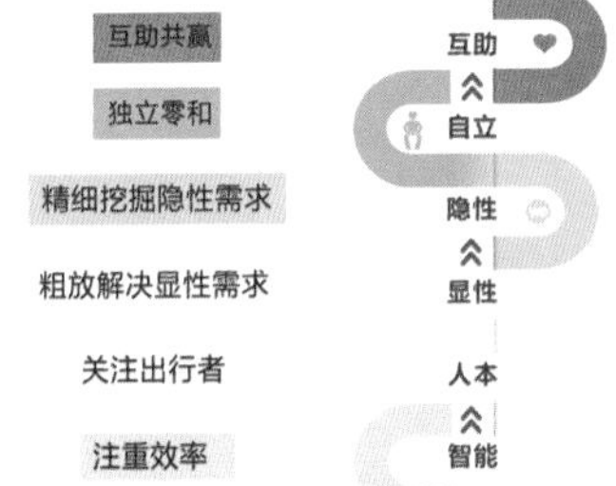

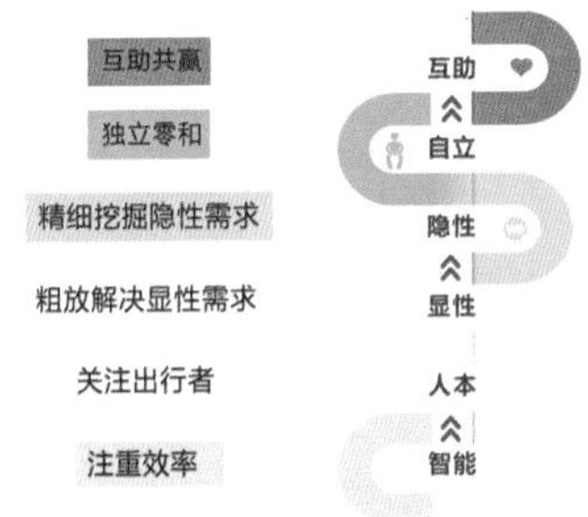

图 15　核心理念推广

图 16　零和到共赢理念

图 17　模式推广

6.1　核心理念及推广

6.1.1　从智能回归到人本——从效率到关怀

"找厕所"功能诠释了"从智能回归人本"“从注重效率到倡导关怀”的发展理念。城市交通出行正朝着智能、高效的方向发展，但无论在智慧科技的路途行走多远，终应是以人为本位，回归初衷。

6.1.2　从显性扩展到隐性——从粗放到精细

"找厕所"功能体现了人们所关注的正从以往的显性需求逐步扩展至进一步的隐性需求，这是社会进步的象征，而这种逐步精细化的理念应该推广至城市交通出行管理中的各个方面，构建一个精细化的交通出行系统。

6.1.3　从自立发展到互助——从零和到共赢

一直以来，政府、企业、司机、乘客作为交通出行的不同利益团体，自身诉求往往只能在群体内部独立解决。随着共享、公益、人本等理念深入人心，合作手段不断创新发展，多元合作、互助共赢的可能性也将越来越大。

6.2　模式推广

6.2.1　人群推广——从专车司机推广到全部司机

除了现在可以使用"找厕所"功能的滴滴司机，其他司机也存在如厕难的问题，因此可以将使用人群推广到全部司机群体，保证出行中不被如厕问题所困扰。

6.2.2　功能推广——从单纯解决"找厕所"到提供吃饭、休息等功能

将"找厕所"功能延伸推广到其他隐性需求，如吃饭、休息等，可在城市中为司机群体设置综合性服务"停靠港湾"，与城市已有餐厅、休息室等结合，配置一定数量的停车位，一体化、全方位解决需求，使司机在城市的"漂流"中能够寻找到来自"避风港"的温暖。

第四章 交通信息化专题

信息化在提高交通组织和管理效能方面发挥重要的作用，同时也为优化交通治理模式提供支持。本系列作品分别从通过信息化完善出行环境、提高交通设施使用效率、保障智能化出行以及促进管理协同等方面提供有益的借鉴。

互联网技术和社交平台技术的发展架起政府与公众有效沟通的桥梁，促进管理模式的改良。“沟通无障碍：@NGO——拜客广州‘随手拍自行车出行障碍’研究”项目正是民间团体依托社交平台发起的，收集市民发现的自行车道路问题，将其分类、总结后定期反映给交通规划管理部门，并对问题的解决进行跟进、监督，促使广州自行车道建设得到广泛关注，推动城市绿色出行环境改善的活动。该模式创新了城市交通组织多元治理的机制。

空间定位技术和地理信息技术的发展使基于定位功能的相关服务得到快速发展，“停车不再难 中心不再堵——广州市停车场车位信息共享与停车预订方案调查”“大‘公’无私——广州公务车定位管理模式研究”“路径随心选，拥堵不再来——佛山移动实时路况传播方案调研与优化”和“手沃出行——广州‘沃·行讯通’智能出行软件应用”等项目正是利用实时定位的技术，采集实时停车信息和车辆位置信息，进行的信息共享和智能化服务。

“创新治酒驾，平安‘代’回家——深圳交警与滴滴代驾‘智慧交通治理酒驾调研’与分析”和“生死时速，无忧让路——深圳市救护车‘无忧避让’医警联动机制调研”两个项目利用信息技术，实现了多方联动，提高了管理效能。前者分析了深圳交警与滴滴公司如何利用信息手段，提高醉驾治理效果；后者分析了深圳市救护车的“无忧避让”项目如何打破部门壁垒、实现医警信息联动的内在机制。多部门如何有效联动的经验对指导其他相关领域的实践有较好的借鉴意义。

信息化是近二三十年交通领域发展的主导方向，在新的时期，信息化被赋予了新的内涵，发挥了新的作用，并在一定程度上推动了公共事务治理的发展和完善，本系列作品在这方面具有较好的参考价值。

沟通无障碍：@NGO
——拜客广州“随手拍自行车出行障碍”研究（2011）

沟通无障碍：@NGO

——拜客广州　“随手拍自行车出行障碍”研究

1. 方案背景与意义

近年来公众参与交通规划的理念被引入国内并逐渐得到重视，然而在实践上仍然存在明显的不足。公众参与不仅是规划领域的概念，它渗透到社会管理的方方面面并能使社会运行更为合理和高效，对推动民主社会的进步有着不可或缺的作用。这一概念的引进和传播，加上国内各种民间团体的兴起与发展，为公民参与和政府管理提供互动平台，共同推动城市发展。

2011 年，致力于绿色出行的广州民间团体“拜客广州”依托蓬勃发展的微博平台，发起“随手拍自行车出行障碍”活动，收集市民发现的自行车道路问题，将其分类、总结后定期反映给交通规划管理部门，并对问题的解决进行跟进、监督，促使广州自行车道建设得到广泛关注，推动城市绿色出行环境的改善。

交通规划和管理的问题分布范围广、涉及面大、细微问题多，许多问题无法从宏观上把握，因此交通信息的回收整理和利益群体之间的交流对于交通规划和管理起到极为重要的作用。现在交通问题的信息沟通主要依靠政府直接向民众收集意见和通过媒体报道反映问题两种方式，存在适应性与效果上的不足。构建“民众—民间团体—政府”交通信息沟通模式，为交通信息的有效沟通提供了新思路。民间团体的加入一方面使市民参与交通管理，监督的环境与条件得到优化，另一方面有助于培养市民文明交通意识。民间团体在市民参与交通规划的过程中所起的作用，对城市未来的交通发展有着极为重要的意义。

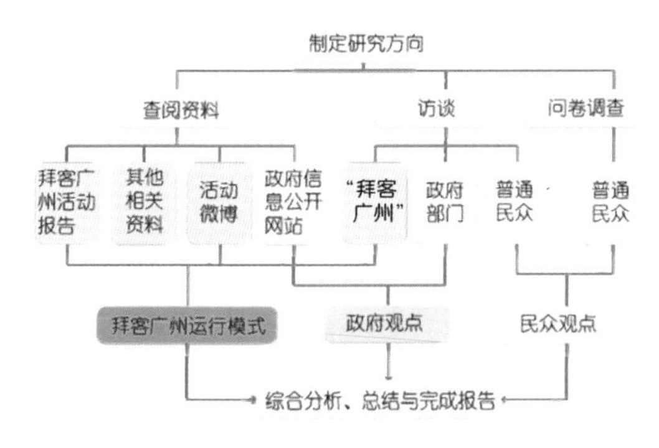

图 1　技术路线

2. 技术路线

小组通过查阅资料及访谈“拜客广州”的相关负责人，了解“拜客广州”的组织架构和“随手拍自行车出行障碍”活动的运行机制；通过访谈政府部门的相关负责人，了解政府部门对“拜客广州”及其活动的评价，以及对其他来源的交通信息的处理方式；从“拜客广州”总结的妨碍自行车出行的案例中选取越秀区东濠涌和天河立交桥附近两个具有代表性的地点，随机对行人和骑车人进行问卷调查和访谈，同时对参与“随手拍自行车出行障碍”活动的网友进行问卷调查，共得到有效问卷 112 份，可用访谈 32 份，从中了解民众对自行车出行环境现状及不同交通问题反馈机制的看法。

3. 方案运行机制

“拜客广州”在新浪、网易、腾讯三个网络平台开通账号名为“随手拍自行车出行障碍”的微博，鼓励市民拍下自行车出行障碍上传到微博。团体成员通过管理日常微博，对市民反映的问题整理分类，并利用与广州交警、绿道办等相关部门有长期合作的优势，将有价值的交通信息反映给相应部门，形成“民众—民间团体—政府”的交通信息沟通方式，有利于推进城市绿色出行环境的改善。

“随手拍自行车出行障碍”活动从霸王停车、车道规划问题、道路维护问题、自行车与机动车抢道问题等方面收集交通信息，反馈给不同部门，并进行跟进。通过该种模式，目前“拜客广州”共向市民收集了 167 条微博信息，经过整理分类，向相应部门反映了 116 条，广州交警、绿道办等政府相关部门对其中涉及的两大类 23 个问题进行了处理，使城市绿色出行环境得到了改善。

“随手拍自行车出行障碍”活动的运行机制主要分为信息收集、信息整理、信息反映、跟进反馈四大部分。

图 2　活动分类

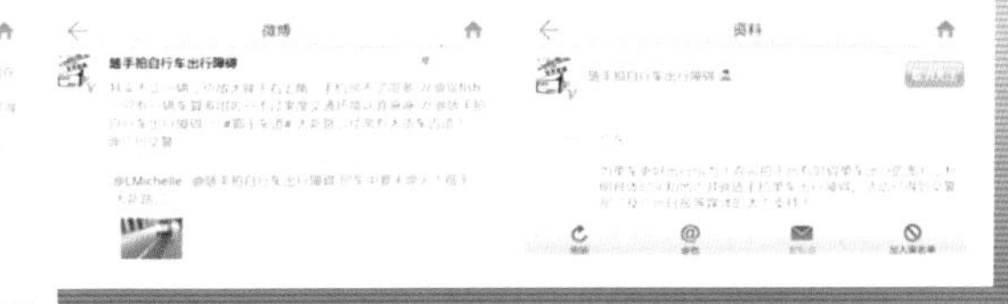

图 3　网友手机微博截图

沟通无障碍：@NGO | 拜客广州"随手拍自行车出行障碍"研究

3.1 信息收集机制

"拜客广州"依托新浪、网易、腾讯三大微博信息平台，面向全体市民进行信息收集。市民或者团体组织用手机或相机将身边存在的机动车乱停乱放、小商贩占道摆摊、自行车道设施维护不当等影响自行车出行的现象拍摄下来，在自己的微博账号上发布信息，注明时间、地点并加以简短描述，链接"随手拍自行车出行障碍"官方微博，便可将信息反映给"拜客广州"。

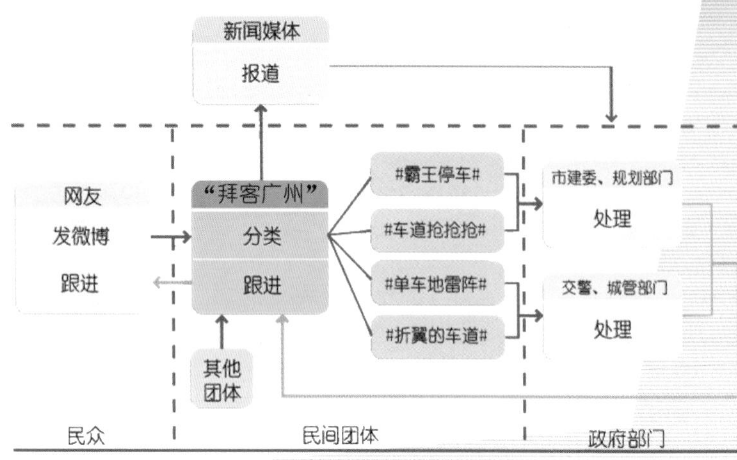

图 4 方案机制

3.2 信息整理机制

"拜客广州"微博团队负责管理"随手拍自行车出行障碍"微博账户，针对市民发布的相关信息进行如下处理：

1) 对微博上得到的信息根据"霸王停车""折翼的车道""单车地雷阵""车道抢抢抢"4 个分栏进行分类，回复发微博者，进行互动并在交流中深入了解情况。

2) 保持 3 大微博平台中民众反映的交通信息同步。

3) 针对前一天的微博情况发布每日总结；每周挑选有代表性的图片及相关信息，整理典型性的交通出行"黑点"和不良行为，发布每周总结。

3.3 信息反映机制

每日挑选有价值的信息转发微博并通过"@"链接"广州交警"等官方微博，通知相关部门；

每周总结市民意见，根据问题类型和不同部门的职责，将报告通过电子邮件的方式发送给交警、市建委、城管部门、环保局、规划局等政府相关部门；

定期挑选有代表性的案例，总结相关信息并提出改善建议，通过信访、热线电话、领导信箱以及媒体等途径反映给相关部门。

3.4 跟进反馈机制

跟相关部门建立良好的长期联系，定期获取相关部门关于问题解决情况的反馈，并及时将这些信息通过微博传达给反映问题的市民；

对长期没有得到妥善解决的问题，通过反复反映或其他途径督促有关部门尽快采取行动；

对于各个部门推卸责任的问题，采取向上级反映等方式，力争使问题得到重视和处理。

4. 方案评价

4.1 不同主体的评价

4.1.1 民众

优点：

1) 亲民的沟通。

"拜客广州"作为一个民间团体，互动性与亲民性更强，相对于政府更接近民众，沟通更加容易；而且沟通过程免去了复杂的、机械化的程序，更为便利。这种亲民性可以提升民众参与交通问题的管理与监督的积极性。

2) 共鸣的力量。

微博上的信息反馈与交流，可以集合众多民众的声音意见，使话语的力量得到提升；同时使民众提出的观点引起共鸣，吸引更多人关注自行车出行环境，令交通问题得到重视，对于交通环境的改善有更大的促进作用。

是否愿意向类似于"拜客广州"的民间组织反映

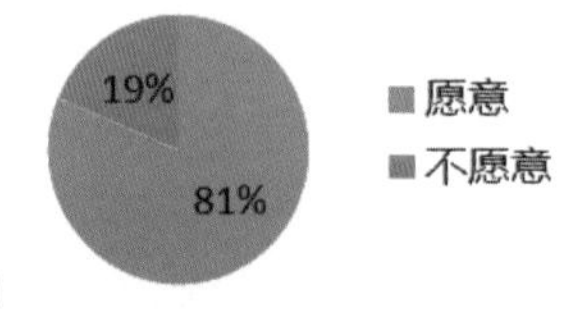

是否向政府反映过交通问题

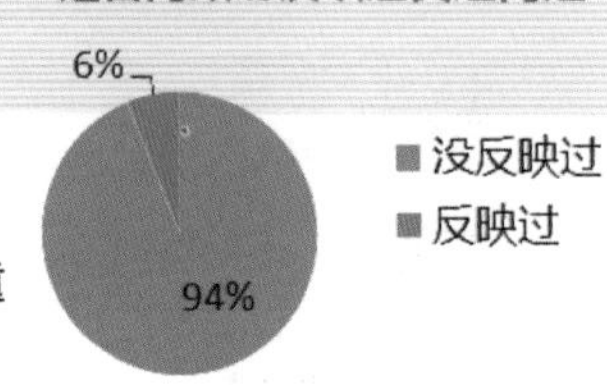

沟通无障碍：@NGO | 拜客广州"随手拍自行车出行障碍"研究

3) 持续的关注。

与个人或者媒体相比，民间团体对交通问题的关注持续性更强，对问题会进行定期的跟进，使得问题的解决和反映问题的效果有保障。

缺点：

1) "随手拍"对设备的要求较高，参与者的覆盖仅局限于可以用手机拍照并且发微博的市民，未能提供广泛的便利。

2) 活动的宣传不够，市民的了解程度不高。

选择通过民间团体向政府反映信息的原因

4.1.2 政府

优点：

1) 分流信息，提高效率。

"拜客广州"在对交通信息进行整理的过程中，根据不同政府部门的职责范围将交通问题分别反映给相应的部门，减少民众反映交通问题时不被受理的情况，同时可以过滤"无效信息"和重复的信息，使交通管理部门信息收集的效率得到一定的提高。

是否了解"随手拍"活动

2) 扩大来源，方便整治。

"随手拍自行车出行障碍"活动从网络上广泛收集交通信息，拓宽了政府收集民众信息的渠道。根据"拜客广州"提供的机动车停放占道情况较严重的"黑点"，交警方面加大在这些地点的巡逻力度，对这一现象的整治起到了积极作用。

3) 立场客观，观点理性。

团体收集整理的观点相对于市民个人反映的观点更客观与理性，代表更多人的利益，反映的交通问题具有更高的广泛性，提出的交通建议具有更好的可操作性。

4) 推广文明，利于管理。

参加"随手拍"活动的民众本身具有一定的交通安全意识，在拍的过程一方面加强自己的安全出行意识，另一方面曝光不文明出行行为，督促更多市民遵守交通规则，提高市民的文明交通意识，可以使交通组织管理和宣传更有效地开展。

缺点：

1) 许多交通问题具有一定的时效性，需要立即反映和解决，而"拜客广州"作为民间团体，对活动收集到的交通问题的整理结果，只能反映出问题的发生频率与严重性，而降低了交通问题的时效性，导致一部分问题无法得到及时处理。

2) 市民所拍的违章行为的照片没有法律效力，不能作为处罚依据。

3) 市民拍照并上传到网络的行为，可能会侵犯他人隐私，合法性有待商榷。

4.2 不同交通信息反映方式的对比

交通信息沟通目前主要有三种模式，分别是"民众—政府""民众—媒体—政府""民众—民间团体—政府"。三种交通信息沟通模式特点对比如下表所示。

表1　三种模式对比

	民众—政府	民众—媒体—政府	民众—民间团体—政府（拜客"随手拍"活动）
信息收集特点	与个人利益息息相关	新闻性强 公众关注度高 社会热点	与民间团体组织宗旨有关 代表公众利益 收集过程亲民性、互动性强
信息的反映过程	制度化 有保障 程序烦琐	无制度保障 对信息进行分流 迅速快捷	制度化 对信息进行分流处理 有保障 程序烦琐
政府对信息的处理	按信访条例处理 有期限	立即回复 尽快处理	按信访条例处理 有期限
对信息的跟进	需个人跟进 常常无跟进	媒体视新闻性而定 很少跟进	团体持续关注反映的信息 进行跟进反馈 无需个人跟进

4.3 总体评价

综上所述，"随手拍自行车出行障碍"活动的最大创新在于引进"民众—民间团体—政府"的交通信息沟通模式。虽然政府在对待个人和民间团体反映问题的态度和处理流程相同，但民间团体以其整合社会资源的有效性和互动中的亲民性为优势，可以代民众完成向政府反映问题的复杂过程，并持续跟进督促问题的解决，对改善交通信息沟通具有积极意义。然而这种模式也受到团体的规模、组织与活动影响力等因素的限制。

沟通无障碍：@NGO | 拜客广州"随手拍自行车出行障碍"研究

5. 方案优化与推广

5.1 方案优化

1) 拓宽民众反映信息的渠道。

将收集自行车出行障碍信息的方式从微博拓展到其他渠道，比如增加短信平台、热线电话、邮箱、即时通讯工具等方式，让民众能以更多样、更便利的方式参与其中。

2) 建立有效的奖励机制，鼓励市民积极参与。

从政府或企业引入资金，根据反馈信息的有效性和准确度，按照一定奖励标准对积极参与的民众给予奖励，调动民众发现并及时反映城市交通问题的积极性，培养市民的社会责任感。

3) 结合人大代表体系，增强监督作用。

基于前期的信息收集内容，联系人大代表，共同从促进城市自行车出行的良好环境的建设角度出发提交方案，可以有力跟进和监督政府的处理工作，使问题解决有保障。

4) 与媒体、其他民间团体良好互动。

通过媒体对活动进行专题报道、后续跟进、舆论监督，利用媒体的社会资源促使问题得到解决；获取其他民间团体的支持，扩大随手拍活动的影响面和吸引力，将其推广到涉及不同交通利益主体的领域，引导"交通大家谈"的公众参与趋势。

5) 加强团体自身组织架构建设。

吸收具有交通管理和规划专业背景的人才，使看问题提建议更有专业性和可行性；团队运作正规化，信息公开化，建立弹性运作模式，使组织形式更灵活。

图5 优化模型

5.2 方案推广

5.2.1 应用推广

1) 推广到其他交通出行方式。民间团体运作的"随手拍"活动及其他收集民众信息的活动对于交通管理有重要意义。它们不仅能改善自行车出行环境，对于城市中其他交通出行方式，例如公交车、小汽车、地铁等，也可以起到极大的改善作用。将这种方式推广到上述领域，将有效推动城市整体交通信息沟通。

2) 推广到其他交通规划领域。交通项目的选址及选线在前期准备阶段需要大量信息支持，目前的规划方案主要由政府部门委托规划单位调查，难免会造成参与主体间利益的不平衡。随着"公民社会"的理念深入人心，民众对自身的利益更加关注，会主动争取更多的话语权。而传统的"民众—政府"的沟通模式容易成为政府面子工程的一部分，实质上的交流和意见采纳效果不明显。由民间团体发起的"随手拍"及类似活动，给予民众一个有效的反映平台，也有利于丰富交通规划前期资料库，节省政府资源，让实质的问题得到重视，使规划更加合理科学化。

5.2.2 地域推广

"随手拍自行车出行障碍"活动是民间团体为推动城市交通进步做出努力的创新举措，可以发挥民间团体集合社会资源的优势，体现"民众—民间团体—政府"的三方沟通模式。广州民间团体发展处于领先地位，活跃在社会各个领域，为政府交通规划和管理提供很好的监督和优化作用，其他城市在交通规划和管理方面也可采取民间团体联系民众，反馈给政府的模式，整合资源，使规划合理。

5.2.3 技术推广

建立专用的交通信息反映的数据库，利用手机的定位功能，对市民发布的信息附加精确的位置信息，使交警、城管等执法人员可以及时到达现场处理问题。

停车不再难　中心不再堵
——广州市停车场车位信息共享与停车预订方案调查（2011）

停车不再难

中心不再堵

——广州市停车场车位信息共享与停车预订方案调查

1.方案背景以及意义

如今，随着城市化的加速，城市的交通负担越来越重，在我国的一些大城市的中心区，交通拥堵形势严峻。究其原因，一方面是城市中心区与日俱增的汽车数量，另一方面是基础设施的不足，停车空间的紧缺，导致“巡泊”这种无效交通大量出现。

为了降低城市中心区交通压力，广州市政府于 2011 年出台了有关停车场车位信息共享与停车预订服务的方案。该方案建立了一个停车诱导系统，通过多种智能化信息发布平台，让车主根据目的地附近停车场的车位情况，提前选择确定所要去的停车场；并且通过信息化平台实现车位的远程预订，减少了车辆“巡泊”的无效交通流。同时，这个方案在单纯进行停车场基础设施建设投入之外，通过软性的停车诱导和车位预订的方式，有效地缓解了城市中心区停车位的结构性需求压力，从而提高了交通基础设施的使用效率。另外，该方案通过高新技术、信息科学的运用，让市民充分享受到交通信息化带来的便利，也有助于改善城市的生态环境，促进城市环境的可持续发展。

因此，在交通发展和交通供给矛盾日益突出的今天，该方案在保障居民出行，提高交通效率方面，具有很强的实践意义和推广价值。

2.方案研究的目的、方法及流程

本次调研综合运用了问卷法、实地调查法和访谈法。派发问卷 120 份，有效问卷 114 份，有效率达 95%，分时段观察停车场使用情况，并访谈司机车主与相关管理人员（见表 1）。

表 1　广州珠江新城停车诱导试点实地调查

调查阶段	时间	地点	调查内容	调查方法	备注
预调研	2011 年 7 月 4 日星期一	珠江新城	试点停车场车位使用状况以及居民对方案的看法和意见	现场观察、访谈以及发放问卷	观察试点停车场信息共享与预订系统是否真正缓解停车压力
正式调研	2011 年 7 月 5 日星期二	珠江新城、五羊邨	现场调研司机和车主的停车服务使用情况	发放问卷及面对面访谈	了解现行方案的优势与不足，收集意见并加以改进
	2011 年 7 月 7 日星期四	珠江新城、花城大道、华夏路、广州市交委	综合了解停车位信息共享与车位预订的实施情况与建设目标	进行相关负责人员的访谈	本方案对于广州市交通的总体影响

停车不再难　中心不再堵

——广州市停车场车位信息共享与停车预订方案调查

3.方案介绍

3.1　方案背景

今年，广州市机动车保有量已超200万辆，并呈逐年上升趋势，相对于机动车量的极高增长率，停车场产业发展滞后，目前在交通部门正式登记在册的停车泊位仅为63万个，停车泊位供需矛盾日益凸显。（见图1）

停车设施不足带来的问题是普遍的，根据我们在广州市中心城区停车场附近的调查统计，几乎所有的受访者表示自己在市中心遭遇过停车难的问题。而对于遭遇停车难后的处理方法，六成的调查者选择了“巡泊”（见图2），大量的无效交通充斥着城市中心区，带来了“总体供给不足、路面停车日增、地下泊位闲置”的怪圈，造成了诸多隐患。

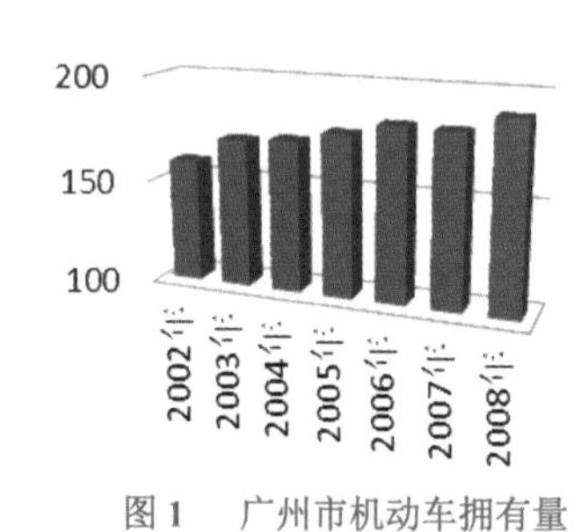

图1　广州市机动车拥有量

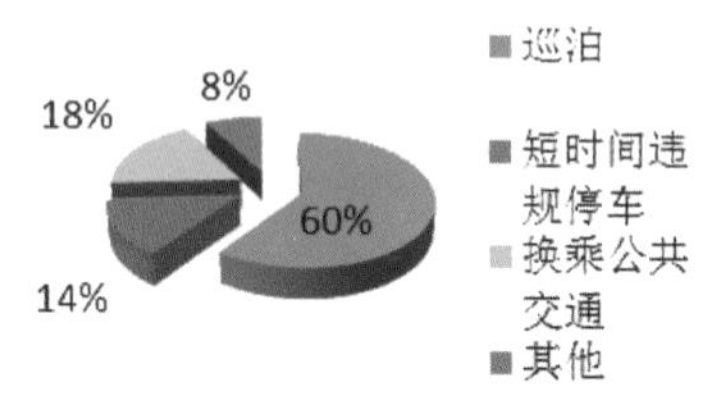

图2　市中心停车调查
——遭遇停车难后的处理方法

3.2　方案实施

为了应对“停车难”带来的城市中心区交通拥堵问题，广州市推出了停车信息共享与停车预订的服务，以管理效率的提升来弥补基础设施的不足，取得了良好的效果。

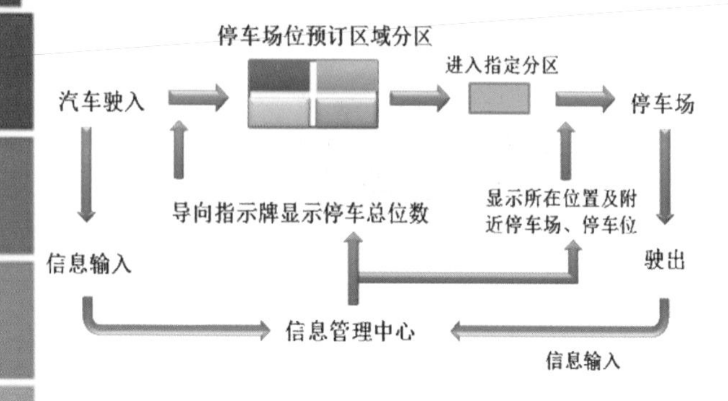

图3　停车诱导系统

3.2.1　停车信息共享——停车诱导系统的建立

（1）在进入停车方案试点的各主要干道上设置诱导信息显示板， 预告所有停车区域总的停车位剩余数及各个停车区域的停车位剩余数，让司机及时掌握信息，选择合适的停车区域。

（2）在各停车区域内每隔一定距离设置诱导信息板，信息板显示司机所在位置前后左右的停车场位置与剩余车位数。信息板设置在主要路口及公共设施附近，以帮助司机尽快找到需要的停车场。

（3）在各个停车场的入口处设置信息显示板，帮助司机快速找到空位。

通过停车位信息的共享服务，广州市停车方案试点已经初步建立了一个良好的停车诱导系统，极大地提高了停车效率，并为停车位的预订服务提供了信息化的基础。（见图3）

2

停车不再难 中心不再堵

——广州市停车场车位信息共享与停车预订方案调查

3.2.2 停车位预订——更快速、更精确、更方便

当用户通过停车信息共享获得停车位的即时信息之后，可以通过短信方式向停车诱导系统发送预订请求，管理中心会根据停车场车位使用情况为用户预订合适车位，提供预订ID以短消息方式发送给用户，当用户到达停车场时，手机就可以通过中间设备实现预订确认，当门禁设备打开，车辆就进入预订停车位，同时停车计时开始。（见图4）

停车预订服务同停车信息共享服务共同建立了一个更快速、更精确、更方便的停车环境，对于疏导区域交通发挥着重要的作用。

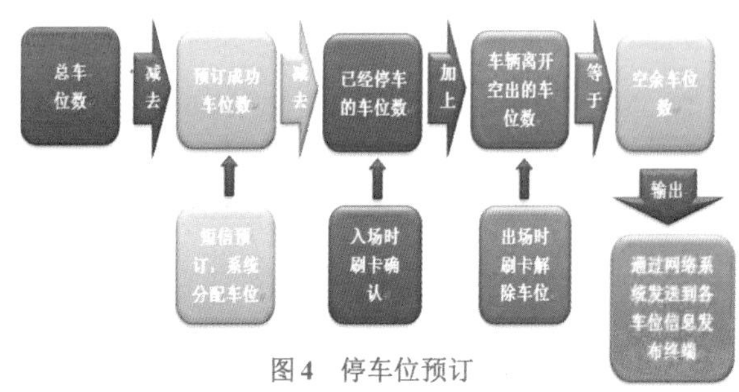

图4 停车位预订

3.3 效果评价

3.3.1 停车场运作效率显著提高

把每个停车场使用状态公之于众，让想停车的人对之一目了然，根据我们的调查，试行信息发布以及停车预订的停车场运转率都有了明显提高。

3.3.2 方便出行

根据我们调查所得的数据，使用停车预订系统，小汽车用户等待停车的概率下降了，而等待的平均时间也大幅度降低。（见图5）

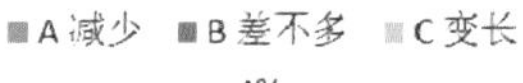

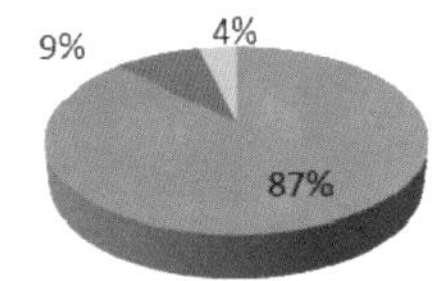

图5 停车等待时间

3.3.3 极大地减少了“巡泊”等无效的交通

信息发布与停车预订间建立了一个停车诱导系统，调节了停车需求在时间和空间上的分布不均匀，当停车位相关信息出现在路边的指示牌时，车主不必再为寻找空闲的停车位而在城市中心迂回，在保持道路通畅的同时将不会产生过多的绕行。（见图6、图7）

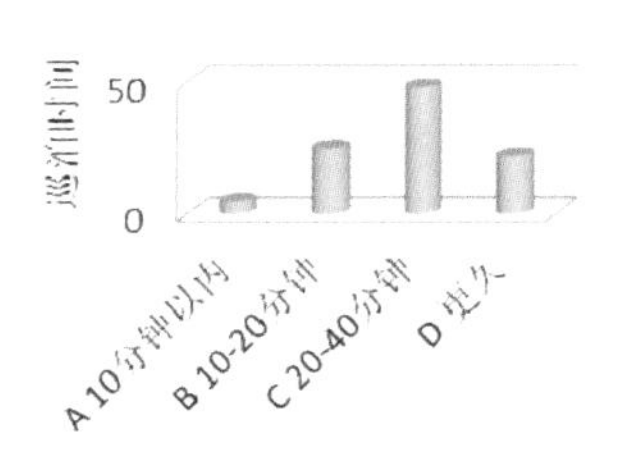

图6 使用停车预订前您的巡泊时间是

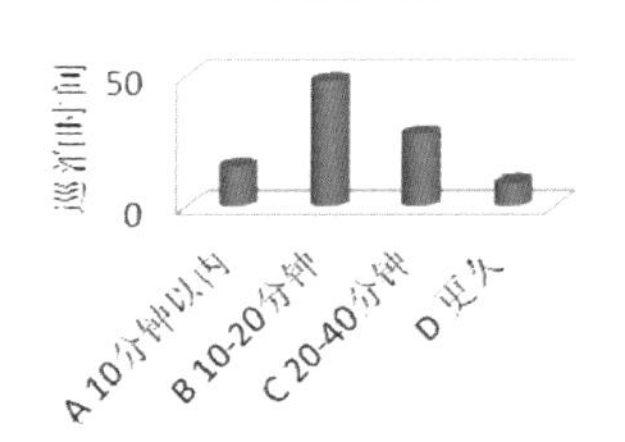

图7 使用停车预订后您的巡泊时间是

3.3.4 积极引导公共交通

当停车位信息显示不足或者停车位已经预订满额时，一部分人员将会选择转乘公共交通，宏观层面上将促进各种交通方式的有效整合，并促使有效衔接、方便换乘的良好出行模式出现。

4.方案优化

目前，停车位信息共享与车位预订方案还不够成熟，在实施过程中仍有一部分内容需要改进，本课题组基于对调研实践的分析，提出以下改善意见，进行方案的优化，为其在大范围内的推广提供依据。

3

停车不再难 中心不再堵

——广州市停车场车位信息共享与停车预订方案调查

4.1 完善停车预订站点的布置

现状：目前，可以预订停车位的停车场试点数量不足，部分停车场分布点设置不合理，导致服务覆盖范围有限。

优化措施：按点轴模式发展扩大停车场预订的试点数量，停车场站点的选择，以城市中心区的重要商业节点为中心，联接大型的居民住宅点，沿广州市主要道路以及发展轴分散布置。

4.2 多种方式建设停车场信息资源共享平台

现状：虽然停车预订系统已经在广州市试行了一段时间，但是目前使用该服务的人群仍然较少，服务普及率不高，同时，信息资源共享途径较为单一，信息获取即时性不足。

优化措施：利用互联网、手机信息等综合手段，将信息整合发布在广州市交通信息服务网上，通过登陆网页进行动态实时查询，同时将车位信息通过交通广播或者移动电信系统公布播发，运用多种途径发布信息，让市民充分体验到交通信息化带来的快捷和便利。

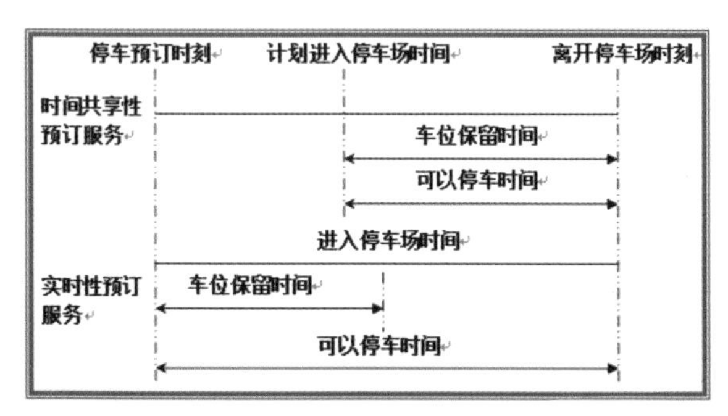

图 8 时间共享性预订服务和实时性预订服务的比较

4.3 提供更为完善的综合停车服务

现状：目前，试点停车场只提供时间共享性预订服务，用户的停车时段在预订过程中已经被指定，缺乏应急性的调整措施。（见图 8）

优化措施：综合提供实时性预订服务，以应对可能发生的紧急情况，提供更加人性化的管理方式和服务方式。

5.方案推广

5.1 信息整合和分享平台的推广与扩大，与“智慧城市”系统接轨

车位信息和停车场分布信息共享平台的搭建，可以推广到：公交车辆路线信息，城市轨道交通信息，出租车信息，城市对外交通工具如高铁、列车、飞机的信息整合与发布的“综合交通信息系统”的建立，从而与智慧城市的整个信息化系统进行接轨，为市民出行提供便利的人性化服务。

5.2 建立停车换乘的 P+R 系统，实现公共交通对入城私家车辆的分流和替代。

1）就中期来看，可以分区块整合该区域内现有的分散的停车场，形成区域换乘大系统。

2）就远期来看，进行城市轨道交通沿线停车用地的规划与优化，实行分区停车。

3）在具体措施上，采取鼓励性优惠措施，引导入城车辆进行换乘。

5.3 在 P+R 大型停车换乘枢纽的基础上，逐步推进停车场服务的产业化和市场化

1）政府利用公共政策进行引导，在用地上进行监管并给予开发上的优惠，鼓励社会资本进入停车场行业。

2）在 P+R 停车换乘的基础上，划分停车换乘枢纽行业的服务链，并促使其转变成产业链，使得整个停车场行业形成产业，同时吸引市场资本进入，进行市场化运作。

4

大“公”无私
——广州公务车定位管理模式研究（2012）

大“公”無私

——广州公务车定位管理模式研究

1. 方案背景与意义

据数据调查显示，广州公务车保有量估计近20万辆，占轿车保有量的11%。20万辆公务车每天要比私人汽车多跑4～5倍的路，其不断增加的数量以及日益严重的公车私用，对道路拥堵和尾气排放的“贡献”要远远大于私车，不利于节能减排。

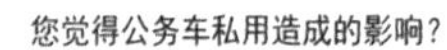

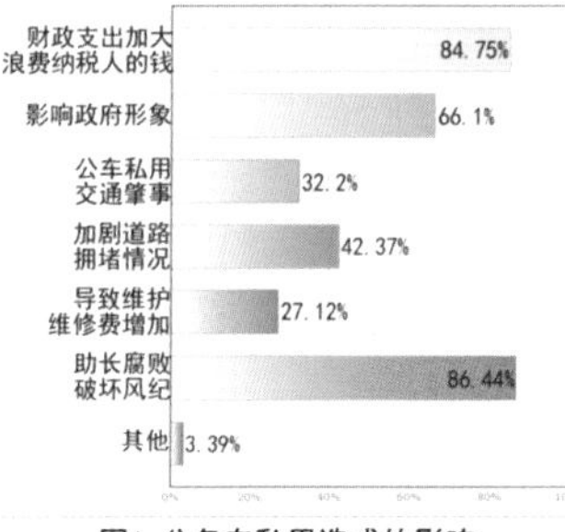

图1 公务车私用造成的影响

“十二五”期间，在全国范围内都在准备对公务用车进行管理和限制的背景下，2011年5月起，广州市公务车率先安装GPS定位系统和身份识别系统，对公务用车进行定位管理，杜绝公车私用，支持节能减排，并设置黄埔区财政局和城管局为试点。取得一定成效后，广州开始全城推广公务车定位管理模式，通过身份识别卡、北斗定位终端以及公务车管理信息系统，实现了管理的“3S”模式：对公务车实时定位的严格监督（Supervise），推进公务车共乘（Share）、统一整合的资源共享，遇到紧急情况可以就近调用的关怀服务（Serve）。实施之后，不仅公务车每月平均里程数明显下降，更拓宽了公务车的使用途径和使用效率，也为交通规划的其他领域提供了一种创新而有效的管理思想。

2. 调查方法

小组通过查看相关新闻、政府文件、相关文献以及软件企业的软件运行原理，摸清各个层面的组织架构；通过访谈政府部门的负责人，了解政府对该模式的效果评估；通过访谈公务车使用者和普通民众，从使用者和管理者的角度对使用效果进行评估，找出其优点和缺陷。对起重要监督作用的民众进行问卷调查，共发放问卷60份，回收有效问卷56份，从而具体了解社会主体对此模式的看法以及相应评价。最后进行综合分析总结，提出优化建议并完成报告。

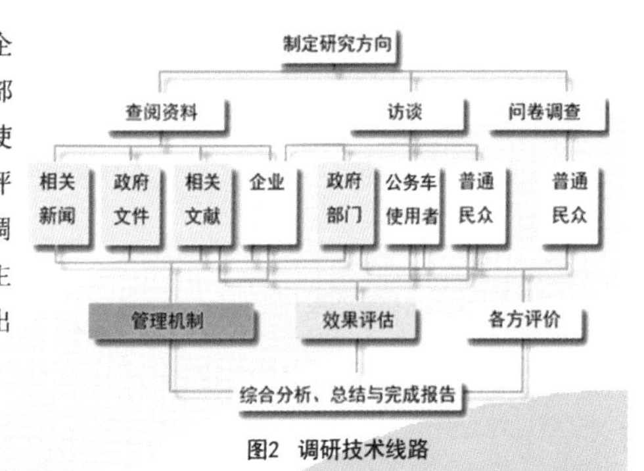

图2 调研技术线路

3. 方案运行机制

从2011年8月开始，广州市政府在全市999个机关单位中的8360辆车中安装了北斗车载终端设备，并应用公务车使用管理信息系统。由广州市公务用车使用管理领导小组办公室直接负责；各区、县级市和市直各有关单位要建立相应的工作机构，并制定专人担任系统管理员，负责管理和调度本单位公务车。

3.1 管理基础：科技手段

（1）北斗定位终端：通过安装在公务车上的终端，可以实时定位公务车，同时记录公务车在何处启动，何处停车，行驶时间以及运行轨迹，并每隔15秒将这些数据发送至公务用车使用管理信息系统。

（2）公务车管理信息系统：该系统作为后台云服务器，可处理终端发送过来的数据，并保存一年之久，各级管理员只需通过互联网登录该系统，即可了解公务车的情况，并且在特殊情况下可以搜索指定地点附近的公务车并实现调度。

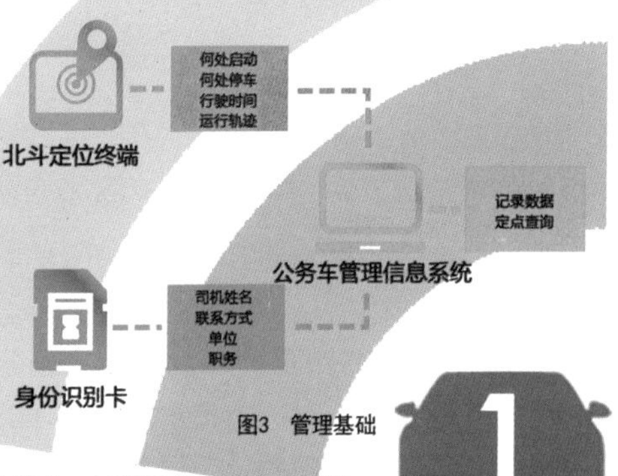

图3 管理基础

（3）身份识别卡：司机统一配置，记录包括司机的姓名、单位、职务、联系方式等信息。对于使用者而言只需插卡开车、熄车拔卡，否则系统自动记录违规。

大“公”无私——广州公务车定位管理模式研究

3.2 管理模式：“3S”模式

（1）监管(supervise)。

公务车管理系统实现了车辆运行数据采集自动化、车辆使用情况统计分析智能化，全天候24小时管理纳入系统管理的车辆——及时发现越界行驶，非工作时间行驶等违规行为，并通过核对司机身份，将违规内容和违规人员的信息以短信的形式通知对应的领导。

（2）共乘(share)。

部门公务车管理员可以通过公务车管理系统，全面了解本单位公务车的运行状况，根据公务车的实时位置，安排公务车就近接送，创造共乘机会，减少出车次数与行驶路程。对于即将外出办公人员，则根据目的地等情况统筹安排，多人同乘，共同出行。

（3）服务(serve)。

在紧急情况下，管理员可以利用公务车管理系统追踪到指定地点附近的公务车，并与之联络对其进行调度，以应对突发事件。例如发生交通事故时，派遣事故现场附近的公务车前往运输伤者至医院进行救助；或较大的灾难发生时，就近调用公务车进行人员疏散。

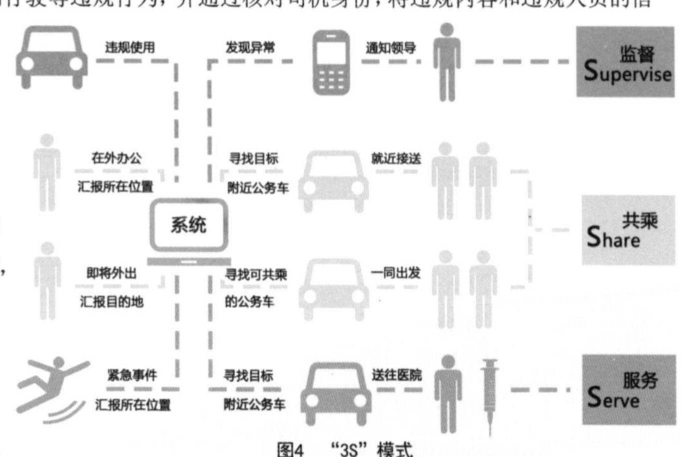

图4 “3S”模式

3.3 管理保障：多方监督

（1）市公车办。

每月向全市通报各单位公务车的用车里程和费用，按《广州市公务用车使用管理信息系统管理规定》对出现公务车违规使用的单位进行批评，同时对公务车使用减少的单位予以鼓励。

（2）纪委监察局。

通过公务车管理系统不定期对各单位的公务车使用情况进行抽查，以保证各单位严格执行公务用车使用管理信息系统的有关规定，同时接受各方对公务用车的监督举报，按《党政机关公务用车配备使用管理办法》处理违规者。

（3）公众。

公众发现公车私用的状况，通过记录车牌号，可以向市纪委监察局进行举报，公车办从公务用车使用管理信息系统中核实后，对违规单位和个人予以警告和处罚。

图5 管理保障

4. 方案效果与评价

4.1 政府评价

（1）方案优点。

①公务车使用次数下降，行驶里程下降：全市公务车安装了北斗车载终端设备后，每月每车平均行驶里程从原来的1769.97千米下降到1265.24千米，下降了28.5%。2011年国庆期间，全市有300多个单位的5693辆公务车停驶。2012年春节期间，全市有371个单位5882辆公务车辆全部停驶。

②缓解城市交通压力：公务车数量占到全市机动车保有量的1/10，随着公务车管理制度的实施，公务员使用公务车上下班的情况大幅减少，很大程度上缓解了高峰时段的交通压力。

大“公”无私——广州公务车定位管理模式研究

③成本低、回报高：在资金方面，每车仅需3000元设备投入，每辆车每年因限行节约开支6000~8400元，目前全市纳入系统管理的公务车每年可节约经费3200万元。在人力方面，公务车管理系统可全天候自动管理并自动分析、提取和处理异常情况，只需一名员工即可操作。

（2）存在问题。

①覆盖尚不完全：公务车管理制度实施只有一年，目前广州还有一部分公务车尚未纳入管理系统，造成了管理的不统一与不全面。

②存在阻力：由于改革触及到部分人的利益，因此在改革的深入和推广过程中存在一些较难以处理的阻力因素。

4.2 公众评价

（1）方案优点。

①相关交通问题改善：问卷结果显示，北斗系统使用后，得到大幅度改善的公务车相关行为有高峰交通改善、公车私用现象减少、举报公车私用有据可查等。

②规范公车管理：76.5%的受访公众认为北斗系统对规范管理公务车行为起到了很大作用。

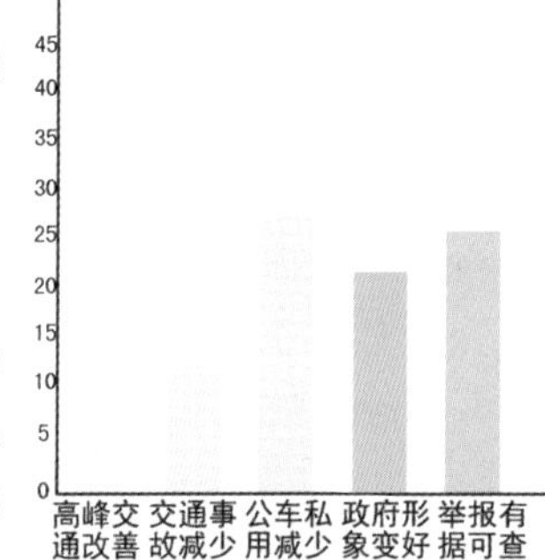

图6　公务车相关行为改善

（2）存在问题。

①知情度不高：37.2%的受访公众认为对北斗公务车管理系统知情度不高，仅仅见诸部分报纸和新闻网站，只有少数民众行使他们的知情权和监督权。

②公用私用界定不清：尽管公务车的使用者和行驶轨迹可以记录在案，但对于普通民众来说，46.7%的人并不能很好地界定公车公用和公车私用，因此监督稍有困难。

您认为公务车管理系统是否有用？

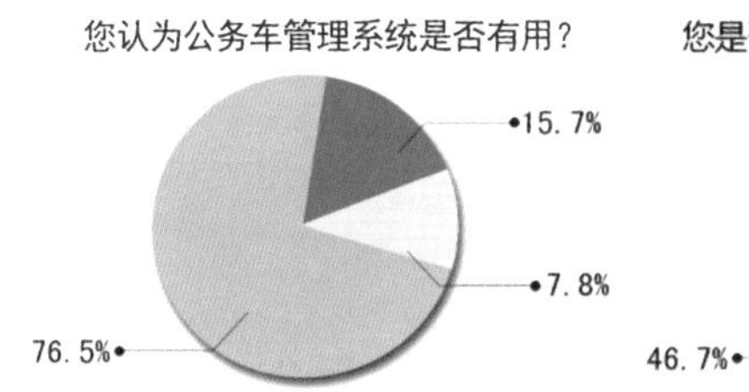

图7　公务车管理系统是否有用

您是否能界定公车公用和公车私用？

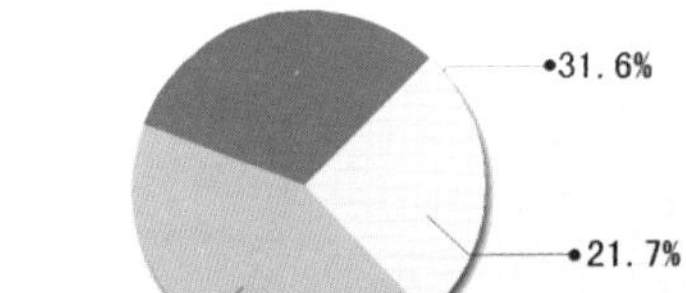

图8　公众能否界定公车公用

您是否了解公务用车管理系统？

图9　公众是否了解公务车管理系统

4.3 公务员评价

由于公务车管理制度的实施，公务员在非工作时间无法使用公务车，所以部分公务员选择使用公共交通方式，而部分公务员选择使用私家车，但考虑到出行成本，他们也减少了不必要的出行。从总体上来讲这两种情况都减少了道路资源的占有，并实现了绿色出行。

表1　传统公务车管理模式的局限

	货币化改革	集中化改革	规范化改革
制度介绍	事业机关的福利，比如说公车改为货币补贴，公务员开私车上班，单位予以一定的油费补助。	把各单位分散管理的车集中到一个部门进行统一管理。	在节假日期间，将部分政府公务车封存，不允许使用。
制度局限	针对情况不同的人群，合理的车贴标准难以确定，并且这种模式容易导致变相腐败。	集中化改革的局限在于它只能适合中小型城市，对于类似于广州这样的大城市，单一部门难以实现统一管理大量的公务车。	缺乏人性化管理，不能灵活应对特殊情况，治标不治本。

4.4 综合评价

国内目前的公务车管理共有三种模式。这三种交通信息沟通模式特点对比如表1所示。由表1可以发现，北斗公务用车管理系统具备其他模式的优势，同时又有着其他模式所缺少的特点，但整个“3S”管理模式公开透明稍有不足，还需要进一步改进。

大“公”无私——广州公务车定位管理模式研究

5. 方案优化和推广

5.1 方案优化

（1）公车信息开放平台。

在全市范围推进公务车共同乘坐，因为目前各单位的公务员只能查看本单位的公务车，无法实现公务车资源全市共享，所以可以开放信息共享平台，利用北斗定位系统和公务车管理系统，实现不同单位间公务车的合理共乘，最大限度减少公务车空载、使用效率低下的现象，达到节省成本、节能减排的效果。

（2）打造公务车积分制度。

对减少使用公务车的单位和个人予以一定的分数奖励，这些分数与先进集体和先进个人等荣誉的评选挂钩；同时加强对公务员的宣传和教育，使得单位和公务员由原来的被动参与变为主动，让整个管理制度更加人性化。

（3）统一公务车标识。

通过对公务车进行标识化处理，让民众、媒体更好地在日常生活中识别公务车。拓宽监管渠道，允许利用现代通讯手段（手机、微博等）进行举报。政府定期对外公开公务车违规使用的情况，公布对违规行为的惩处情况，从而加强监管的力度，从根本上杜绝公务车违规使用的现象。

（4）特殊情况下的有偿使用。

对特殊情况下的公车私用如家人生病急需送医院等情况予以特批，但需建立严格的公车私用收费标准，并在价格上要超过市场价，以防止变相公车私用。

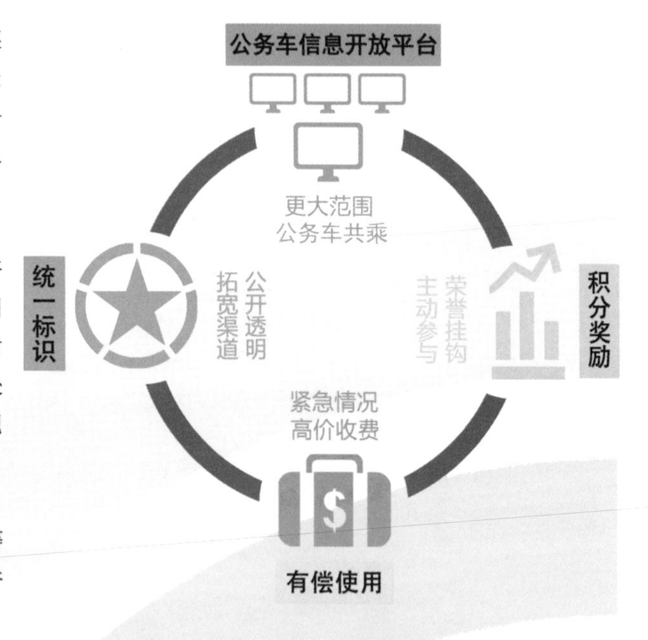

图10 方案优化

5.2 方案推广

图11 公务车统一标识

图12 公务车统一调度

（1）理念推广。

①利用定位管理打破以前“公车专用”的传统思维，促进“公车公用”的实行，从而推进政府“资源开放、社会共享”，使得“公家”的资源得到更广的利用，并更好地服务于整个社会。

②通过科技和管理的结合，全面了解公务车的使用情况，使数量庞杂的公务车得到有效的使用，这种用科技管理来倡廉的理念同样可以用来管理政府的其他支出。

（2）地域推广。

先将此管理体系推广至与广州情况相似的一线城市，再逐步以辐射状向其他城市推广。最终此体系将应用于全国各城市，创造更大的成效。

（3）应用推广。

此体系还可以应用于交通规划领域，通过对城市车辆进行实时定位与监控，结合GIS（地理信息系统）的分析技术，对城市整体的交通信息进行整合，从而在交通量预测、高效调度、控制车流等方面发挥作用。

4

路径随心选，拥堵不再来
——佛山移动实时路况传播方案调研与优化（2012）

路径随心选，拥堵不再来

——佛山移动实时路况传播方案调研与优化

避堵小案例

赵先生驾车从佛山到开平，计划沿佛开高速行驶直至目的地。坐旁边的赵太太通过“佛山移动车主服务平台”查看即时路况，通过其他用户上传的路况得知开平方向中途某路段出现拥堵状况（如图1）。赵先生因此及时改变行驶计划，提前离开高速，使行程不至耽误。另一方面，这对于拥堵路段来说也减轻了交通压力。

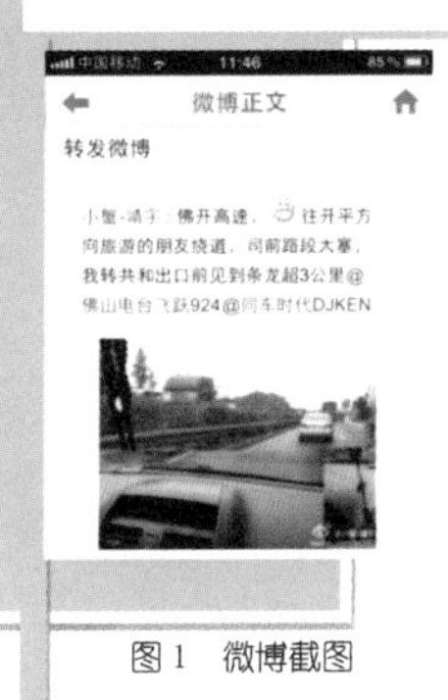

图1　微博截图

1. 背景与意义

建设“智慧城市”在当下中国已掀起一股热潮。其中，“智慧交通”对解决城市交通拥堵问题颇具意义。目前智能手机逐渐普及、Web2.0技术得以发展、微博应用风靡全国，与此同时市民参与意识逐步提高。在此背景下，以智能手机为载体，运用通讯技术进行交通实况传递和分享已成为交通实况传播的新趋势。

“佛山移动车主服务平台”是一款供市民用手机查询路况并互动的平台。它在2011年6月推开了“智慧交通”服务百姓的大门。该平台以原有通讯设施为基础，凭借政企数据共享机制实现手机交通实况的10秒更新；通过技术商的加入，实现语音、图像、文字三位一体的实况呈现。该项目搭建的微博平台，实现了路况信息传递分享。

这一手机路况查询平台具有及时、直观、参与性强的特点，能够让用户对路况做出有效的判断，帮助车主绕开拥堵路段或错峰出行，从而达到提高城市机动性的效果。此外，在路况分享的过程中市民参与社会事务的意识也得到了提高。

2. 方法和技术路线

小组通过查阅资料及访谈“车主服务平台”相关负责人，了解其数据来源及运营模式；通过访谈交警部门的相关负责人，了解路况的获取方式；通过“车主服务微博平台”联系平台用户，共有153位用户回复对平台的评价，收取83份有效网络问卷，从中了解该平台对用户出行避开拥堵的效果。最后，根据获取的资料及指导老师的建议，提出优化方案和推广模式。

3. 方案介绍

3.1　平台下载

移动用户通过移动官网下载“佛山移动车主服务平台”安装至安卓系统的手机，并注册用户账号。用户可通过此平台查看实时交通路况，除支付网络流量费以外，免费享受该平台提供的服务。

3.2　用户使用设计

①图像路况清晰直观。

用户通过智能手机登陆用户平台，输入路段名称即可通过手机界面看到由交警提供的路况实景（见图3），以及以交警路况数据为基础呈现的路况地图（见图4）。

②语音功能使用方便。

用户可以通过语音方式输入路名，手机平台具有语音识别系统，能识别用户对手机说出的路名。识别成功后，平台通过语音播报方式反馈该路段的交通实况，同时反馈路段实景和周边路况地图。

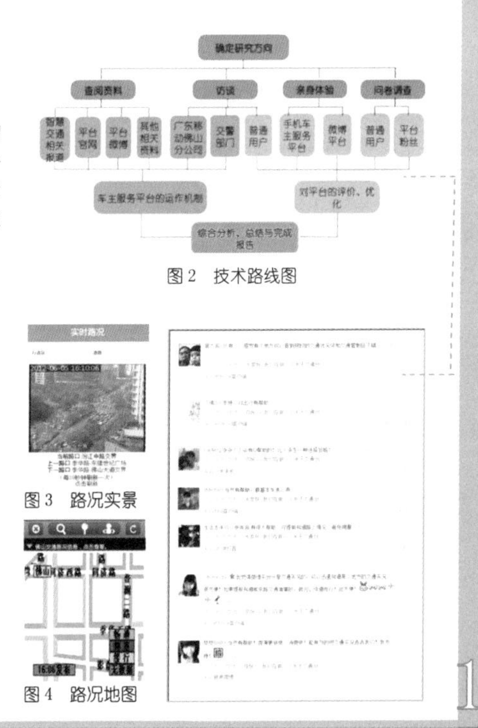

图2　技术路线图

图3　路况实景

图4　路况地图

路径随心选，拥堵不再来——佛山移动实时路况传播方案调研与优化

3.3 实况信息来源及传播

①交警提供数据基础。

交警向移动提供路况数据。据交警部门反映，路况信息通过摄像头获得，覆盖佛山五区，更新速度为 10 秒一次。交警部门对路段通行情况进行“通畅、一般、拥堵”三级分类，并反映成路况地图。交警部门把“路况地图、路况实景、文字路况”打包同步传递到移动公司，移动公司通过手机界面以图像、语音、文字的方式把路况传递给用户。（见图 5）

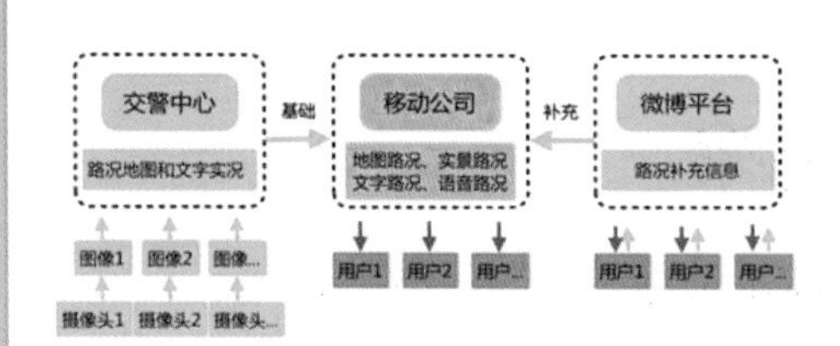

图 5　路况信息获取机制

②微博分享信息补充。

手机平台与车主服务微博平台联通。用户可以把路况信息通过“@佛山移动车主服务平台”的方式告知微博平台，平台工作人员甄别信息后在平台发布信息，把拥堵路段信息扩散给更多的平台用户以外的微博用户，如佛山交通广播电台的微博粉丝，甚至消息通过电台广播传递给听众等，使更多车主能作出判断，绕道而行。（见图 6）

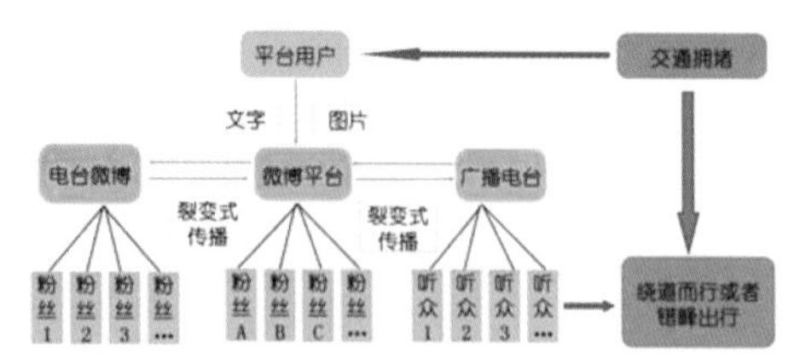

图 6　路况信息裂变式传播

3.4 运营保障

①政策引导：应用导向，政府规划，企业运营。

佛山市政府根据应用导向原则，首先为发展“智慧城市”给予前瞻性的规划引导，企业作为投资运营的主体进行发射站等基础设施建设、技术投入和实际运营。具体到本方案，移动公司利用已有基础设施，根据用户对获知交通实况的需求推出服务。服务涉及民生，政府给予一定补贴，此外，企业自负盈亏。（见图 7）

②技术支撑：企业联手，优化平台，实现共赢。

该平台由技术开发商、讯飞语音公司和移动公司联合打造。其中，讯飞语音公司为移动提供语音系统技术支撑，优化手机界面，从而让平台更好地为用户服务。（见图 7）

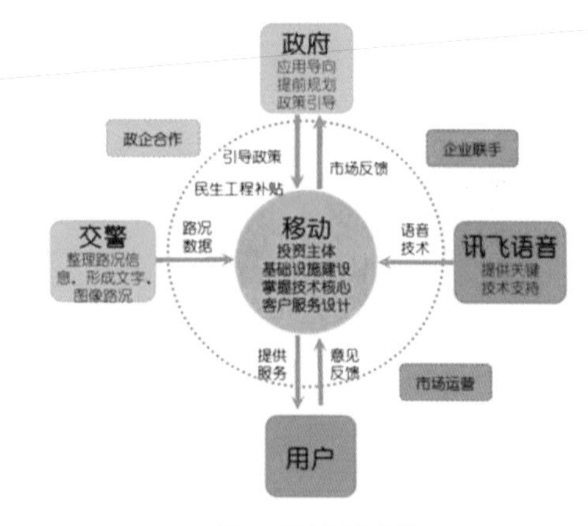

图 7　平台运营支撑

4. 方案评价

4.1 政府评价

方案优点：

①推动“智慧交通”的发展。

该平台是佛山建设“智慧交通”的其中一部分，它让市民通过通讯技术方便、及时、直观地得知实时路况，从而据此调整出行路线。这对提高城市的机动性、缓解城市拥堵有实质性的帮助，让市民在“智慧交通”建设中受惠。

②充分利用路况数据。

交警数据通过移动公司分享给市民，让数据除了为交警把握路况提供信息外，还能为市民出行提供帮助和依据，让路况数据发挥出最大的社会价值，体现出“智慧交通”服务市民的优势。

③充分利用现有通讯基础设施。

该项服务只需要利用城市原有发射站等基础设施即可，提高了原有通讯基础设施的使用价值。

存在问题：

路况信息覆盖程度有进一步提升空间：目前路况数据虽然已经覆盖佛山五区主要路段，但仍存在数据盲点，在日后的建设中有待完善。

2

路径随心选，拥堵不再来——佛山移动实时路况传播方案调研与优化

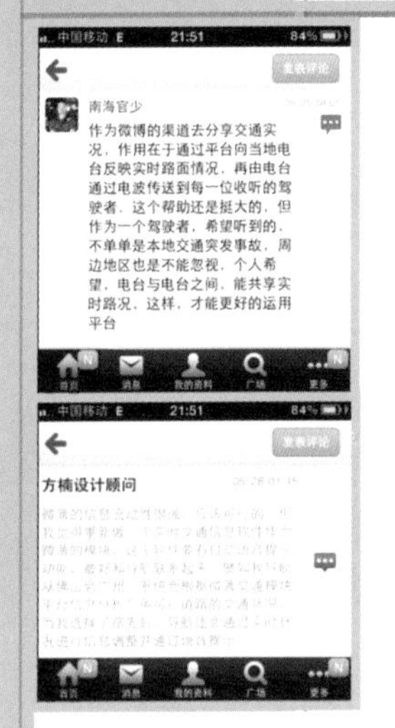

图 8　用户访谈（上 1、下 2）

4.2　移动公司评价

方案优点：

①完善用户体验，提高品牌形象。

这项服务有助于实现移动公司对用户多样化需求的满足，有助于提高品牌形象。

②响应政府引导，有助企业发展。

公司提供该服务，是积极参与政府“智慧交通” 建设的表现。借助政府的政策支持，企业在“智慧交通”建设过程中将获得更多的发展机遇。

存在问题：

①手机系统适应普及不足。

目前该服务仅限于 Android 系统的手机，需要继续与技术商合作开发适合 IOS、Symbian 等系统的手机平台，让更多的移动用户受益。

②宣传不足。

访谈得知，目前对该服务宣传力度不足，使用客户仅约两万人，未达到公司设定的目标，也限制了该服务缓解城市交通拥堵的作用。

4.3　用户评价

方案优点：

①实现避堵。

用户反映，在出门前通过平台查看路况，或者行驶中车内其他乘客查看路况，有助于根据路况调整出行计划，避免驶入拥堵路段，实现有效避堵（见图 9、图 10）。

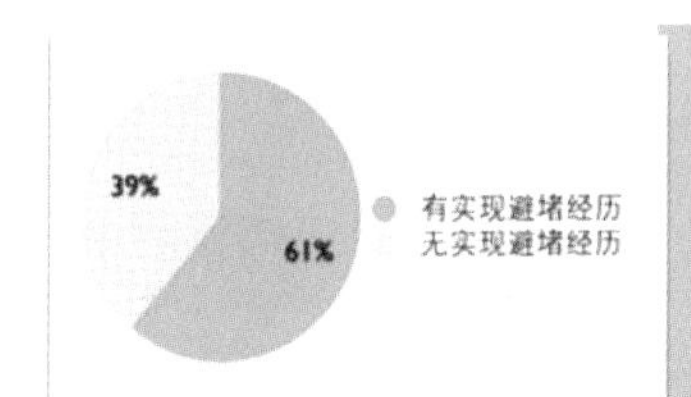

图 9　被访平台用户实现避堵情况

②微博互动。

此服务为市民分享交通实况提供了平台。市民通过发送微博分享拥堵路况信息，能在帮助他人中提升公民意识，更加积极地参与到社会事务当中（见图8，用户访谈1）。市民从中获益，从而激励更多的人愿意通过微博分享实况。平台一天的路况微博平均数量达42条之多。

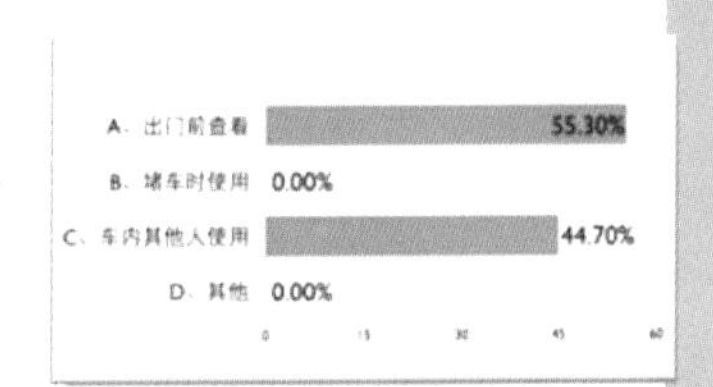

图 10　使用平台的时间

③信息直观。

用户反映该服务的路况实景及地图与交通电台相比更为直观明确，有助于对路况作出更好的判断。（见表 1）另外，语音系统的识别及信息反馈功能，能极大地方便用户进行路况查询，对用户有吸引。（见图 10）

④信息及时。

10 秒更新的速度与交通电台相比，让用户能及时获得更即时的路况信息。（见表 1）

存在问题：

①独自驾车时不便使用

当用户独自驾车时，从安全及交通规章的角度考虑，无法使用手机平台。

②不能跨城市查询

在同城化的背景下，同城圈内的市民相互跨市出行总量增多，但由于该系统缺乏城市间的资源共享合作，通勤于广佛的用户无法通过平台了解其他城市的交通状况。（见图 8，用户访谈 2）

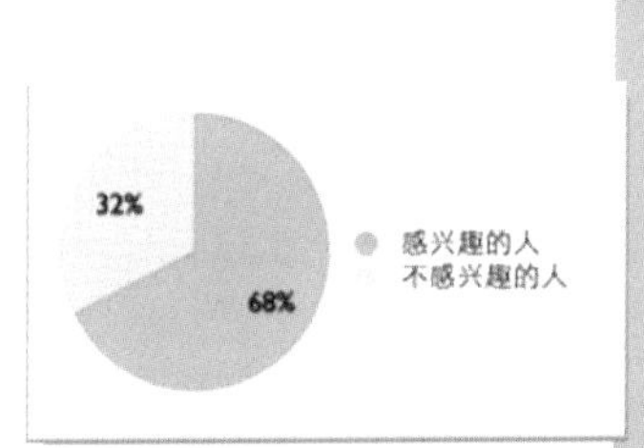

图 11　语音功能吸引性

表 1　车主服务平台与交通电台的比较

比较项	平台	电台
展示形式	图像、语音、文字	语音
更新速度	10s	30min
市民分享	照片、语音、文字形式多样	只能通过电话短信方式
个性化服务	针对用户需求进行信息反馈	对主要路段和拥堵路段进行全面播报
驾驶影响	有一定影响	较低
信息跟进	较弱	较弱

表 2　车主服务平台综合评价

	评价	详细
可操作性	★★★★	此方案利用原有通讯基础设施实行，本身不需大量资金投入。手机是大众通讯工具，若得以推广能取得比较广泛效果。
创新性	★★★★	语音、图像、文字三位一体的查询系统，以及微博互动的加入成为方案创新的亮点。方案在佛山建设智慧城市的背景下为智慧交通提出创新且应用性强的市民服务。
可持续性	★★★★	方案有助于减轻城市拥堵路段的压力，且政府、企业、群众三方共赢，合作顺利，使得方案具有可持续性。
适应性	★★★	平台使用方便易懂，运作模式具有可复制性。可在其他城市进行推广。

路径随心选，拥堵不再来——佛山移动实时路况传播方案调研与优化

5. 优化与推广

5.1 优化方式

5.1.1 手机平台优化

①优化使用方式：建立用户反馈机制，根据反馈对软件进行优化提升，让用户体验得到提高。

②扩大适用地域范围：同城区域中不同城市的移动公司进行合作，让路况查询跨城市进行。

③拓宽软件的适用系统：研发出适合 IOS、Symbian 等其他系统手机的软件版本。

④加大宣传力度：移动公司可加大宣传力度，让更多市民了解此项服务，使更多市民受惠。

5.1.2 微博分享优化

①增加微博信息自动搜索功能：用户输入路段名称，系统后台筛选出该路段及相近路段的微博实况，结合交警平台信息，自动反馈给用户，包括微博信息的交通实况，由此减去用户自主手动查看筛选相关微博的步骤，提升系统智能程度。

②微博实况结合定位技术：用户发送微博交通实况同时分享自身的位置信息，反映在路况地图之上，从而方便其他微博用户对拥堵地点进行判断。

③完善微博跟进反馈机制：负责微博管理的专门小组，通过交警摄像头数据等方式跟进此前微博用户上传的拥堵路段状况，对情况有缓解的路段及时予以反馈。

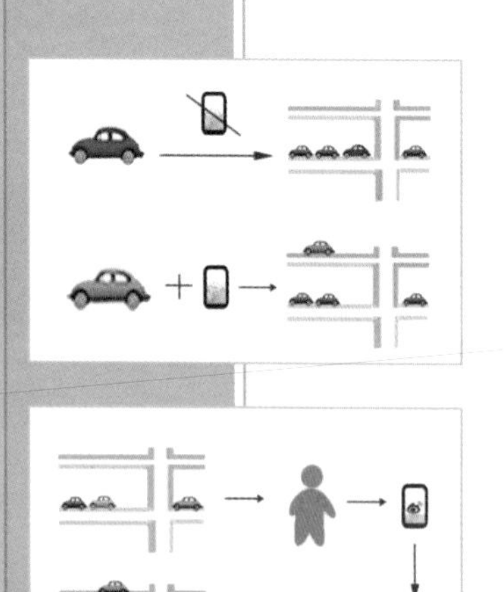

5.2 推广模式

5.2.1 推广核心

通过政府与通讯商之间进行路况信息共享，以及企业之间相互支持，实现借助手机这一大众通讯工具进行交通实况自上而下的及时传递以及群众之间的路况共享。路况呈现方式加入地图实景，查询反馈方式加入语音功能，实现路况查询清晰直观。此交通实况查询方案能让市民及时有效判断路况，调整出行路线及时间，从而避开拥堵。另外可减轻拥堵路段压力，提高城市的机动性。

5.2.2 可推广方向

①方案技术推广。

该方案可向IOS、Symbian 等多种手机系统推广。另外，该方案可运用于更多通讯运营商，如联通、电信等公司。在手机适用系统的推广和在运营商之间的推广能让更多的市民通过该方案受惠。随着使用市民的增多，更多市民能避开交通压力大的路段，方案提高城市机动性的潜力得以更好实现。

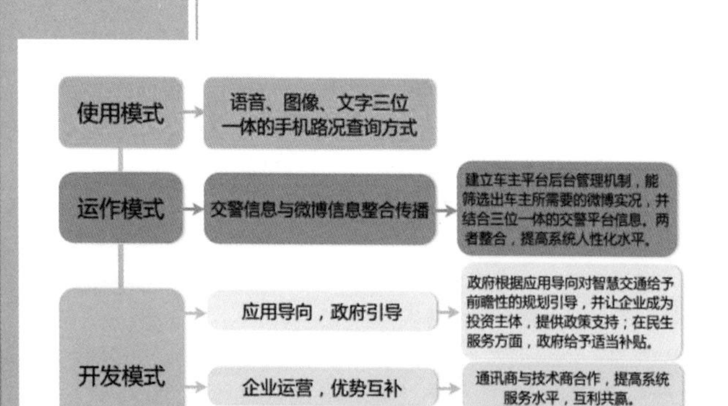

图 12 手机交通实况传播可推广模式

②方案地域推广。

此方案可推广到国内大部分城市。中国大部分城市有完善的通讯基础设施，交警或其他政府部门具有收集即时路况的能力，这为推广方案提供了良好的设施基础和数据基础。通过实施本方案，能提高通讯设施和路况数据的社会价值。另一方面，目前建设“智慧城市”是中国各城市的热潮，此方案的推广也有助于推动实现“智慧城市”的目标，让“智慧城市”建设切实惠及民众，从而树立良好的城市形象。

4

手沃出行
——广州“沃 · 行讯通”智能出行软件研究（2013）

手沃出行
——广州“沃·行讯通”智能出行软件研究

[Abstract]

Under the tendency of "smart city" construction, informatization of transport infrastructure is an inevitable choice of transportation development. As a result, the “WO Lines of Communication” knowledgeware which released by Guangzhou Transportation Committee and China Unicom can implement the one-stop service of traffic information for citizens' worry-free travel.

This article introduced the functions of this software and analyzed its mechanism on information collecting, releasing and feedback via taking the example of “WO Lines of Communication”. The article also make a comment on the effect from various angles and try to find out the unique features and existing shortcomings of the program. At last, try to optimize and popularize the model, in the hope of applying the model to other cities.

1.选题背景

2011 年，广州市第十次党代会明确提出建设智慧广州的要求，并绘制出智慧城市建设发展的“树形”结构图。交通信息基础设施建设是广州建设“智慧城市”的重要基石。广州市交委在《关于推进广州交通信息化发展的实施意见》中指出，要建成以广州交通信息指挥中心为核心的先进的交通信息化管理和服务体系，加强有关部门的综合交通信息数据共享，建立统一的交警管理数据中心。

为此，广州市交委与广州联通公司推出了“沃•行讯通”智能出行软件，它包含了实时公交、路况信息、停车服务等 11 项功能，凭借政企数据共享的机制，它具有及时与权威的特点。目前已有 59 万下载用户，日点击量超过 13 万次，并且在 2012 年巴塞罗那世界标杆智慧城市评比中获得创新奖。

图 1　智慧城市发展树形图

2.调查目的

小组通过对用户、交委的调查，以及相关文献资料的收集分析，详细介绍“沃 •行讯通”的基本功能，分析“沃 •行讯通”的运营机制，并从不同的利益主体对“沃 • 行讯通”软件的评估中，得出它的特色及优缺点。同时希望能改善它的缺点，从而达到推广的目的。

3.调查方法及技术路线

本小组的调查方法有问卷法、考察法、访谈法三种。通过网络和在公交车站向“沃 • 行讯通”的使用者派发调查问卷共 60 份，其中有效问卷 54 份。考察法主要是小组成员到交委技术部参观，以及自己使用“沃 • 行讯通”软件。另外，我们对广州市交通委员会工作人员和“沃 • 行讯通”使用者进行了共 37 次访谈。

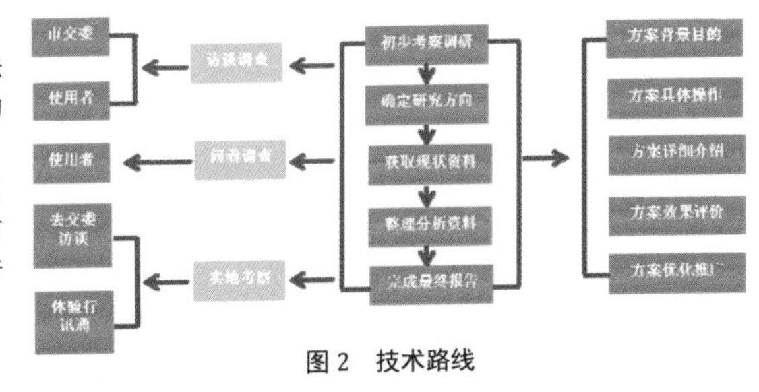

图 2　技术路线

图 3　“沃 · 行讯通”标志

4.方案介绍

4. 1“沃 • 行讯通”软件下载

智能手机用户通过电脑或手机下载“沃 • 行讯通”安装至 Android 或 IOS 系统的手机，便可通过此平台查询交通信息。除支付网络流量费以外，免费享受该平台提供的服务。

手沃出行——广州“沃·行讯通”智能出行软件研究

图4 “沃·行讯通”界面

4.2 “沃·行讯通”概况

“沃·行讯通”是广州联通公司在广州交委的指导下，推出的一款提供交通信息服务的手机终端软件，支持 Android 和 IOS 系统，在手机上实现了交通信息一站式服务，致力于让广州市民出行无忧。数据通过与广州市交通部门联网整合而成，准确率、覆盖率均超过 90%。

4.2.1 “沃·行讯通”实用功能介绍

1） 实时公交

提供公交线路、换乘信息、站点位置等信息查询服务。

①公交数据由各公交企业统一报送，覆盖范围广（包括全市 500 条公交线路，10000 台公交车，覆盖率达 90%以上），具有很高的权威性、系统性和准确性。

②新增“自动刷新”功能，用户可自行选择“自动”还是“手动”刷新，简化用户查询操作；每个模块中都增加了同步地图查询功能；站点查询、线路查询等子功能模块间的相互关联减少了用户重新切换页面查询的烦琐操作。

2） 路况信息

提供城市整体交通状况、主要道路实时拥堵状况查询，准确率在同类服务中最高。主要包含的子功能有路况查询、路况简图、路况排行、路况信息和微博分享等。

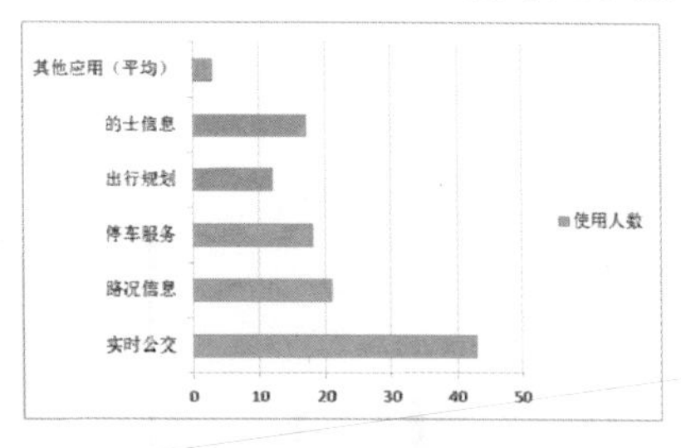

用户对沃·行讯通各功能的使用选择
（其他应用包括用户使用较少的各项应用）

①涵盖 Google 地图路况查询的所有功能；实现了路况简图的查询功能，显示各主干道路的路况示意图，

②路况拥堵排行榜，不仅显示了拥堵路段的排行、各路段的起点、终点，还可同步关联到路况地图查看实时路况信息；路况信息中显示当日交通情况提醒。

3） 停车服务

包括停车场分布、位置、空余车位数量查询、路线导航等功能，停车信息一览无遗。

①拥有全面的、独家的停车场数据。目前，停车场系统已基本接入了全广州市的所有停车场的数据，独家覆盖了珠江新城、天河城商圈、北京路商圈的停车场信息。

②与同类型软件相比，增加了停车场行驶线路的规划；起始点的选取采用了较人性化的方式：在地图上直接点选或者手动输入，附带周边查询功能。

4） 出行规划

查找公交、自驾等不同方式最优路线规划，系统通过计算可得出多种出行方案供用户选择。

4.2.2 “沃·行讯通”其他功能概述

表 1 “沃·行讯通”其他功能概述

软件应用	功能简介
地铁信息	地铁线路途经站点、早末班车时间、换乘指引等服务
的士查询	与广州的士进行数据连接，实时查询指定位置周边出租车信息
航班信息	整合机场实时信息数据，实现航班动态信息查询功能
铁路信息	提供城市间列车基本信息，数据准确，查询简单
客运信息	调用“长途汽车客运联网售票系统”相关客票信息数据，一站式完成相关查询服务
驾培信息	整合驾校信息查询及车主必备信息查询功能，提供相关知识学习
交通资讯	整合多项交通栏目最新的交通动态信息，提供最新动态交通信息
Wi-Fi热点	提供广州联通Wi-Fi热点地图，提供详细地址，输入关键字可查询

2

4.3　运营与保障机制

“沃·行讯通”最突出的优势是政企合作，该运营过程类似于政府工作“外包”。交通委员会与地铁公司、航空公司等部门互相协调，一起合作，经整合的多方信息提供给联通公司，最终通过“沃·行讯通”软件发布到使用者手中。

上述过程中，平台由技术开发商联通公司打造，企业利用已有基础设施，根据用户对获知交通实况的需求推出服务。政府给予一定的支持，提供全面一手数据，此外，企业自负盈亏。

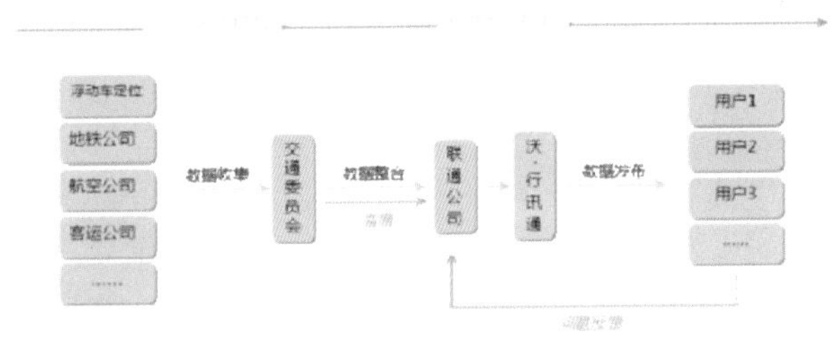

图 5　运营机制示意

4.3.1 信息收集机制

“沃·行讯通”数据信息来源为交委、地铁公司等各部门即时数据，原始数据的收集主要依赖 GPS 定位技术和网络直接连接等方式。以路况信息查询为例，全市两万多辆出租车都覆盖了 GPS 定位系统，通过对这个浮动车群体的定位分析，就能相对合理地反映出广州市交通的实时状况。

4.3.2 信息发布机制

地铁公司、铁道部门、航空公司等收集到的相关数据信息由交通委员会的处理系统汇编整理，实时更新的数据再由交委打包同步传递到联通公司，最终通过“沃·行讯通”智能软件发布到用户。据交委工作人员介绍，数据约 5 分钟更新一次。

4.3.3　反馈机制

①联通公司跟交委等部门应尽可能建立良好长期的联系，定期得到相关部门关于问题解决情况的反馈，并及时将这些信息通过“沃·行讯通”软件或其他平台传达给反映问题的使用者；

②对长期没有得到妥善解决的问题通过反复反映或其他途径促使有关部门尽快采取行动。

5.方案效果评价

通过我们对“沃·行讯通”使用者的抽样调查和访谈发现，大部分使用者对“沃·行讯通”表示满意，在他们的评价中提取出最主要的关键词为：数据全面，信息准确，方便。而在对其缺陷的评价中主要有地域限制这一个关键词。

“沃·行讯通”的实施涉及了不同主体的利益，通过对“沃·行讯通”不同主体（联通公司、政府和使用者）间的利益分析比较，可以发现“沃·行讯通”能使三者的利益达到最大化，实现“共赢”。对于联通公司，可以起到宣传的目的；对于政府，可以提升民众满意度；对于用户来说，方便出行。

图 6　“沃·行讯通”用户反馈的关键词

表 2　各方主体效益分析表

各方主体效益分析		
主体	收益	损失
联通公司（运营商）	1. 有利于打造品牌形象，可作为联通产业的宣传 2. 减少额外宣传的工作量和资金 3. 获取数据方便直接，具有准确性	作为免费软件服务大众，需要付出一定的运行成本
政府	1. 建设服务型政府，提高民众的满意度 2. 政企合作方式提高了政府交通建设方面的工作效率 3. 在一定程度上改善了交通状况 4. 相对于电子站牌等一系列公共信息发布平台，此软件可降低成本	需要一定的人力物力来协调整合多个部门和企业间的合作，支出可能大于收入
使用者	获取准确的出行信息，以方便出行，节省时间	1. 此软件只限于智能手机用户 2. 年龄阶段更偏向于中青年，老年人使用相对较少

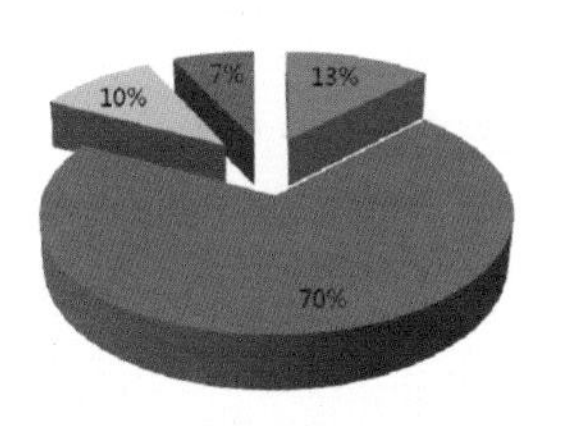

6.方案优化

6.1 手机软件优化

1）完善功能软件

“沃·行讯通”软件目前的功能有限，从使用客户所反馈的情况来看，绝大部分的客户仅仅使用公交查询功能，因为其它功能并不完善，例如停车场查询方面，仅能查到六成的停车场信息，航班铁路信息则只能查到当天的班次，类似的局限性降低了客户的体验感，因此，在功能上需要不断地完善。

2）拓宽软件的适用平台

目前该软件仅有电信版和联通版，却没有专门的移动版，而且仅能在 IOS 及 Android 系统中使用，给很大一部分手机使用者带来不便，不利于软件的推广。建议软件开发商进行优化，拓宽软件的适用平台。

3）加强与媒体及其他信息平台的互动

交通信息时刻都在更新，深刻影响着每个人的出行。“沃·行讯通”可以充分发挥手机终端的优势，与交通电台、交委微博等媒体平台进行互动，将最新的交通新闻及交通咨讯传达给出行者。与此同时，手机客户也可以随时通过这种互动平台发布自己身边的交通状况信息。

交委微博
交通电台
客户互动
行讯通

4）智慧生活终端……

6.2 运营管理优化

1）完善协调机制。

协调好管理者（交通委员会）、软件运营商（电信、联通公司）、交通企业部门（铁路公司、航空公司等）三者的关系，明确各自的职责。政府要制定相应的合作制度，形成部门企业间长效协调工作机制，推进交通信息的快速更新与共享，保障交通信息能无障碍地快速传达。

2）建立完善的反馈机制。

通过与交委的访谈得知，客户的使用意见基本是通过软件当中的“用户反馈”功能进行反馈的，但这样的方式仅仅是把意见反馈到了手机运营商，而作为数据提供方的交委却得不到直接来自客户的意见。建议完善反馈机制，使交委、运营商、客户三方都能互相提出意见及建议，共同努力改善平台。

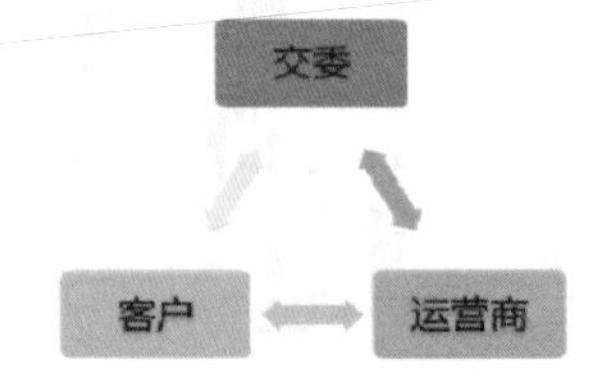

七、方案推广

1）机制推广：由市政府进行协调，促进部门之间的沟通与合作。

“沃·行讯通”的数据需要不同的运输部门的支持，但航空公司、地铁公司等并非交委的下属单位，没有向交委提供数据的义务，因此在信息整合的合作过程中存在难以协调的因素。因此，需要更高一级的市政府进行牵头，做好协调工作，以市政府的力量去推动交委与各公司间的合作，形成长效协调机制及相关配套政策，实现交通信息无障碍共享。

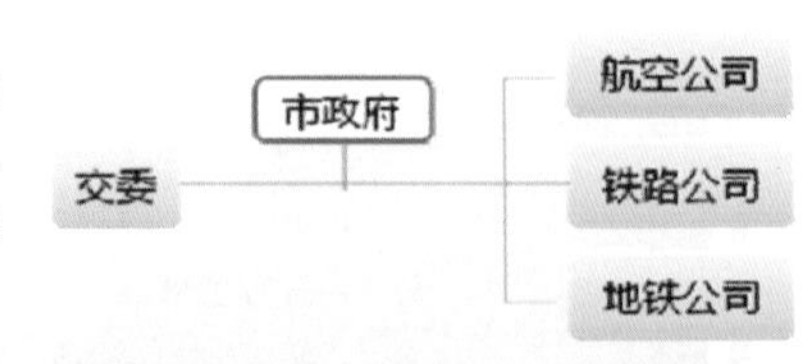

2）地域推广：深化地区之间的合作，实现区域交通信息一体化。

目前“沃·行讯通”软件的服务覆盖范围仅在广州市区，但在珠三角一体化、广佛同城等区域背景下，仅仅局限于单个城市的交通出行软件显然无法满足用户的需求。建议未来能深化区域内各个城市间交通部门的合作，例如，广州市交委可以和佛山市交委进行深度合作，共享交通数据资源，联合进行服务平台开发，将“沃·行讯通”的服务从单一城市扩展到区域多城市一体。

3）合作推广：拓展政企合作范围。

广州“沃·行讯通”目前主要是交委与通讯运营商进行合作，但交通信息化的未来除了通讯以外，还有互联网。像新浪的 UC、腾讯的微信这些互联网平台拥有日益庞大的客户群，很可能主宰未来的信息市场。因此在推广上，各个城市并不必局限于与通讯运营商进行合作，可以因地制宜，根据市场以及未来的发展趋势，选择有实力有影响力的互联网公司进行合作开发。

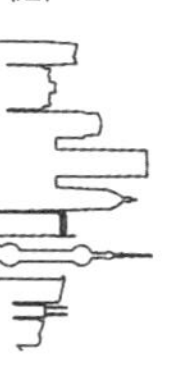

创新治酒驾，平安“代”回家

——深圳交警与滴滴代驾“智慧交通治理酒驾”调研与分析（2017）

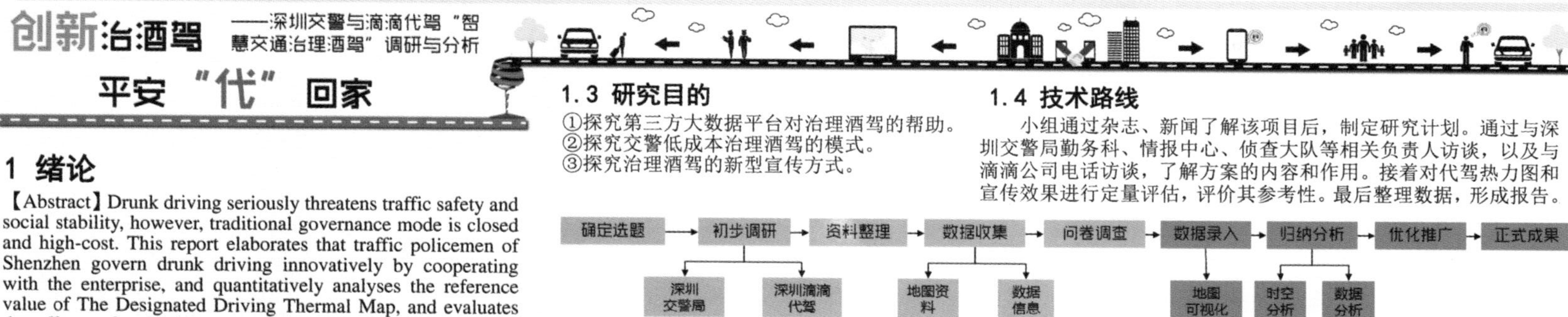

创新治酒驾　平安“代”回家

——深圳交警与滴滴代驾“智慧交通治理酒驾”调研与分析

1 绪论

【Abstract】Drunk driving seriously threatens traffic safety and social stability, however, traditional governance mode is closed and high-cost. This report elaborates that traffic policemen of Shenzhen govern drunk driving innovatively by cooperating with the enterprise, and quantitatively analyses the reference value of The Designated Driving Thermal Map, and evaluates the effects of publicizing the civilized traffic thoughts. This mode combines sparseness and congestion, so as to reduce the governance costs, and to enhance consciousness of public safety. This case is worthy of promotion.

1.1 调研背景

酒驾严重威胁了生命安全和交通安全。2008 年，WHO 宣布大约 50%～60%的交通事故与酒后驾驶有关；在中国，造成死亡的交通事故中 50%以上都与酒后驾车有关；2011 年，酒驾已被定为犯罪。

本调研着眼于酒驾治理的创新模式，剖析深圳交警与滴滴代驾共同治理酒驾的方案。

1.2 酒驾治理模式

1.2.1 传统酒驾治理模式的弊病

立法机关 → 行政机关 → 交管部门 → 检查机关 → 法院

传统的酒驾治理模式依赖政府部门，治理成本高昂；另一方面，大多数酒驾案件的发生，与缺少替代方案有关，因此难以根除酒驾问题。

1.2.2 深圳市治理酒驾的新机遇

该市新型酒驾治理模式从政企合作开始。以下为契机：

①深圳重视酒驾治理的工作，代驾企业愿意与交警合作。

②代驾提供替代方案，企业宣传酒后可通过代驾避免危险。

③降低治理酒驾成本：利用企业大数据，协助交警决策。

1.3 研究目的

①探究第三方大数据平台对治理酒驾的帮助。

②探究交警低成本治理酒驾的模式。

③探究治理酒驾的新型宣传方式。

1.4 技术路线

小组通过杂志、新闻了解该项目后，制定研究计划。通过与深圳交警局勤务科、情报中心、侦查大队等相关负责人访谈，以及与滴滴公司电话访谈，了解方案的内容和作用。接着对代驾热力图和宣传效果进行定量评估，评价其参考性。最后整理数据，形成报告。

确定选题 → 初步调研（深圳交警局；深圳滴滴代驾） → 资料整理 → 数据收集（地图资料；数据信息） → 问卷调查 → 数据录入（地图可视化） → 归纳分析（时空分析；数据分析） → 优化推广 → 正式成果

图 1　技术路线

2 酒驾治理方案介绍

2.1 方案简介

深圳交警与滴滴代驾公司以合作的形式治理酒驾。滴滴代驾公司利用企业的订单信息及其大数据平台为深圳交警提供实时的代驾热力图，使交警能够了解全市的代驾量、分布情况及简要的属性数据。交警综合内部的情报系统、开放的民众平台的信息，并参考代驾热力图的数据信息，对警力数量和地点分布进行安排。另外，滴滴代驾通过 APP 封面等宣传平台，宣传酒后可以通过代驾避免危险的思想。此外，双方还有一些不定期的联合查酒驾的活动。深圳交警大力的酒驾查处，也使得人们趋向于使用代驾的替代方式，为企业增加了盈利机会。

2.2 方案实施时间轴

2015 年 12 月深圳交警对滴滴代驾进行净化清洗。

2016 年 12 月滴滴代驾成立代驾大数据平台。

2017 年 1 月深圳交警+滴滴代驾签署《战略合作框架协议》。

2017 年 1 月深圳交警+滴滴代驾开展代驾热力图合作。

2017 年 4 月深圳交警+滴滴代驾联合查酒驾。

2.3 酒驾治理机制

在本次合作中，主体是交警，企业起辅助作用。酒驾治理的具体机制如下所示：

①精简警力，高效执法：交警情报中心通过代驾热力图，实现地图可视化和实时监测。根据订单的分布和流向规律，结合交警自身的警情系统、事故系统与各大队、支队的经验，合理布警。可以很好地开展酒驾前期干预、酒驾精准执法。

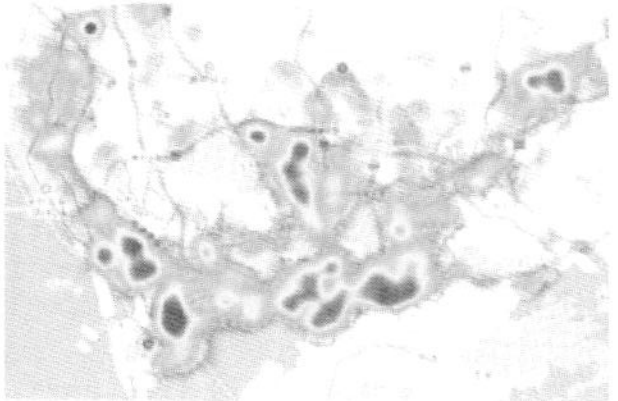

②参与式宣传，增强意识：在滴滴 APP 的驾驶端及乘车端界面推送公益广告、公益活动、交警查酒驾信息、安全驾驶等方面的宣传，增加宣传渠道。

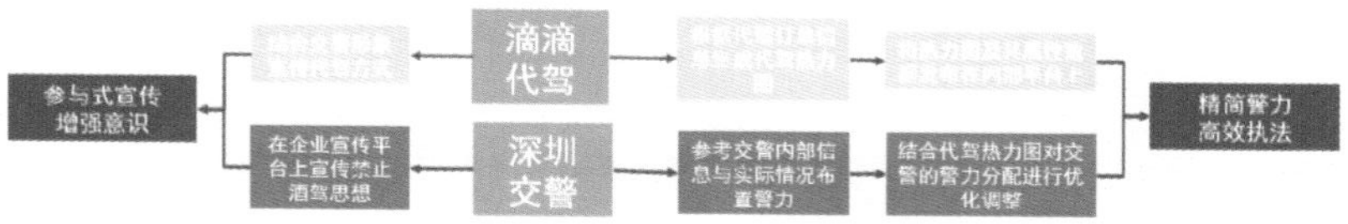

滴滴代驾 / 深圳交警 → 在企业宣传平台上宣传禁止酒驾思想 → 参与式宣传　增强意识

深圳交警 → 参考交警内部信息与实际情况布置警力 → 结合代驾热力图对交警的警力分配进行优化调整 → 精简警力　高效执法

图 2　酒驾治理机制

创新治酒驾 ——深圳交警与滴滴代驾“智慧交通治理酒驾”调研与分析

平安“代”回家

3 方案特色

该创新治理酒驾机制的一个重要方面是，以热力图为工具的警力部署机制。接下来我们将对热力图及其参考价值进行探讨。

在以往的查处酒驾和部署警力过程中，交警主要靠工作经验和食肆酒驾的分布位置来进行查处。但由于这种查处方式精度较低，加之警力有限，往往不能实现较高的酒驾查处率。

3.1 解读热力图

代驾热力图，以颜色变化展现用户代驾订单的点击分布情况。热力图中，红色表示用户点击密集、橙色次之、绿色表示点击较少。

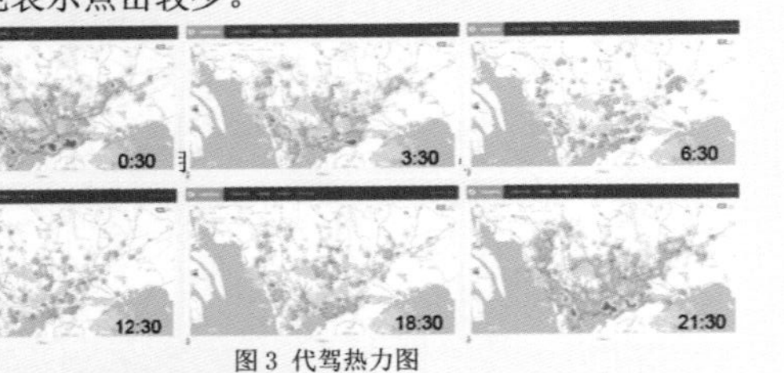

图 3 代驾热力图

3.1.1 时段变化规律解读

一日内代驾量在 21：30 到次日凌晨 3：30 间达到峰值；在其他时段，代驾密度仅呈点状平均分散在全市。

3.1.2 空间匹配性规律

选取一个时刻，将代价热力图与深圳用地现状图叠加可发现：

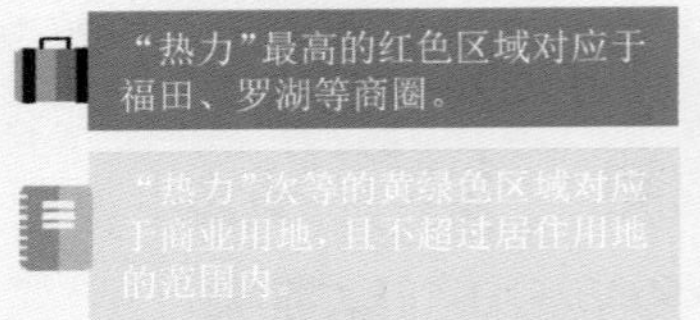

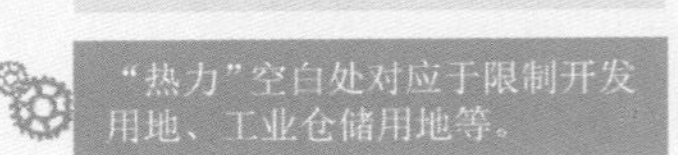

“热力”最高的红色区域对应于福田、罗湖等商圈。

“热力”次等的黄绿色区域对应于商业用地，且不超过居住用地的范围内。

“热力”空白处对应于限制开发用地、工业仓储用地等。

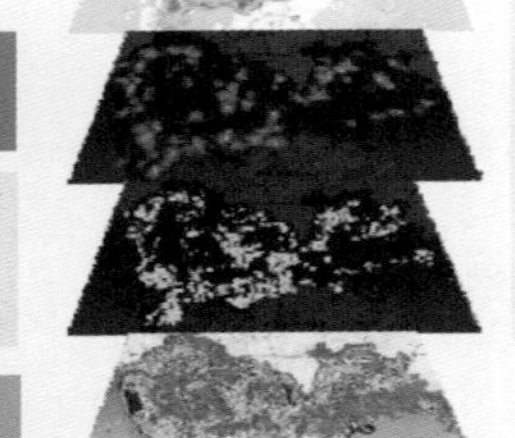

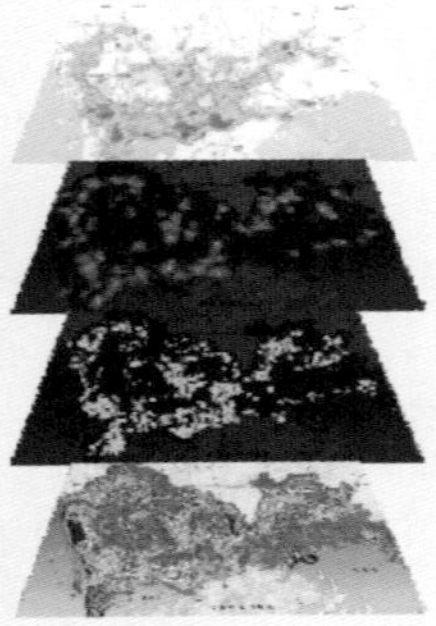

图 4 深圳用地现状与代驾热力图

3.2 热力图参考性评估

热力图精准性与参考性如何？接下来我们将利用 GIS 核密度分析技术和 SPSS 分析技术，从定性与定量两个方面来对热力图的参考性进行评估。

3.2.1 定性检验

1 酒驾案件核密度：通过深圳交警提供的数据，在 GIS 中录入了 4 月 9 日至 4 月 15 日一周内酒驾案件的发生地，并对其进行核密度分析。

2 酒家分布核密度：通过爬虫工具抓取大众点评 APP 中评分四星以上的食肆酒家地理位置信息，并导入 GIS 进行核密度分析。

3 代驾热力图：将上述两张图分别与深圳交警所提供的代驾热力图叠加，如下所示：

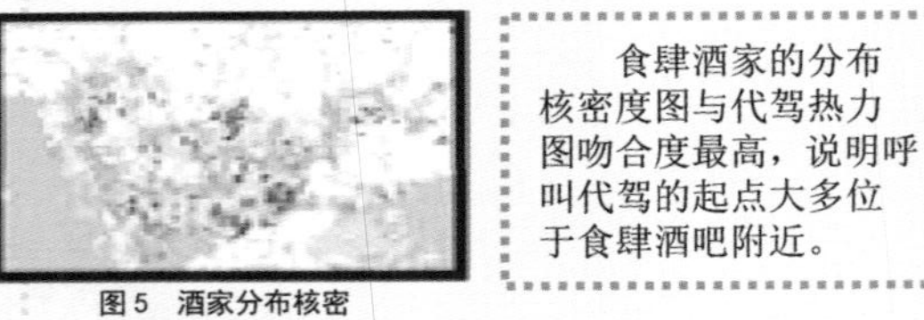

图 5 酒家分布核密度和代驾热力图叠加

食肆酒家的分布核密度图与代驾热力图吻合度最高，说明呼叫代驾的起点大多位于食肆酒吧附近。

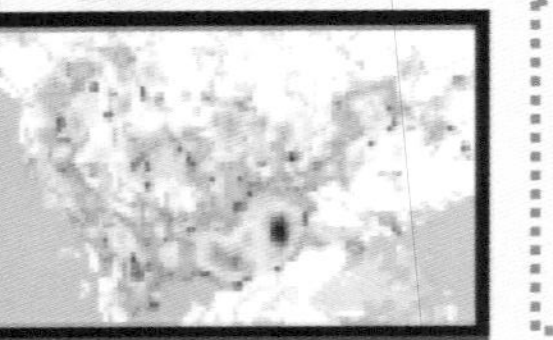

图 6 酒驾案件核密度和代驾热力图叠加

酒驾案件的分布核密度图与代驾热力图吻合度高于与酒家分布图的吻合度，说明在查处酒驾方面代驾热力图精准性更高。

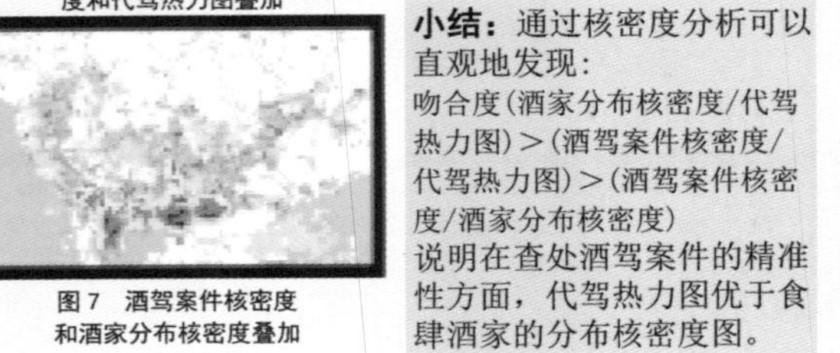

图 7 酒驾案件核密度和酒家分布核密度叠加

小结：通过核密度分析可以直观地发现：

吻合度(酒家分布核密度/代驾热力图)＞(酒驾案件核密度/代驾热力图)＞(酒驾案件核密度/酒家分布核密度)

说明在查处酒驾案件的精准性方面，代驾热力图优于食肆酒家的分布核密度图。

3.2.2 定量检验

应用统计学的方法，将样本研究等分成数个正方形，并统计相关样本特征值，利用 SPSS 分析技术回归分析两变量间的相关程度。

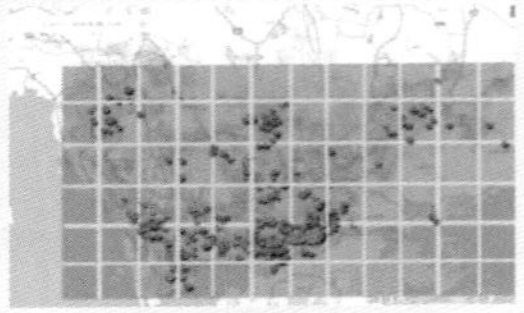

图 8 代驾热力图样本统计

表 1 酒驾案件、酒家分布与代驾热力图相关系数

变量	F	$Sig.$	R^2
因变量： 酒驾案件核密度 **预测变量：** 酒家分布核密度	1137.200	0.000^b	0.707
因变量： 酒驾案件核密度 **预测变量：** 代驾热力图	475.360	0.000^b	0.802
因变量： 酒家分布核密度 **预测变量：** 代驾热力图	400.165	0.000^b	0.810

通过 SPSS 的线性回归分析可以发现：

R^2(驾案件核密度/酒家分布核密度)＜R^2(酒驾案件核密度/代驾热力图)＜R^2 (酒家分布核密度/代驾热力图)

说明在查处酒驾案件的精准性方面，代驾热力图优于食肆酒家的分布核密度图。

4 实施效果评估

4.1 基于热力图的警力部署效果评估

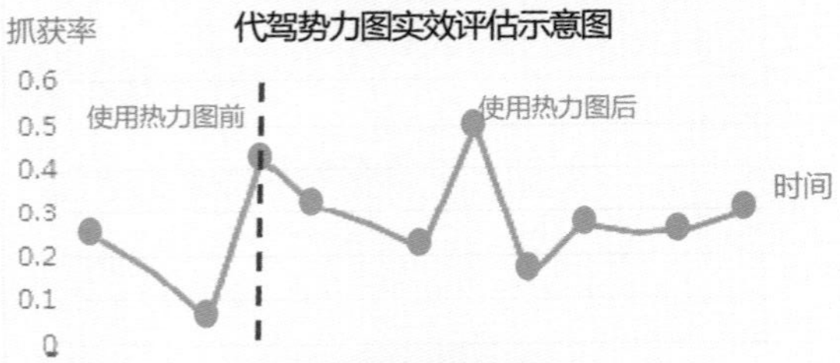

代驾势力图实效评估示意图

抓获率 0.6 0.5 0.4 0.3 0.2 0.1 0 使用热力图前 使用热力图后 时间

图 9 代驾热力图实效评估

分析过程：选取 2017 年 1 月至 2017 年 4 月的“猎虎行动”（21:00～次日 3:00）中抓获的人数与出警人数数据，得到每次猎虎行动的路面查处效率（查获人数/出警人数）。

结论：有了代驾热力图的参考后，路面查处效率高于热力图出现之前的效率。通过对热力图的二次分析，还能计算出酒驾高频区域和最佳出警时间，进行优化。

创新治酒驾 ——深圳交警与滴滴代驾“智慧交通治理酒驾”调研与分析

平安“代”回家

深圳交警莲花支队勤务科龚警官：“交通管理业务本身是一项全民参与的业务，跟其他的治安、刑事案件不同，要降低城市酒驾率是需要大众共同参与。”交警的决策机制始终是“黑盒子”，宣传效果和替代方案才是公众能切身感受到的。

4.2 宣传机制评估

4.2.1 宣传模式评估

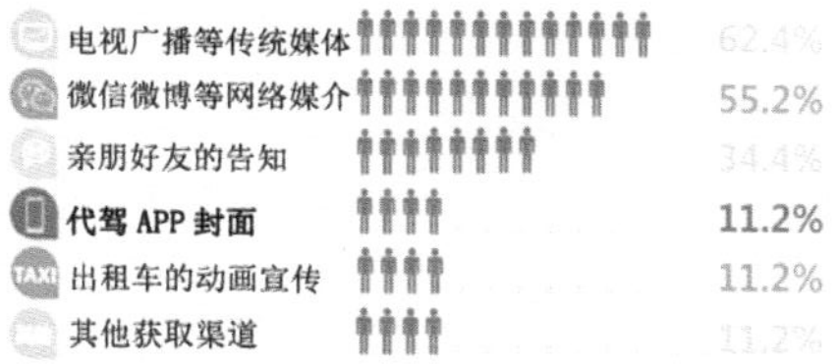

电视广播等传统媒体 62.4%
微信微博等网络媒介 55.2%
亲朋好友的告知 34.4%
代驾 APP 封面 11.2%
出租车的动画宣传 11.2%
其他获取渠道 11.2%

图 10 禁酒驾宣传教育的获取渠道统计

在此次合作中，深圳交警会借助企业平台进行酒驾相关知识的宣传，增加“代驾 APP 封面宣传”这种新的宣传方式。

合作后新增的代驾 APP 的封面宣传占现如今获取酒驾信息来源渠道的 11.2%，成为新媒体方面的第二重要的获取渠道。

原因 1：市场广大

代驾 APP 主要针对 30～45 岁年龄层，而其恰好为已经有经济实力购买汽车群体中较为年轻的，市场广大，利用其宣传有利于将宣传对象集中于有车人群，**但是与“饮酒”的关联性较弱且缺乏酒驾事后宣传教育。**

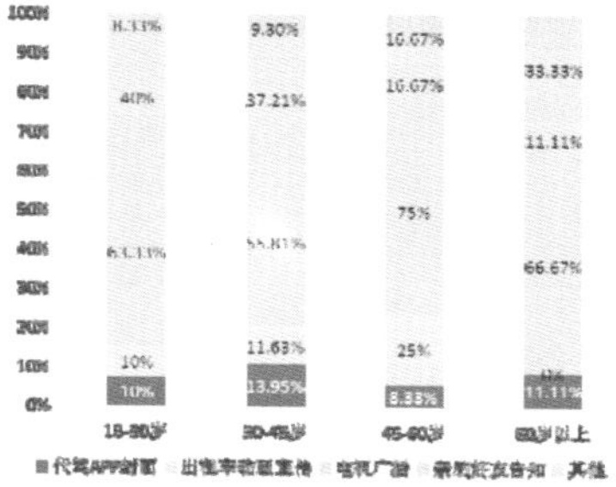

原因 2：印象较佳

目前，深圳市民对滴滴代驾 APP“一直比较信任”和“以前较不放心，现在信任”的比例超过 50%。因此，代驾 APP 的使用人群增加，使其宣传范围变大。

图 11 禁酒驾宣传教育的获取渠道与年龄关系

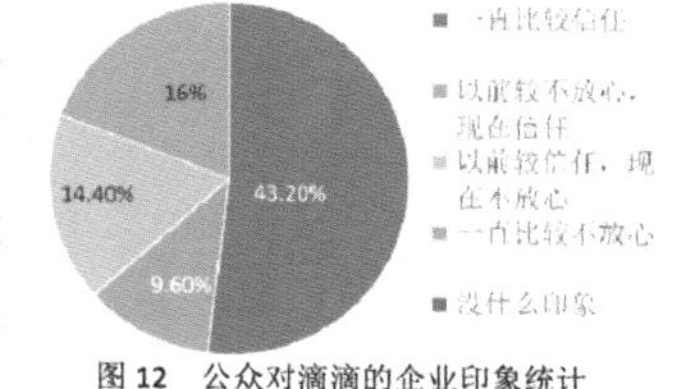
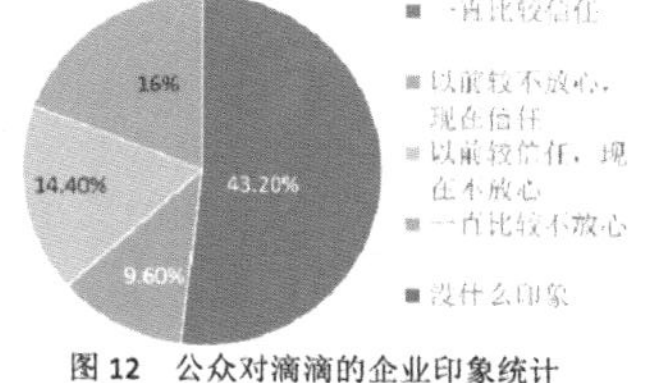

图 12 公众对滴滴的企业印象统计

4.2.2 宣传效果评估

（1）滴滴代驾知名度提高。

随着合作的持续进行，滴滴代驾的知名度也随之提高。在滴滴所有服务中，代驾的知名度仅次于快车、顺风车等日常出行常用方式，人们对于代驾也越来越了解。

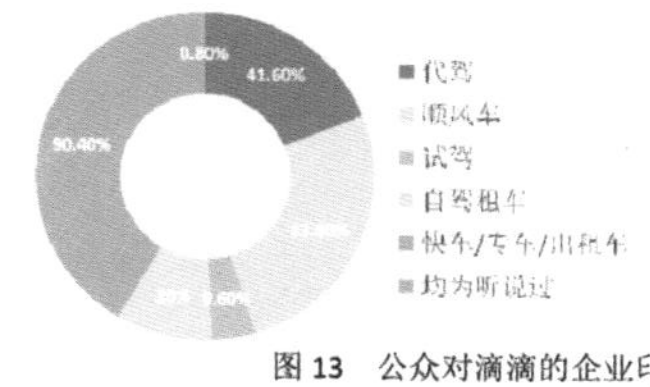

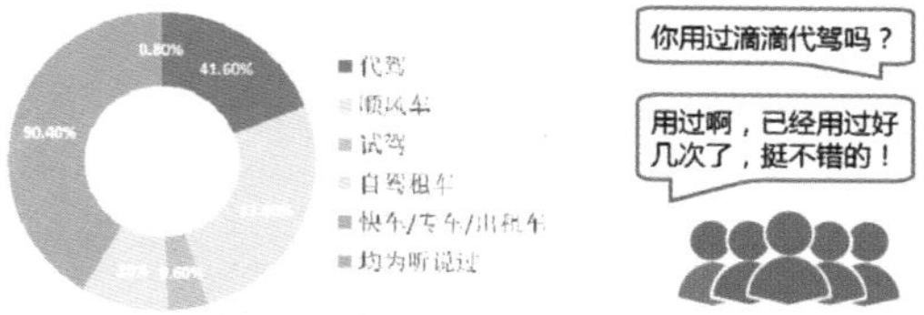

图 13 公众对滴滴的企业印象统计

（2）大众酒驾安全意识提高。

95.20%的人都认为酒驾“非常危险，肯定不可以”。在选择酒后归家方式上，41.6%的市民选择使用代驾软件代驾，而选择自行开车的降低到 1.6%。可见，深圳市民的酒驾安全意识提高了。

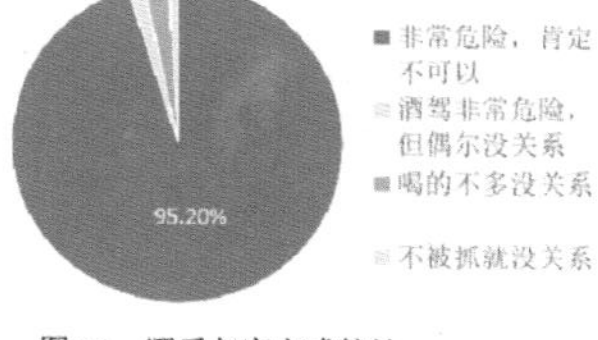

图 14 酒后归家方式统计

图 15 公众对酒驾所持态度统计

4.2.3 宣传内容评估

为对其宣传的“喝酒开车叫代驾”进行评估，以福田商圈为起点，选取距离其 3.4 千米的富荔花园和 12.3 千米的怡景花园作为研究对象，进行步行、自行开车、乘坐出租车、公共交通、请朋友代驾以及使用代驾 APP 代驾等多种酒后归家方式的比较。

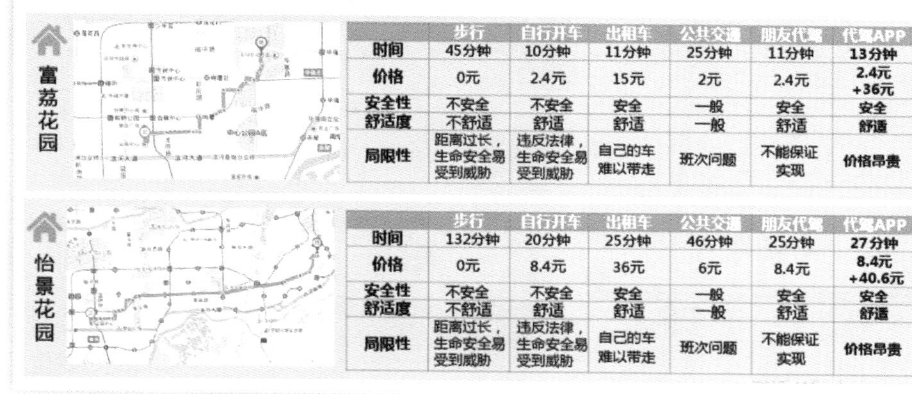

富荔花园

	步行	自行开车	出租车	公共交通	朋友代驾	代驾APP
时间	45分钟	10分钟	11分钟	25分钟	11分钟	13分钟
价格	0元	2.4元	15元	2元	2.4元	2.4元+36元
安全性 舒适度	不安全 不舒适	不安全 舒适	安全 舒适	一般 一般	安全 舒适	安全 舒适
局限性	距离过长，生命安全易受到威胁	违反法律，生命安全易受到威胁	自己的车难以带走	班次问题	不能保证实现	价格昂贵

怡景花园

	步行	自行开车	出租车	公共交通	朋友代驾	代驾APP
时间	132分钟	20分钟	25分钟	46分钟	25分钟	27分钟
价格	0元	8.4元	36元	6元	8.4元	8.4元+40.6元
安全性 舒适度	不安全 不舒适	不安全 舒适	安全 舒适	一般 一般	安全 舒适	安全 舒适
局限性	距离过长，生命安全易受到威胁	违反法律，生命安全易受到威胁	自己的车难以带走	班次问题	不能保证实现	价格昂贵

利用代驾 APP 代驾除成本相对于其他交通方式较高外，在安全性、耗时、舒适度等方面均表现较好，综合而言是一种较好的酒后归家的替代方案。

4.3 评估总结

（1）前期干预，精准布警。

代驾热力图为深圳交警进行酒驾排查提供了更具实时性的参考数据，但反映的使用人群情况存在年龄、经济收入水平等局限性。

（2）靶向宣传，寻求替代。

通过代驾 APP 封面宣传增加交通安全宣传渠道，更具针对性，但宣传对象可进一步扩大至“饮酒”或已经违法的人群。将“开车不喝酒，喝酒不开车”完善为“开车不喝酒，喝酒不开车，喝酒开车叫代驾”，为市民提供一个较好的酒后归家替代方案。

交通创新竞赛调研报告

创新治酒驾 ——深圳交警与滴滴代驾“智慧交通治理酒驾”调研与分析

平安“代”回家

5 方案优化

在帮助决策上，代驾热力图作为警力布置的参考依据之一，在其精确性、实时性、全面性上的优化提高将是未来的发展方向。在帮助宣传上，政企双方也应探索更灵活、广泛、可接受度高的宣传方式，使交通安全意识更加深入人心，从根本上改善人们的酒后出行方式。

5.1 常规布警精准性优化

为了探究热力图在交警常规道路布警中所起参考能力的优化方向，选取福田商圈的1000m多环缓冲区中叠加酒驾案件分析，发现酒驾发生具有滞后效应与边缘效应的规律，由此可指导代驾热力图布警精确性。

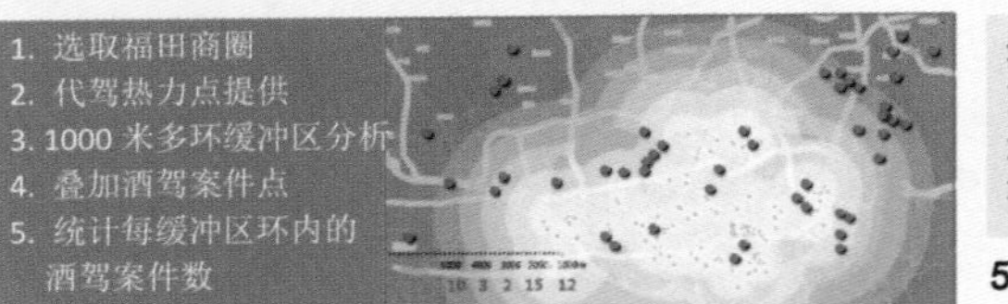

缓冲区内酒驾案件数
12 15 2 3 10
滞后效应
边缘效应
与代驾热力核心的距离
1000m 2000m 3000m 4000m 5000m

缓冲区内酒驾案件数折线图

滞后效应：1000米以内主要是CBD的步行区域，而城市干道分布于1000～2000米处。
边缘效应：5000米处存在较高案发量，发现该处位于福田商圈和罗湖商圈的交叠处。

5.1.1 空间优化

对于福田商圈而言，当代驾热力图给出实时热点后，可在距离热力中心1000米和5000米处加大警力布置。

5.1.2 时间优化

当代驾热力图给出实时热点后，最好在15分钟左右出警到达距离热点的1000米区域，30分钟出警到达2000米区域，而容易被忽视的5000米边缘区域，最好在90分钟左右出警到达。

查处酒驾的警力分布，需着眼于整座城市的功能区分布：在相邻商圈之间存在酒驾案件发生的滞后效应与边缘效应规律。交警可在管理中更贴合城市运行规律，进行酒驾的精确预警和高效布警。

5.2 宣传优化

5.2.1 借助餐饮企业平台进行三方宣传

执法前期，可鼓励食肆酒吧从业人员为饮酒顾客呼叫代驾司机，进行交警、代驾企业和餐饮企业三管齐下的禁酒驾宣传。

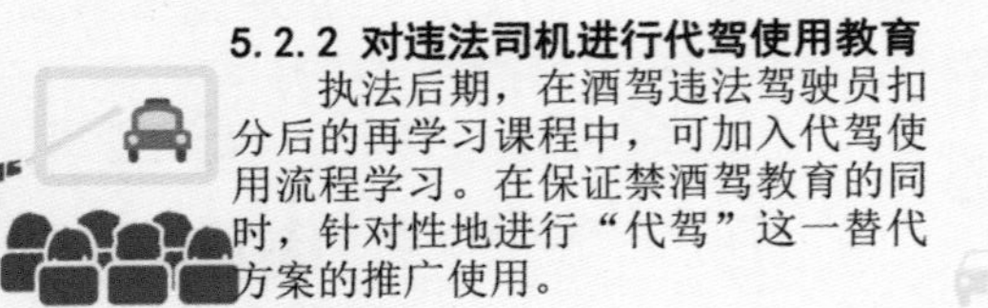

5.2.2 对违法司机进行代驾使用教育

执法后期，在酒驾违法驾驶员扣分后的再学习课程中，可加入代驾使用流程学习。在保证禁酒驾教育的同时，针对性地进行“代驾”这一替代方案的推广使用。

5.3 管理优化

5.3.1 对代驾司机进行规范管理

将滴滴代驾中注册的代驾司机与交警的星级评估管理系统相连接，进行规范管理。其次，交警可以为代驾司机提供专门的培训服务。

5.3.2 共同建立城市交通大数据云平台

利用滴滴平台优势，可建立深圳交警大数据云平台，根据市民出行数据，了解城市日常活动规律，完善城市智能管理体系。

6 方案推广

6.1 理念推广

深圳政企合作治理酒驾的案例中，核心理念是“堵疏结合”的交通违法治理模式。此模式可推广到其他交通安全领域，如系安全带、限速行驶等。同时，可拓展到其他需要全民共同参与的公共服务领域。

6.2 地域推广

治理酒驾是全国性的交通安全措施，依托互联网平台的代驾企业业务范围也是全国性的。因此，深圳市的政企合作利用大数据的酒驾治理实践具有进行全国推广的可行性，在各地实现高效、精准、全面的酒驾干预，改善城市交通安全问题。

6.3 技术推广

深圳交警依托滴滴公司构建的城市交通大数据云平台，可推广到城市交通治理各类领域中，如治理拥堵、路况预警等，使交警的服务有了技术加持后更具有靶向性与高效性，促进服务型政府的构建。

7 总结与启示

（1）通过整个调研过程，我们发现深圳交警与滴滴公司“智慧交通+酒驾治理”模式是面向未来更人性化、科学化的交通管理模式，是政企双方以大数据为支撑，在交通违法治理领域的一次较好合作。

（2）核心在于将治理酒驾的关注点放在了对于民众“靶向宣传+替代方案”上，而非停留在“加大惩罚”的阶段。这种“疏堵结合”的新模式，恰恰需要政府与企业共同参与，缺一不可。

（3）对政府而言，彰显了其建设服务型政府的决心；对企业而言，是一次发挥社会责任感的机会；对公众而言，酒驾醉驾不再等同于普通治安刑事案件，而是被看作需要全民共同参与的社会管理业务，考虑了文化与现实需求。

（4）随着服务型政府的建设、大型企业的社会责任感提升与大数据技术的推广运用，每个人的安全出行，将对整座城市的交通安全状况带来实质性的提升。

生死时速，无忧让路

——深圳市救护车“无忧避让”医警联动机制调研（2016）

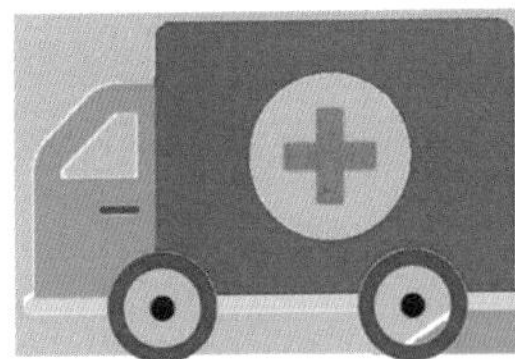

生死时速，无忧让路
——深圳市救护车“无忧避让”医警联动机制调研

Abstract:

With the increase of cars using, traffic congestion becomes common. For ordinary people, it is nothing more than a long wait, but it can be a deadly obstacle for special vehicles such as ambulances who cannot afford the wait. In this case, many cities in the world form the rules of giving way to special vehicles at the cost of tragedies, and in China, Shenzhen is the first city. Shenzhen's rules are officially named "Easy Give Way", saying that ordinary cars not giving way to ambulances will be punished and cars giving way will be excused when they break other traffic rules.

We interview the two participating departments of "Easy Give Way", Traffic Police Detachment and the Emergency Center, about the cooperation behind the rules. Besides, we hand out questionnaires to ordinary citizens in and outside Shenzhen in order to get pointed feedback. On one hand, this measure can be applied to other fields and other cities, delivering the sense of caring for vulnerable groups like urgent and critical patients. On the other hand, this measure can reflects idea of "Citizens supporting the community" which means everyone gets involved in helping others in daily life.

1. 方案背景与意义

城市交通系统的高效运行不仅依赖于基础设施的建设，更需要创新的管理模式。然而，交通问题量多面广、涉及不同的相关主体，管理者单方面难以对其有全面清晰的把握。因此，寻求与其他相关职能单位的跨部门合作联动成为解决复杂交通问题的重要新途径。

在我国，救护车出行并未受到应有的敬畏，也未能完全享受法律赋予的“特权”。近年来，由于市民让行意识缺乏、对避让存在顾虑和误解，社会车辆占用生命通道、不给救护车让道等事件频发，导致无法及时施救而酿成的悲剧并不罕见。在此背景下，2014 年 5 月，深圳市交警局与急救中心在全国创造性地建立了救护车“无忧避让”的交通管理制度，通过双方密切的信息联动，对避让与否的车辆进行免罚或惩罚，大大提高了急救避让的效果。

“无忧避让”的根本出发点，不在于惩罚不避让行为，而在于鼓励避让行为，用免责机制最大程度激发广大司机主动避让救护车的道义之心，引导市民形成对危重病人这一特殊群体的生命关怀，推动全民公益的风潮，形成和谐礼让的社会风气。

2. 技术路线

确定选题方向之后，小组进行了资料查阅、访谈、问卷调查等信息收集工作，其中访谈的对象包括深圳交警和深圳急救中心两大牵头单位，通过他们了解“无忧避让”的运行机制。通过在深圳街头以及网络上向深圳市民、非深圳市民派发问卷，了解他们对于救护车避让的态度。根据收集到的资料梳理制度发展现状和存在问题，并思考优化推广的方向和方法。

本次调研共发出问卷 234 份，其中深圳市民现场问卷 90 份，网络问卷 36 份；非深圳市民网络问卷 108 份。深圳市民访谈 5 份，救护车司机访谈 2 份，深圳交警局和深圳急救中心访谈各 1 份。

图 1　“无忧避让”词频

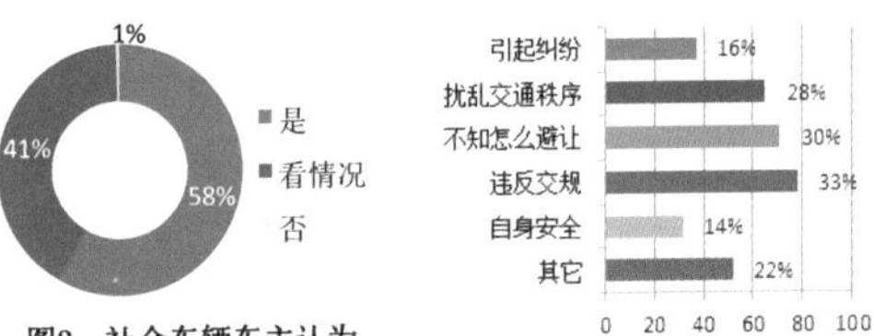

图2　社会车辆车主认为是否应主动避让救护车

图 3　车主避让救护车的顾虑

在确保安全情况下，正在执行紧急任务的救护车不受行驶路线、行驶方向、行驶速度和信号灯限制，其他车辆和行人应当避让。（《道路交通安全法》）

不按规定避让执行紧急任务的警车、消防车、救护车等的，处罚款 1000 元记 3 分。（《深圳道路交通安全违法行为处罚条例》）

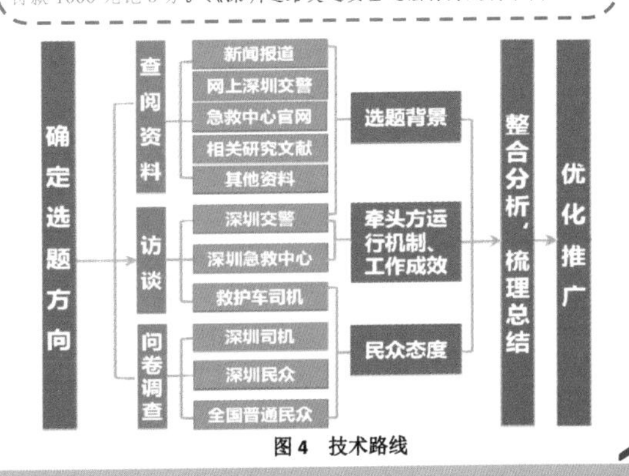

图 4　技术路线

1

生死时速，无忧让路

——深圳市救护车“无忧避让”医警联动机制调研

3. 方案介绍

3.1 方案简介

2014年6月，深圳市在全国率先推行救护车“无忧避让”交通管理制度，实现交警部门与医疗急救部门的信息共享联动。在救护车上安装行车记录仪或电子警察，急救部门收集救护车出行时其他社会车辆避让或不避让的证据并举报；交警对因避让救护车而产生的违法记录进行筛除免罚，对不避让执行紧急医疗任务救护车的行为进行处罚。据统计，实行一年以来，主动避让的车辆2500余辆，救护车单次出诊时间较推行前平均减少2分钟，为抢救生命赢取了宝贵时间。

3.2 运行机制

3.2.1 信息收集机制——急救部门监督举报，交警协助急救出行

救护车出行时，急救部门作为监督者和举报者，在执行任务的过程中利用行车记录仪、电子警察收集避让、不避让证据。其中，行车记录仪由救护车司机现场控制，遇到避让或不避让情况时按下特定按钮标记视频文件；电子警察能够实现自动判断、筛选和传输。

此外，交警收集救护车出诊路线等信息，在紧急情况下通过远程调整信号灯周期、推荐行车路线或人工现场疏导等方法疏通生命通道。

3.2.2 信息整理机制——急救部门整理汇总，电子警察自动筛选

急救中心由专人负责收集每天市内各家医院救护车出诊收集的避让、不避让证据，并进行初步筛选，通过专用邮箱发送给交警备案。

交警根据急救中心提供的信息，与救护车车行数据、固定电子警察数据、路口监控数据和其他相关证据进行对比，判断甄别，进行执法。

3.2.3 信息反馈机制——交警确认免罚处罚，急救部门协助申诉

交警根据现有信息和证据对因避让救护车而产生的违法记录进行筛除免罚，对不避让执行紧急任务救护车的行为罚款1000元记3分。

车主在收到交警的处罚通知后，如有疑惑可以进行申诉。由交警向急救中心提取具体信息复查；急救中心再次核查行车记录仪视频，将车主反映当天的救护车出诊时间、路线等具体信息反馈给交警。最终交警将车主所说地点数据与救护车车行数据和其他固定电子警察数据进行对比，决定其是否能被免罚。

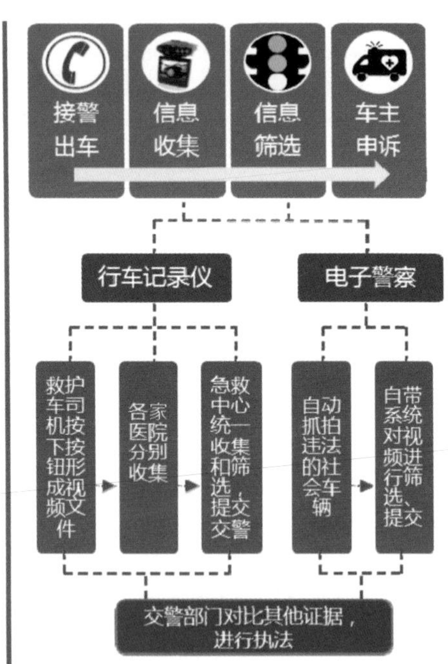

图5 运行机制

3.3 方案特点

3.3.1 信息共享，出行更顺

急救中心：提供救护车出行信息，收集证据数据，起到监督作用。

交警部门：提供路况信息、现场疏通等协助救护车出行路线。

3.3.2 部门联动，高效合作

单次出行联动：在救护车单次执行紧急任务时，急救部门与交警通过信息收集、整理、反馈过程的密切联动，为抢救生命赢取宝贵时间。

常态合作联动：①宣传，在线上及线下定期举办活动，如电台先锋898微跑活动、电视新闻现场等。②筛选培训，交警部门定期对急救中心的工作人员和救护车司机进行关于证据筛选、判断的培训。③总结会议，双方不定期开展会议，对合作情况进行总结。

3.3.3 软硬兼施，倡导礼让

硬性规定：交警部门通过硬性的交通法规，并以图示普及具体避让方式，加强市民的避让意识。

软性引导：急救中心则通过一系列的市民科普活动、公益互助活动等软性措施引导人们社会公德的形成。

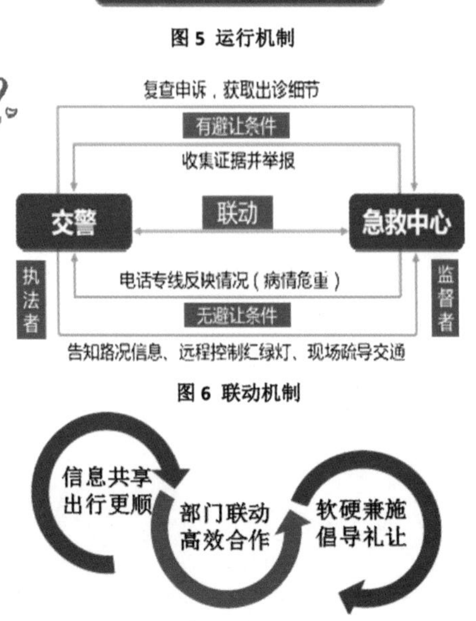

图6 联动机制

图7 方案特点

2

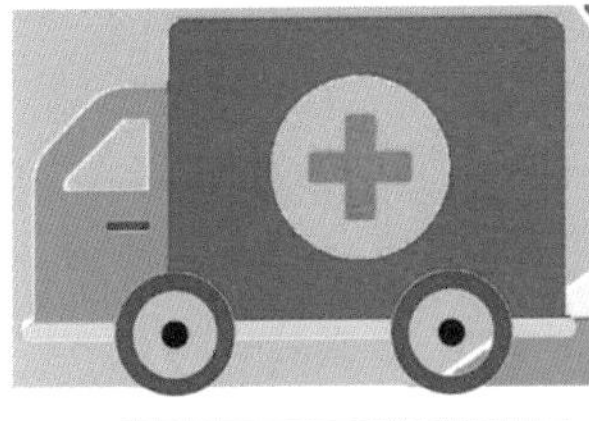

生死时速，无忧让路
——深圳市救护车“无忧避让”医警联动机制调研

4. 方案评价

4.1 推出部门评价

4.1.1 优点

①打破部门壁垒，医警信息联动。

医警打破部门壁垒的跨部门联动使交警能够得到救护车所拍数据作为执法依据，也能协助解决救护车遇到的拥堵情况。两个部门紧密地配合，保障了救护车的顺畅出行。

②细化交通法规，惩罚有法可依。

《深圳道路交通安全违法行为处罚条例》中明确规定，处罚不按规定避让救护车的车辆1000元、扣3分，在全国法规基础上更进一步确定细节，使得“无忧避让”制度有详细的法规条例作为支撑。

③证据合作收集，执法材料多元。

对于惩罚和免罚行为的证据的收集不只依靠交警的执法，还来自急救中心的监督。执法的证据收集来源多元化，减轻了交警负担，对于不避让行为的监督也更加全面。

4.1.2 缺点

①参与部门不足，联动力量有限。

参与方只有急救中心和交警两个部门，力量有限。特别是在宣传中，两个部门宣传力度不够，要推行和谐的行车风气仍然任重道远。

②筛选环节较多，材料准确性弱。

在两个部门的传递过程中，有多重筛选，人工参与筛选的步骤中没有统一的准则，凭经验选取使得筛选的客观性不强，材料准确性弱。

4.2 深圳市民评价

4.2.1 优点

①免罚体系完善，避让违章无忧。

市民普遍对“无忧避让”持赞赏态度，认为对于市民避让救护车的态度转变有所帮助，免罚体系消除了市民对于因避让而违章的顾虑。

②避让方式具体，有序规避拥堵。

交警部门推出了在不同状况下的八种具体车辆安全避让方法，并进行大量的宣传推广。多种避让方法作为一个简便的避让教学过程，帮助市民既做到避让救护车，又保证自身安全和保持车流秩序。

4.2.2 缺点

①宣传存在死角，力度尚有欠缺。

大部分市民（44%）表示在调查前完全没有听说过无忧避让制度，知道的市民中有大部分都只是听别人说过或是在新媒体上看过这个名词，推出部门虽然在多种渠道都开展了宣传，但是力度仍然有所欠缺。

②交通情况复杂，条件难以界定。

部分市民（13%）认为前后对于避让与否的态度都不会有变化，且近半数（48%）市民认为这是无忧避让的缺点。避让与否仍然会以当时情况为准，强制避让可能引发交通事故。

③相关法规缺失，复杂事故难判。

在目前的制度中只提到惩罚和免罚措施。部分（27%）市民担心如果避让过程中引发交通事故，产生的纠纷无法可依。

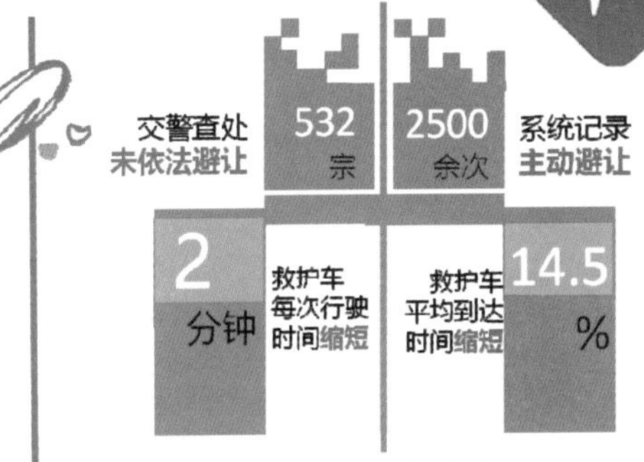

图8　推行一周年成效

“目前电子警察的安装量不大，但是效果好，能够更加高效地筛选信息，是无忧避让系统强有力的技术支撑。”

——深圳公安局交警支队科技处姚警官

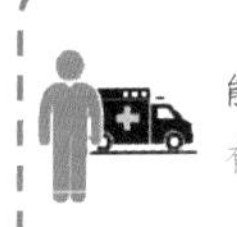

“在无忧避让推出之后，开车路上能够明显感受到有所改变，司机们都有意识在避让救护车。”

——深圳救护车司机徐师傅

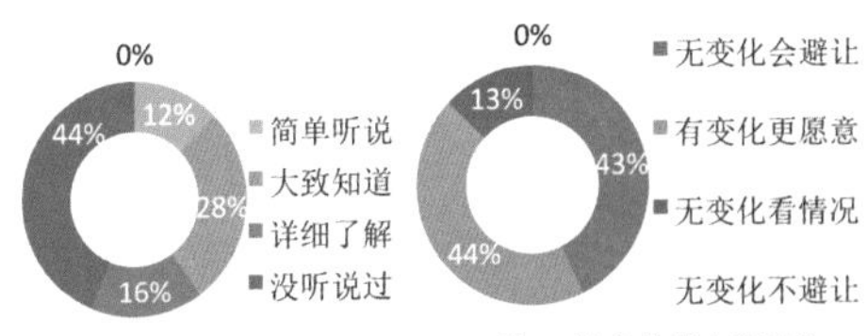

图9 市民对无忧避让了解程度　　图10 推出前后态度对比

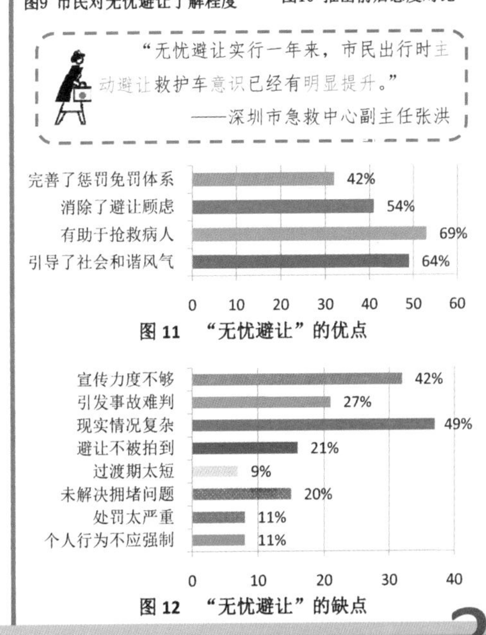

图11　“无忧避让”的优点

图12　“无忧避让”的缺点

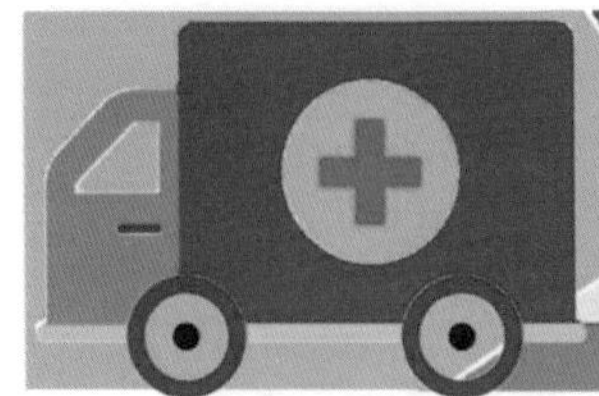

生死时速，无忧让路

——深圳市救护车“无忧避让”医警联动机制调研

4.3 其他城市市民期待

①保障自身安全，科学合理避让。

其他城市市民对“无忧避让”的打分较高，评价好的达到了 70%。他们认为“无忧避让”制度所宣传的避让方法可以指导他们在保证自身安全的前提下科学合理地避让救护车。

②关爱危重病人，引导社会和谐。

无忧避让直接影响救护车的提速，使得病人能够得到及时救治，表达了社会对危重病人的关爱，有助于引导社会和谐风气的形成。

③符合大众认知，弘扬社会公德。

调研中的多数群众（89%）都希望自己的城市能够建立“无忧避让”制度，这一制度符合大众认知。无忧避让制度的强制避让要求可以引起大家对避让特种车辆的重视，最终达到弘扬社会公德的目的。

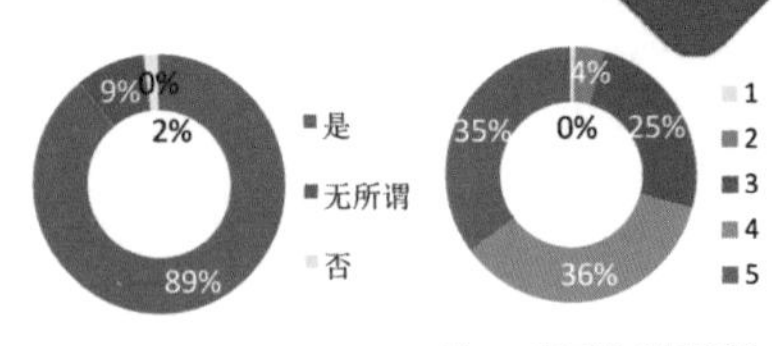

图13 是否希望所在城市建立“无忧避让”

图14 对深圳“无忧避让”制度的打分

“避让救护车是多数人都会做的，只是担心避让时会违反交通规则，这个确实应该免责。”——广东珠海刘小姐

5. 方案优化

5.1 路况信息实时共享

交警部门将更多更及时的交通实时数据与急救中心调度部门共享，结合救护车实际需求，在每次发车之前推荐最优路线，避开拥堵路段，节省救援时间。

5.2 执法数据高效收集

投放更多电子警察，以智能执法设备取代单一拍摄功能的行车记录仪，减少执法数据在急救部门停留的中间环节，高效化证据筛选流程，提高证据准确率。

5.3 借助多方力量，加大宣传力度

针对救护车的特殊性和避让救护车的必要性，急救中心与交警部门应该联合更多力量来推行“无忧避让”，比如政府部门中的卫计委、交委和社会中的爱心企业。多方力量共同参与，有助于扩大宣传力度，形成社会避让风气。

调度	交通信息共享	线路协调优化
采集	增加电子警察	减少筛选环节
宣传	注重线上媒体	丰富线下活动

“不止救护车，避让特殊车辆在国外已是交通常识，我国也应形成这样的社会公德。”

——深圳市急救中心指挥科张科

“下一步打算在消防车做试点。但是因为消防车和救护车存在部门管理和技术的差异，所以暂时还没有展开。”

——深圳市公安局交警支队科技处卢警官

6. 方案推广

6.1 核心理念推广

①弘扬避让特殊车辆的社会公德。

避让正在执行任务的特殊车辆不仅是法律的规定，更是社会公德的要求，无忧避让系统将避让带来的后果最小化，免除了市民的后顾之忧，利于社会公德的培育。

②提倡关爱危重病人的全民公益。

救护车无忧避让系统的意义在于对伤重危急者的生命关怀，它需要全社会共同努力，在交通拥堵的情况下自觉地为生命让出畅通的道路。这是每个人都可以参与且力所能及的全民公益。

6.2 联动模式推广

①从救护车到其他特殊车辆，让紧急通道更加顺畅。

交警部门通过和急救中心的联动合作，共享交通数据，实时地根据急救中心的需求调控交通，方便救护车出行，达到提速的目的。同理，交警部门可以将这种部门联动的新型城市合作机制推广到其他特殊车辆，如消防车、工程抢险车等。

②从特殊车辆出行到其他公共领域，让特殊群体备受照顾。

将政府部门和其他部门合作联动模式推广到其他公共服务领域，可以弥补政府单一供给公共服务的缺陷，有效地将对特殊群体的照顾落到实处。

6.3 地域推广

将深圳市救护车“无忧避让”系统实践推广到国内其他城市，主动加强交警部门和其他部门的联动，能够帮助各个城市形成自觉避让特殊车辆的社会公德。

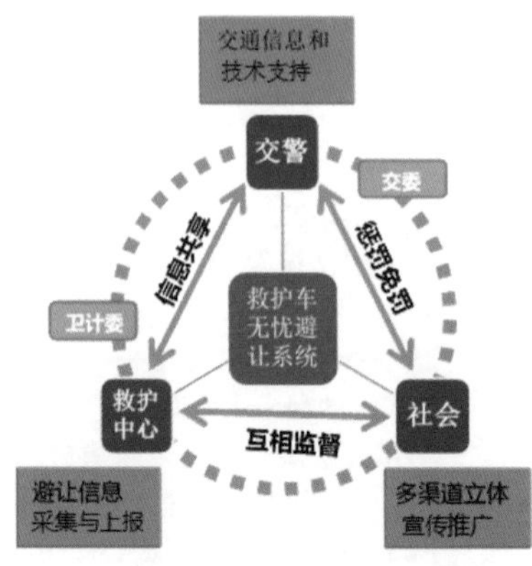

图 15 多部门联动体系

4

第五章 “互联网＋服务”专题

近年来，随着“互联网＋”和众包服务等共享模式的推广，基于个性化的服务得到快速发展。在交通治理领域，同样发展出一系列相关的应用项目。本系列作品围绕私人定制公共交通和基于社交平台的众包管理创新对各方面的促进作用展开调研和分析。

传统公交线路固化，难以满足民众对公交服务的个性化需求。“‘租’＋‘拼’＝‘类公交’——租车公司主导的上下班合租模式”和“私人定制——深圳私营定制公交方案研究”两个项目针对传统公交线路固化的问题，结合互联网共享平台和相关技术，在全国率先实现个性化的类公交服务，是“互联网＋”初期比较成功的交通创新案例。

随着志愿者地理信息服务和众包模式在公共服务领域的推广，出现了越来越多的相关案例，及时总结和整理相关经验具有一定的现实意义。“即拍即走　畅行无忧——广州交警‘微信快撤理赔’调查”和“‘众包’时代，全民‘找茬’——广州‘交警蜀黍请你来找茬’研究与推广”正是利用该类技术和理念，在政府和公众之间构建直接对话的公众参与新机制。“‘优’游‘自’若共监管——广州优步专车运营监管模式调研”则针对当前“互联网＋”平台如何改良已有交通管理中的监管问题展开专题调研，提出有意义的调查结果。

“互联网＋”技术和理念的进一步发展将对交通组织和管理带来新的机遇和挑战，并为个性化交通服务提供新的方向。

“租”+“拼”=“类公交”
——租车公司主导的上下班合租模式（2011）

“租”+“拼”=“类公交”

——租车公司主导的上下班合租模式

一、背景及意义

21 世纪是属于城市的世纪，但随着城市化进程的加速，公交系统对城市人口的集散显得越来越力不从心：一方面，由于城市规模迅速扩大，公交建设相对滞后，线路短、覆盖面小成为阻碍城市发展的短板；另一方面，公交舒适度低、耗时长、中转多等特性满足不了人们日益增长的物质需求。在此情形下，租车公司主导的上下班合租模式作为高峰时期公交系统的重要补充应运而生。

租车公司主导的上下班合租模式是 2010 年底深圳征途汽车公司首先推出的一种“租”+“拼”上下班交通方式：“租”——上班族租用租车公司的车子，接受其提供的上下班接送服务；“拼”——租车公司收集信息，为上班族做好后台服务，包括实现拼车、设计路线等。相较私人拼车的不稳定性，合租模式显然更具规范化和系统化，同时安全性也得到保障。上下班合租模式作为“类公交”，即公交系统的重要补充，在缓解城市交通压力、为上班族提供便利的同时实现了低碳环保。在城市高速发展的今天，这确实是一项值得推广的交通模式。

二、方案的研究目的、方法及流程

目的：方案以研究上下班合租模式为目的，挖掘这种补充交通的优势，发现其不足。在此基础上，对该种模式进行优化，改善租车公司对于公共交通的补充作用，并且为该模式在全国范围的推广奠定基础。调查方法和流程见表 1。

表 1　调查方法和流程

调查阶段	时间	调查内容	调查方法	调查对象	备注
预调研	6.20—6.27	1. 在拼车网进行前期需求调研 2. 对租车公司的上下班合租模式进行初步了解	资料分析 网络访谈	租车公司客服	
正式调研	7.1—7.7	上班族对上下班合租模式的需求	问卷调查及访谈	上班族	在写字楼、地铁站、餐馆等向上班族发放问卷 100 份，回收有效问卷 94 份
		具体了解上下班合租模式	资料分析 网络访谈	租车公司负责人	

三、模式现状

模式介绍

这是租车公司主导的，针对上下班高峰推出的作为补充交通的上下班合租模式。租车公司采用类似团购网的架构，搭建一个网络平台。一方面，公司通过市场调研，设计出针对上班族的“工作点—居住点”路线，通过网络平台发布。另一方面，用户通过在该公司的网络平台上登记相关信息，注册成为会员，再根据自身情况选择路线，而网站后台则通过会员的信息和路线选择，帮助用户实现拼车，并调度车辆和司机接送。

相对于只是纯粹的信息发布平台的传统拼车网，租车公司上下班合租模式的优势在于：①租车公司承担了路线设计的任务，省去了个人设计拼车路线的不便；②租车公司通过网络后台实现对用户信息的处理，从而实现用户的上下班合租，免去了个人难以找到拼友的麻烦。

网络平台

租车公司的网络平台作为服务平台，一方面联系有意参与上下班合租业务的个人，另一方面联系有意加入该业务的汽车厂家和汽车 4S 经销商，实现租车公司与车商的合作。网络平台使租车公司发挥了中介作用，促进上下班合租业务的发展。

“租”＋“拼”＝“类公交”
——租车公司主导的上下班合租模式

时间选择

租车公司把上下班拼车业务分开，解决了有些上班族只愿意上班或下班拼车的难题。此外，租车公司的每条路线都有 8 点、8 点半和 9 点三个上班时间和 17 点、17 点半、18 点和 18 点半四个下班时间可供选择。

路线设计

（1）**常态性** 租车公司推出的路线以上班族工作集中地为切入点，向居住集中地呈放射状连接。例如以南山中心区为点，租车公司提供南山中心区↔宝安中心区、南山中心区↔南山西丽、南山中心区↔保安新安、南山中心区↔福田上下沙等路线。租车公司也会接受拼友的信息反馈新增路线。这些路线都是长期推行的。

（2）**临时性** 除固定路线，租车公司也接受个人或者单位组织的临时性合租业务。

拼车细节

（1）合租周期以月为单位，一周五天制，国家法定节假日除外。

（2）租车公司提供专用的小轿车或商务车，配备司机，按约定的时段接送拼友上下班。

（3）网络平台上推出的路线费用包括车费、油费、保险金等。

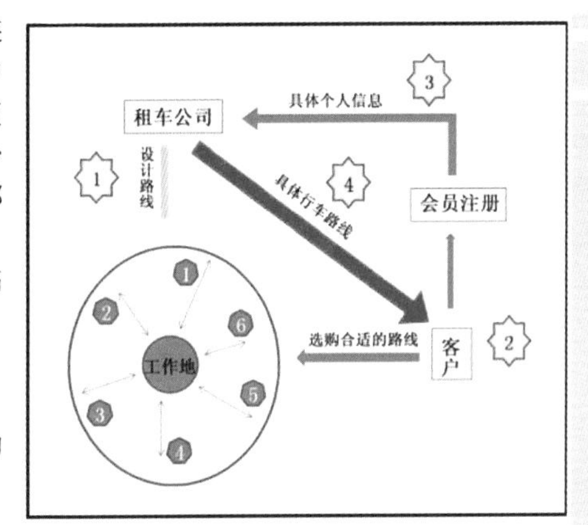

图 1 路线设计流程

信息认证

网站会员的注册需要通过认证。征途租车公司会通过公安系统内部联网核实客户身份信息，同时也通过 B2C 电子商务平台，经过银行信用体系严格核实，保证拼友信用合格。此外，租车公司还发布了隐私声明，确保用户个人信息的保密。

优点

1. 租车系统和拼车系统的结合

征途租车公司通过五个多月的市场调研，收集用户的反馈意见和市场需要，将公司原本传统的拼车业务模式改成了现在的上下班合租模式。

合租模式的优点在于对租车系统和拼车系统优点的汲取以及缺点的摒弃——租车能够省去人们买车养车的不便之处，同时又因为法律认证而具备比较高的可信度，但高昂的费用却成为制约其发展的掣肘；拼车能够在减少通勤成本的同时增强交通工具的利用效率，但私人拼车过程的合法性、安全性、路线设计、费用协调、上班准点、拼友寻找等问题都使广大上班族望而却步。

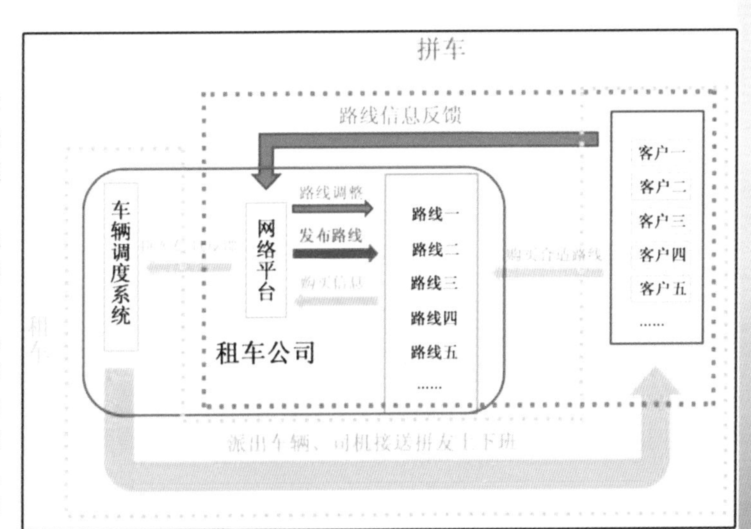

图 2 上下班合租模式

以征途拼车网为载体，上下班合租模式呈现以下的特点：

（1）拼车路线由租车公司设计。

在问卷调查中，超过一半的受访者认为难以找到“拼友”和路线设计麻烦是他们对上下班私人拼车缺乏信任的主要原因。而上下班合租模式是由租车公司平台收集信息，在后台完成拼

“租”+“拼”=“类公交”

——租车公司主导的上下班合租模式

友“配对”、路线设计的工作的，大大提高了拼车的成功率，为拼友省去了自行设计拼车路线的麻烦。

（2）时间安排的灵活性。

在问卷调查中，广州上班族普遍对能否自由安排时间表示关注，例如有受访者表示，“下班后想到处逛逛，享受难得的自由，不想立刻回家”。针对此种状况，上下班合租模式将“上班”与“下班”业务分离，以供选择。另外，拼友还可以根据个人情况自行选择不同的时段。这种“点餐”的模式使拼友对时间安排的灵活性大大增强，也免去了私人拼车商讨时间的麻烦。

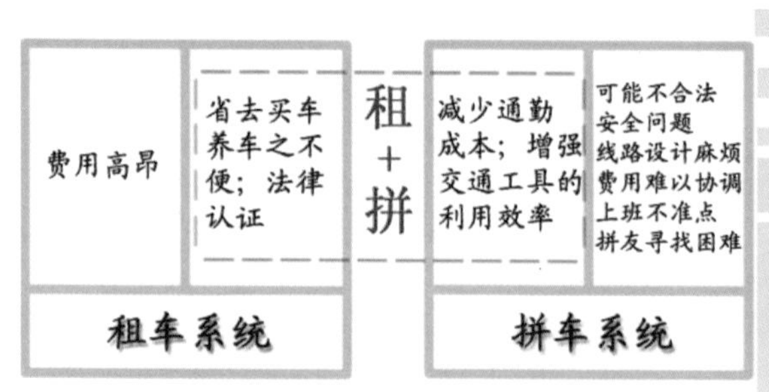

图3 租车系统和拼车系统的结合

（3）安全保证。

问卷调查显示，30.3%的上班族对上下班私人拼车的安全问题表示担忧。而上下班合租模式对拼友的信息采取公安系统、银行体系双核认证，大大避免了私人拼车潜在的犯罪因素。而且，上下班合租模式采取了“代驾”的形式——由公司配备司机负责接送，有公司化的管理，相较私人拼车更加安全。

租车公司的模式改变之后，网络平台每天的会员注册量与原本模式相比增加了3倍。

2. 对公交和地铁系统的补充

“三省一补”模式：

（1）“省时”——合租路线的直达性和灵活性节约了通勤时间。

（2）“省心”——不必为等不到车、挤不上车而烦恼。

（3）“省力”——合租免去了候车、挤车、换乘之苦。

（4）“补充公交系统”——公交系统存在中转多、路线更新麻烦等硬伤，调查中以乘坐公交地铁为主的上班族普遍表达了对目前交通方式的不满。而上下班合租模式的路线以城区主要工作地为核心向外发散，少候乘、点到点，大大方便了职住分离背景下的上班族通勤。在意愿调查中，65.7%的上班族表示愿意加入该模式下的拼车行列，这是上下班合租模式对公交系统补充的群众基础。

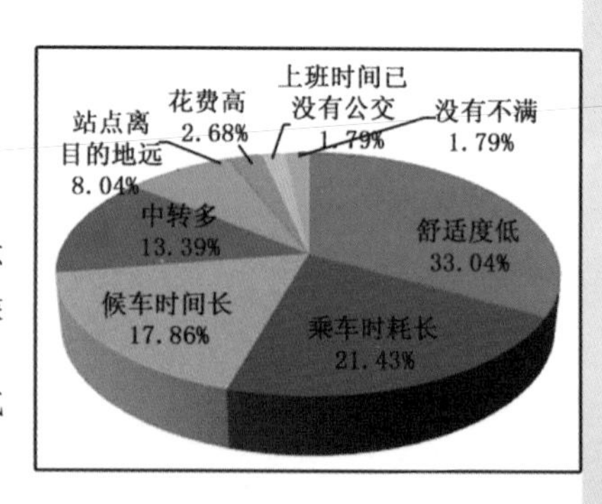

图4 对目前所用交通方式的不满

3. 相对出租车系统的优势

（1）更低的价格。拼车带来的车费分摊使乘车费用下降。

（2）省时省力。上下班高峰期出租车特别稀缺，碰上特殊天气则更难拦截到，即使电话预约，时效性也难以保证。

4. 绿色环保，低碳经营

作为公共交通的补充之一，基于“拼车”模式的合租减轻了环境和能源压力。

5. 参与主体的利益均沾

顾客——更低的乘车费用，更舒适的乘车环境，省时省力。

租车公司——更广的业务联系，更高的运营效率，更大的知名度。

政府——税收的增加，城市交通系统的改善。

四、方案优化

3

1. 增强车型多样性

根据调研结果，上班族普遍认为租车公司的收费太高

“租”＋“拼”＝“类公交”
——租车公司主导的上下班合租模式

（约 25 元/人/天）。针对这一问题， 租车公司可发展多种车型。如多使用中巴、小巴等载客量更高的车型，尽可能发挥“拼”的优势，让更多的拼友一起分担费用。

2. 准点保障措施

能否准点也是上班族很担心的问题。对比私人拼车，租车公司更应该做好组织者、服务者的角色，通过合同协议等为准点的承诺负责。还可以利用信息平台，做好突发情况的调度工作，尽可能地把用户的损失降到最低。

3. 信息平台的优化

信息平台的管理能力是上下班合租模式成功的关键。其不仅体现在信息后台处理能力，还应体现在能否最大限度地方便用户。如站点搜索的功能，目前的网站只能提供单向搜索，如果能优化系统，提供“起始地—目的地”的双向搜索，能更好地提高服务效率。

4. 加强宣传力度

目前上下班合租模式的知名度较低，调查中 70%的受访者表示“没听说过”，仍有 35.33%的受访者担心安全问题，10.53%的受访者担心手续烦琐等，可见公众存在不少误解。对于公司设计路线、时间选择多样等优点，也并不为公众所认识。所以，要加强对合租模式的宣传，特别是要强调模式的方便、安全、节约资源等，让更多的居民了解“租”＋“拼”的好处。也要注意对拼车中涉及的法律保障问题展开宣传，提高公众对该行业的监管能力。

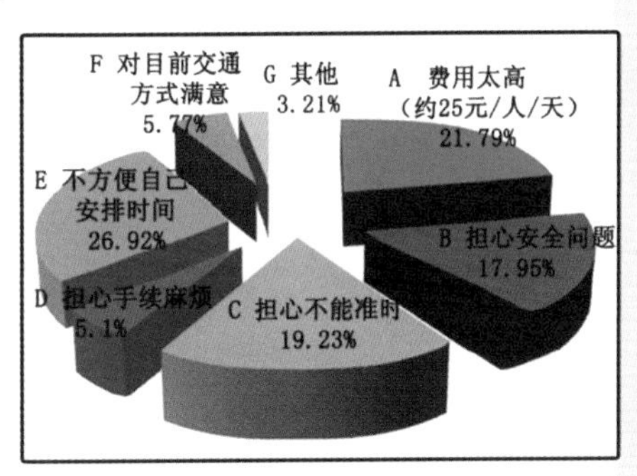

图 5　不愿参与上下班合租的原因

五、方案推广

1. 政府主导

拼车是否合法、拼车税收等都是目前拼车领域较不明朗的问题。建议政府主导，把租车、拼车行业的合作规范化，并对鼓励拼车的租车公司进行优惠和引导，以提高租车公司的积极性。政府也要扮演好守夜人的角色，制订好规范化的政策，能够公正高效地进行纠纷处理，保证该行业的健康运行。

2. 将私家车纳入系统

可将私家车纳入上下班合租系统，车主与乘客通过租车公司建立业务联系。车主可以享受油费分摊和租车公司服务等好处，而租车公司可通过合法手段向乘客收取服务费。这种模式避免了私家车拼车非法营运的问题。

3. 推广至城际交通

如今，城市间的联系越来越紧密，城际间的交通需求量大大增加。而公共交通的城际衔接往往滞后于城市的发展。所以，合租模式可推广至城际交通，填补公共交通的空白。而且，合租模式能够发挥其点到点的优势，在城郊等公交覆盖率低的区域能更好地解决站点与目的地距离远的问题。

4. 扩大时间覆盖面

公共交通无法满足深夜等特殊时间段的交通需求。作为公共交通的补充，合租模式可以发挥“定时”的优势，为特殊时间段的乘客提供找车的方便；发挥“拼”的优势，为特殊时间段单独出行的乘客提供安全保障。

图 6　推广模式

5. 临时拼车调度系统

建立智能化的临时拼车调度系统，当有临时性业务要求时，租车公司能及时安排出行。这是建立在信息系统高度完善的基础上，实现起来有一定难度，但灵活高效，可以实现点到点的服务。

私人定制

——深圳私营定制公交方案研究（2014）

Abstract:

Along with the development of the economy, the standardized and popular traditional public transport is declining because it can no longer satisfy citizens' increasingly diversified needs. Under the circumstances, the flexible customized-service of public transport come to an age to supply the traditional route-fixed public transport system. Besides, with the marketization of the operation of customized public transport, the public expenditure can be eased effectively, then a wider range of choices will be available to the public. On the premise of marketization, the emerging privately-operated transport, centered in customized-service, backed by information technology, is more flexible when setting routes and betters the shuttle bus service, thus enhancing the service quality and the level of the urban public transport system.

Based on the feedbacks after the implement of privately-operated transport, our team proposes an optimized pattern—"1+1>2" (one plus one greater than two). We improve the project with the joint efforts from both government and private enterprises, and try to apply such operation mechanism into other public-service fields.

1. 方案背景与意义

随着社会的发展，民众对公共服务的质量提出了更高的要求。在市场化与信息化的背景下，公共服务领域中的个性化服务更能够满足民众的多元化需求。

2014年，深圳中南运输集团在国内首创性地推出了私营定制公交。方案以网络平台为依托，调查民众的出行需求，量身定制特定的公交线路，实现了公共交通领域的服务个性化转向。

以“民众—企业”互动交流为核心的私营定制公交，改变了传统公交固化线路的模式。弹性、动态的线路使得民众掌握了城市公交服务的主动权，为公共交通服务的供给模式提供了新思路。

2. 技术路线

小组通过资料收集整理以及对私营公交企业的访谈，了解深圳私营定制公交的运营模式；通过对相关政府部门的访谈以及针对乘客、非乘客两类群体的问卷调查，了解不同主体对私营定制公交的评价。最后，进行综合分析、总结，并提出优化推广方案。

调研成果：乘客问卷50份（占总乘客数的60%）、访谈5份；非乘客问卷180份、访谈3份；交委、中南运输集团访谈各1份。

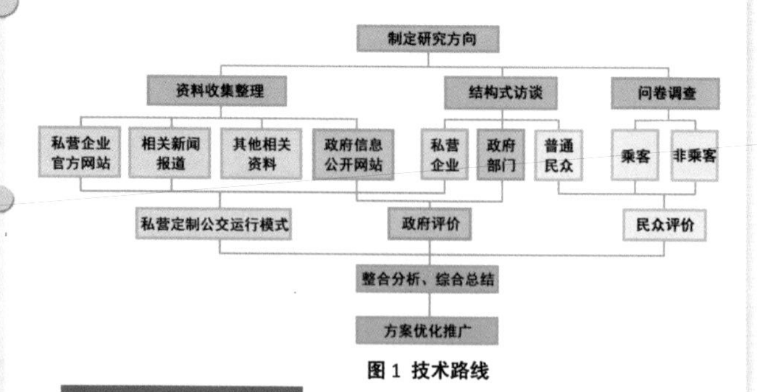

图1 技术路线

3. 方案介绍

3.1 方案简介

深圳私营定制公交目前已开通四条线路，随着乘客数目的逐月增长，私营定制公交提供的个性化服务获得了大多数民众的一致好评。

在市场化的运作模式下，私营定制公交以网络信息技术为支撑，实现了诉求征集、线路制定、信息反馈的个性化服务。

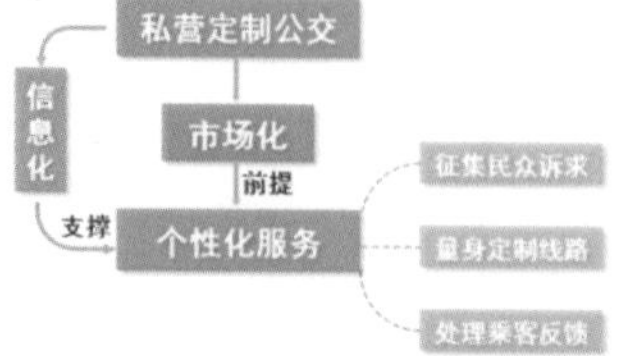

图2 方案服务模型

自2014年3月开通以来，私营定制公交已经培养了一批固定的乘客群体。具体的线路安排、车型配备等均已基本成形，具体如表1所示。

表 1　私营企业定制公交基本情况

项目	私营企业中南运输集团
照片	
线路（共 4 条）	① 华金地梅陇镇公交站至深南大道平安银行大厦； ② 梅林一村至市委（往返）； ③ 水湾头至深南大道平安银行大厦； ④ 梅林一村至市民中心
运营时间	7:20-9:00；17:20-19:00
车型	37、45、51 座三种车型
受众群	收入较高的上班族，以私家车、的士为日常通勤工具
特色	一人一座、一站直达、可走公交专用车道、固定上车时间与地点

3.2　运作流程

3.2.1　前期准备阶段

（1）线路需求调研。

a）民众参与问卷调查，反映出行需求；

b）民众主动与企业联系，协商开通新线路。

（2）可行性评价。

a）企业对线路的预期盈亏状况进行评估；

b）企业预先踩点，确定线路的具体流线及上、下车站点位置。

3.2.2　实施运行阶段

（1）班车预定及收费。

a）企业推出两种预定平台：电话预定、转账缴费以及网络预定、网银支付；

b）企业按月收费，收费标准为十公里以内 5 元，每超五千米加收 3 元。

（2）线路运营。

a）企业灵活配置三种不同的客车类型；

b）企业提供短信、智能 APP 等服务，以便查询车辆实时信息。

3.2.3　后期反馈阶段

（1）信息反馈。

a）乘客通过电话、短信反馈乘车体验；

b）乘客对乘车地点、时间、服务等内容提出建议。

（2）服务优化。

a）企业在班车运营前期，每日进行乘客满意度调查；

b）企业根据乘客的反馈，进行服务的调整与优化；

c）企业根据线路盈亏情况，判断线路继续运营的可行性。

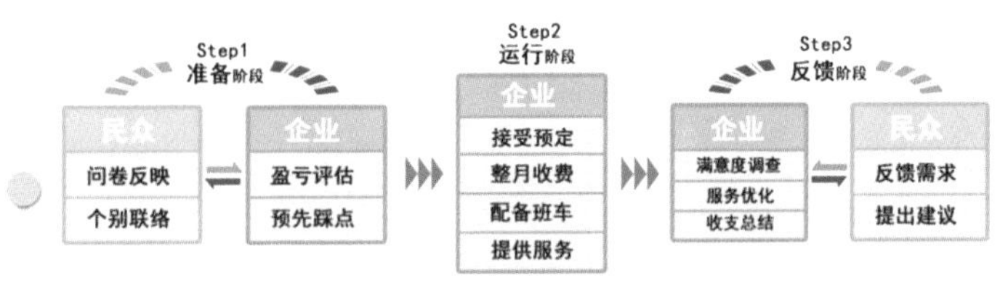

图 3　方案运作流程

3.3　方案特点

3.3.1　个性化服务

与传统公交不同，私营定制公交以“民众—企业”交流模式为核心，根据民众对班车线路、乘车地点、车厢环境等条件的不同需求，制定满足乘客要求的制弹性化服务。这种模式有效地解决了用户个性差异和需求多样化的问题，切实提高了城市公交系统的服务质量与水平。

3.3.2　市场化前提

由于方案的受众群体有限，以及政府维持公共服务的财政负担较大，定制公交的市场化势在必行。与国有企业相比，私营定制公交更为弹性、灵活的配套服务，给予乘客更多的选择空间。

3.3.3　信息化支撑

信息网络的全面覆盖为定制公交的个性化服务提供了可能。在定制公交的运营过程中，前期征集民众需求、中期提供预定及查车服务、后期进行信息反馈等过程都需要网络信息技术的支撑。

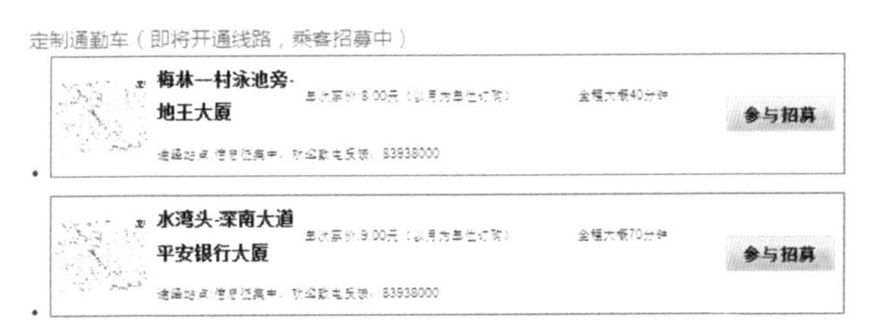

图 4　中南运输集团网站截图

私人定制
深圳私营定制公交方案研究

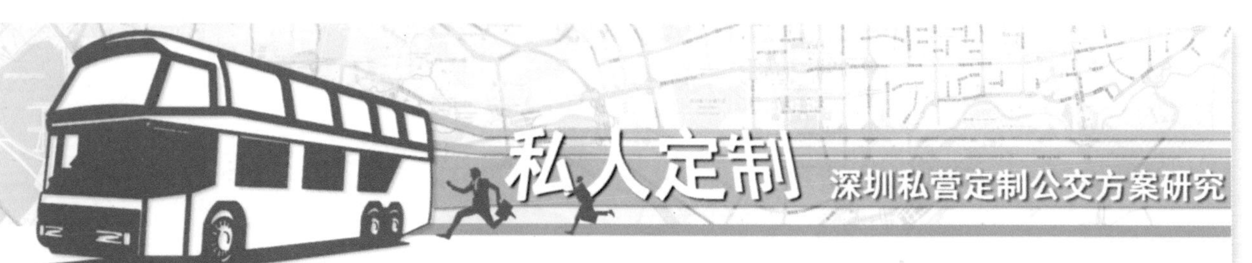

4. 方案评价

4.1 不同主体评价

4.1.1 民众

✧ **优点**

（1）乘车体验更佳。

与传统公交相比，私营定制公交在运营过程中，更注重与乘客之间的信息交流与反馈。乘客能够享受到定制化的服务，拥有更好的乘车体验。

（2）解决上班难题。

大城市上下班高峰期，地铁、公交拥挤情况严重，私家车停车受到限制。私营企业定制公交按时、按点的一站化载送服务，确保了上班族在通勤高峰期准时到达上班地点。

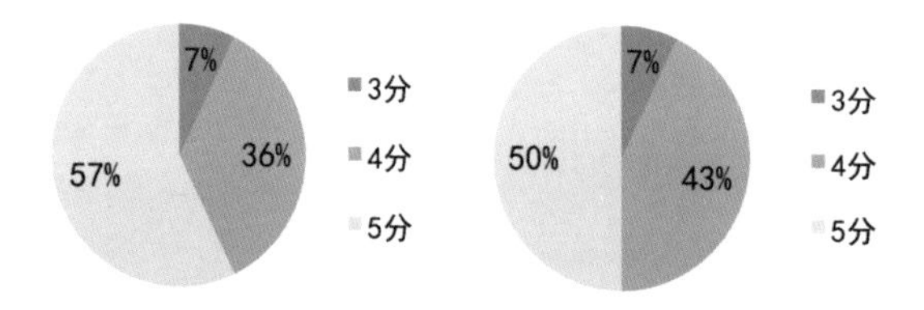

7%
36%
57%
3分
4分
5分

图5　舒适程度满意度

7%
43%
50%
3分
4分
5分

图6　乘车地点满意度

✧ **缺点**

（1）运行班次过少。

私营定制公交的线路仅服务于一定区域范围内的居民，不能完全满足深圳庞大上班族群体的通勤需求。

（2）月票制度死板。

为了保证盈利，私营定制公交实施月票制。大部分乘客反映，由于出差、请假等原因，并不会每天乘坐班车，月票制缺乏弹性。

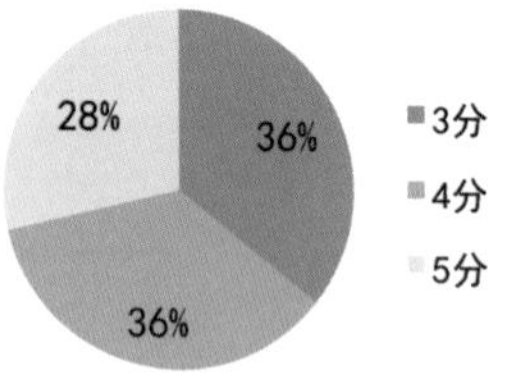

28%
36%
36%
3分
4分
5分

图7　票价满意度

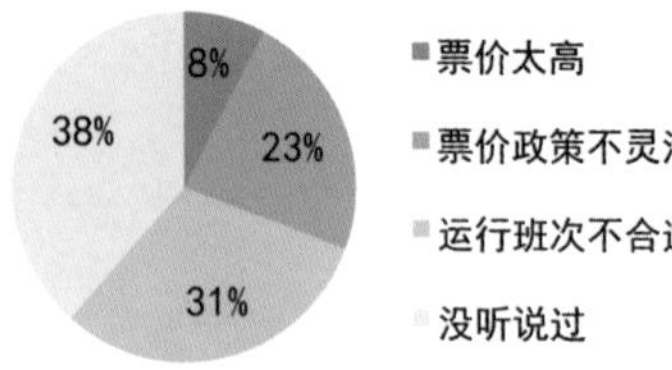

8%
23%
31%
38%
票价太高
票价政策不灵活
运行班次不合适
没听说过

图8　非乘客不乘坐原因

4.1.2 政府

✧ **优点**

（1）减少碳排放量。

私营定制公交的运营为民众通勤出行提供了新选择，在一定程度上取代了私家车以及出租车的通勤方式，有助于减少汽车尾气的排放。

（2）提高运作效率。

私营定制公交不享受政府的补贴，自负盈亏，在一定程度上缓解了政府的财政负担。私营企业在确保盈利的同时，承担一定的公共责任，提高了城市公交体系的运作效率。

（3）规范交通体系。

私营定制公交的出现，有利于政府对私企包车进行统一的调配与管理。从总体而言，这对规范管理深圳现行的交通体系起到了促进作用。

✧ **缺点**

宣传效果差。私营定制公交推出前期，企业的工作侧重于完善已有的线路及服务，投入宣传方面的力度较小。问卷结果显示，38%的非乘客表示，他们上下班不选择定制公交的原因是"没听说过"。

4.2 对比评价

表2　不同公交模式对比评价

		传统公交	国营定制公交	私营定制公交
运营主体		政府	政府—民众	私企—民众
线路制定		反映大众化需求，固定、不灵活	征集民众需求，较为灵活	征集民众需求并接受民众自行定制，弹性、动态、灵活
线路运营	购票	购票方式单一	购票方式单一	购票方式多元
	调度	配备常规运营公交	配备固定班车、利用率低	调度公司内部车辆、更灵活
	保障	日票制度、享受政府补贴	月票制度、享受政府补贴	月票制度、APP辅助、盈亏自负
信息反馈		渠道单一、信息流通不畅	程序繁琐、信息反馈滞后、处理不及时	信息反馈迅速、处理及时、持续跟进

4.3 可行性评价

4.3.1 潜在乘客市场大

私营定制公交推出以来，其乘客数的增长率呈现逐月攀升的态势。大部分非乘客表示若条件允许，他们更愿意乘坐定制公交车上下班。

目前私营定制公交的平均上座率约为70%，预测在5个月后基本可达到100%。

3

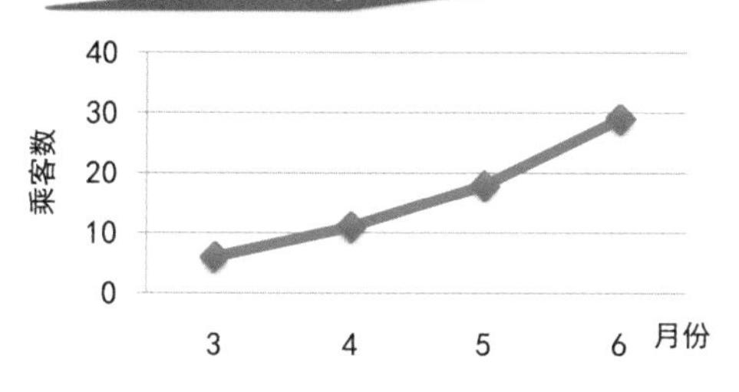

图9　“梅林线”乘客数变化情况

4.3.2　预期运营收益高

私营定制公交为维持正常运营，需要支出油耗费、司机人工费、车辆保养费、车辆折旧费等，平均每辆车每月的成本为5600元左右。

一辆满员班车每月票价收入为7000元，此外还有车身广告等收入。当上座率高于80%时，定制公交能够维持日常运营并实现盈利。

4.4　总体评价

综上所述，私营定制公交既弥补了传统公交线路固化、服务单一的不足，更创新性地引入市场竞争机制，优化资源配置，完善公交服务。私营定制公交对政府、企业、市民都产生了积极影响，但由于该模式尚未成熟，仍然存在部分不足。

5. 方案优化与推广

5.1　方案优化

“1+1＞2模式”：私营企业与政府优势互补，联动提供公共交通服务的模式。

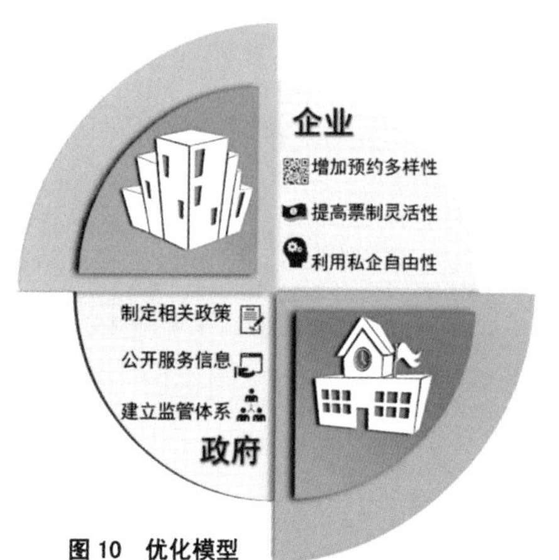

图10　优化模型

5.1.1　私营企业

私营企业需要积极承担公共责任，优化内部的运营制度，实现社会效益与企业利润之间的平衡。

（1）提高票制灵活性。

私营企业可以降低票制时限，采用周票、日票代替月票，让票价制度更具弹性，减少乘客资源的浪费。

（2）增加预约多样性。

私营企业需要在现有电话、网站预约方式的基础上，进一步拓宽预约渠道，推出APP预定、微信支付等多样化的预约方式。

（3）发挥私企自由性。

私营企业需要进一步发挥自身优势，根据城市交通状况及时调整线路，以满足民众不断变化的需求。

5.1.2　政府

政府需要明确自身作为管理者的身份，通过监管的方式确保私营企业提供的公共服务的质量。

（1）制定相关政策。

政府必须为私营定制公交配套相应的法规政策，明确公交运营服务标准，提供一个公正、透明的投资环境，促进企业的良性竞争。

（2）公开服务信息。

政府需要建立一个征集市民出行信息的网络平台，为企业提供集中的民众诉求。召开公交产权、票价制定的听证会，以保证公交服务信息的透明与公开。

（3）建立监管体系。

政府需要建立市场准入制度，监督民营企业的资质能力，防止民营企业在运营过程中的私人垄断，保证公交服务的质量。

5.2　方案推广

5.2.1　模式推广

（1）其他公共交通领域。

将私营定制公交的个性化服务理念推广到传统的公共交通领域，包括地铁、BRT等，保证民众更好地掌握出行主动权。

（2）其他公共服务领域。

将“民众—企业”互动交流模式推广到其他公共服务领域，可以弥补政府单一供给公共服务的不足，有效满足社会日益增长的公共服务需求。

5.2.2　地域推广

将深圳市的私营定制公交实践推广到国内其他城市，帮助缓解日益增大的通勤交通压力。

5.2.3　技术推广

将私营定制公交在运营过程中所采用的微信、网页、APP等信息化技术推广到政府公共管理的领域中，促进服务型政府的构建。

4

即拍即走　畅行无忧

——广州交警“微信快撤理赔”调查（2014）

即拍即走 畅行无忧

——广州交警“微信快撤理赔”调查 01

Abstract

In 2010, Slight accident accounts for 75% of total accident in Guangdong province. But due to lack of the quick withdrawal mechanism, slight accidents become the main reason of traffic congestion. Police in Guangdong launched “The Quick withdraw claims” service after taking photos, and uploading them to the Guangzhou traffic police Wechat platform, drivers can leave the scene in less than five minutes. Besides, “The Quick withdraw claims” has the advantages of quick evacuation, high credibility, and extensive usages. Statistics shown that the Wechat platform which cost 50,000 Yuan for its development, has effectively improved the traffic capacity of the Guangzhou. The traffic lane utility of this platform is equivalent to an inner ring in Guangzhou: it saves a lot of traffic manpower, reduces hundreds of millions of traffic construction spending. Nowadays, in the diminishing marginal effect of urban transportation infrastructure construction, the Guangzhou traffic police Wechat platform, with its low cost, high output, has become an extremely valuable means of traffic management.

1. 方案研究背景与分析

随着广州机动车保有量突破 250 万辆，道路交通拥堵已经成为阻碍广州市居民出行的最主要因素之一。在每天的上下班高峰时段，市民的平均出行耗时为道路顺畅时的 1.8 至 2.1 倍。而轻微交通事故，由于发生频率高，发生时间、地点不确定，是产生交通拥堵的重要原因。据交警部门统计，发生轻微事故的车辆若占道 1～2 分钟，就会导致 2 千米左右的道路拥堵。

在此情况下，想要维持路面交通的持续运行，就必须加大交警的投入。然而，广州一线交警只有 1700 多人，每个交警要管理近 7000 人的日常出行，巨大的常态交通管理压力导致交警难以迅速地处理突发性交通事故。因此，传统的交通管理方式难以有效解决交通事故带来的严重拥堵。

2. “微信快撤理赔”方案简介

2011 年 5 月 31 日，广州交警协调广东省保监局和保险行业协会，首创轻微交通事故“快撤理赔”。在“人未伤，车能动”的情况下，车主双方可以拍照留证后迅速撤离现场，前往附近的“快撤理赔”服务点进行交通事故的处理，避免停留时间过久而造成二次事故及交通拥堵。

随着传统交通管理方法的逐渐失效以及移动通讯设施的普及，移动信息技术在城市交通管理的应用日益广泛。2013 年 9 月 1 日，广州交警与广东保监局联合推出使用“广州交警”微信公众号办理“快撤理赔”的创新举措，将传统的“快撤理赔”嵌入微信这个便捷、灵活的交互平台。这种创新的轻微事故处理方式大大提升了事故发生后车主撤离现场的速度，从而有效减少二次事故及交通拥堵，缓解突发性交通事故对城市交通的负面影响。

2.1　使用方法

当发生轻微交通事故后，车主不需要等待交警到现场采集资料，只要事故的任意一方通过“广州交警”微信公众号的“快撤理赔”功能，将时间、地点、现场照片等基本信息上传，双方即可快速撤离现场。

具体操作步骤如图 1。

利用“微信快撤理赔”，车主可以方便、快捷地保存现场信息，且花费的时间仅在五分钟内。在上传事故现场照片后，车主会收到记录号与密码，到达快撤理赔点后，车主可凭此在“广州交警”微信公众号查询、提取现场记录，作为理赔点定损员及交警定责定损的依据。

图 1　微信快撤理赔步骤

2.2　运行机制

(1) 信息流向：反馈式双向流动。

在使用“微信快撤理赔”的过程中，信息的流向为智能终端——微信公众号——交通指挥信息系统——微信公

即拍即走 畅行无忧

——广州交警“微信快撤理赔”调查 02

众号——智能终端。车主是信息发送源，当有需求时利用移动智能终端发送信息；交警的交通指挥信息系统是信息的反馈者；微信公众号则是双方信息的传递者，整个过程是一个以车主为主导的信息流动过程。（见图2）

发送 中转 接收
移动智能终端（发送端） 微信公众号（中转站） 交通指挥信息系统（反馈端）
反馈
接收 中转 发送

图2 微信快撤理赔信息流向

（2）主体参与机制：合作式多方参与。

广州交警“微信快撤理赔”共有三个参与主体，分别为腾讯公司、交警部门以及技术公司，三者为合作关系：腾讯公司免费提供微信公众号，技术公司负责开发，交警部门负责运营（见图3）。

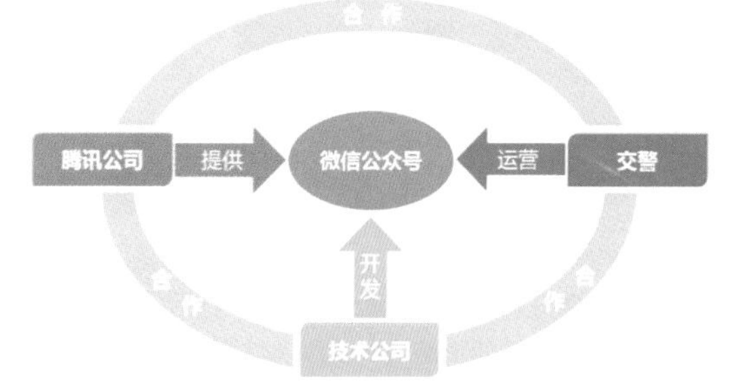

图3 “广州交警”微信平台运营模式

2.3 三大优势

广州交警“微信快撤理赔”依托“广州交警”微信公众号，将微信的一对一即时交互模式与“快撤理赔”的轻微事故处理理念完美结合，具有以下三大优势：

（1）官方存证平台——可信度高。

在快撤理赔的过程中，车主所拍的照片是事故现场的重要证据，需要一个双方都信任的保存途径。“广州交警”微信公众号为车主提供了一个官方的第三方存证平台以及详细的事故记录操作指引（见图4），具有较高的可信度。通过它记录的事故信息具有即时性、真实性和规范性，避免了事故双方对事故信息的真实性产生争议，为责任判定提供了准确的依据。

（2）人性化的操作模式——效率高。

a）广州交警“微信快撤理赔”依托微信便捷、灵活的交互方式，不仅给用户提供了周到的操作指引，还推出了快撤理赔的测试模式，给车主提供了练习微信快撤理赔操作的机会，使车主对操作流程更加熟悉，从而提升了车主撤离现场的速度。

b）广州交警“微信快撤理赔”的定位功能不仅能让车主快速记录事故地点信息，还能自动搜索到最近的3个理赔点地图及电话（见图5），引导车主快速到达附近的理赔点，减少不必要的交通量，提升轻微事故的处理效率。

c）广州交警“微信快撤理赔”提供了12种自行定责图示指引，使车主在自行判断双方责任时有所依据，提升了事故双方意见达成一致的速度（见图6）。

图4 轻微事故自行定责图示

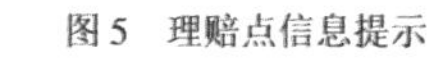

图5 理赔点信息提示

图6 微信快撤理赔操作指引

即拍即走 畅行无忧

——广州交警“微信快撤理赔”调查 03

（3）广泛的使用人群——推广速度快。

微信拥有广泛的使用人群以及独特的二维码推广模式，因此，“微信快撤理赔”拥有较快的推广速度。截至 2014 年 6 月，“广州交警”微信公众号的关注人数已达 233440 人。随着关注人数不断增加，越来越多的人将会了解到快撤理赔，并在发生轻微交通事故时采取微信快撤理赔的方式。

根据交警部门提供的数据，2014 年 4 月，广州市发生轻微事故约 9000 宗，通过快撤理赔处理的事故约 5000 宗，快撤理赔率约为 56%，在一定程度上得到了推广。

3. 方案效果与成本分析

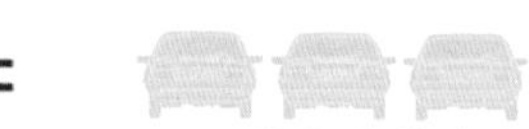

图 7　微信快撤理赔作用

（1）有效提升道路通行能力。

微信快撤理赔使道路通行效率大大提升，增加了客观的道路通行量。根据交警部门的介绍，微信快撤理赔功能推出后，轻微事故时撤离现场速度有明显提升。轻微交通事故的处理时间由往日的约 **60 分钟**缩减至约 **15 分钟**，减少道路占用时间达 **40 分钟**以上。以 2014 年 4 月的轻微事故量 9000 宗为标准，一年下来就可以节约 **432 万分钟**，约 **7.2 万小时**。若按每小时每车道 1200 辆车的通行流量来计算，微信快撤理赔可使全年增加通行车辆 **396 万辆次**；若以车辆平均速度 28 公里 / 小时，每天 12 小时计算，相当于增加道路约 22 公里，即**相当于增加了一条内环路车道**。（见图 7）

（2）减轻交管负担。

根据小组与“广州交警”微信公众号的开发公司进行的电话访谈，“广州交警”微信公众号的开发成本约为 50 万元，此外，广州交警每年要向开发公司交约 2 万元的系统维护费。若按照交警平均工资 6500 元/月计算，“广州交警”微信公众号的开发成本仅相当于 6.5 个警力的年工资，每年的系统维护费仅相当于 1 个警力年工资的 1/4。“广州交警”微信快撤理赔不仅起到了替代警力的作用，它对于城市交通的贡献是 6.5 个警力所不能企及的。（见图 8）

“微信快撤理赔”的作用范围
6.5个警力的作用范围

图 8　相同成本效用对比

（3）节约建设投资。

资料显示，广州市中心区内环主体工程总长约 26.7 千米，其修建总投资为 62.88 亿元，按照 6 车道计算，平均每个车道的修建成本为 10.48 亿元，一般设计年限为 15 年。同期内，若使用微信快撤理赔，总共的成本为 50 万（开发成本）+30 万（维护成本）=80 万，根据之前的计算，微信快撤理赔对道路通行量的提升作用相当于一条内环车道，也就是**通过微信快撤理赔，可以用 80 万的成本投入达到用 10.48 亿修建道路的效果，可谓低投入高产出。**（见图 9）

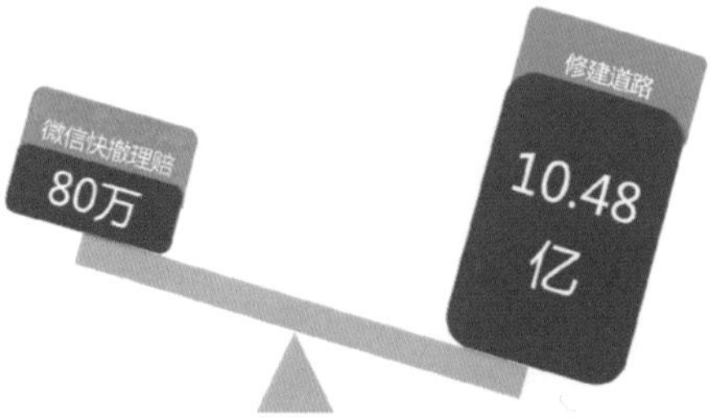

微信快撤理赔 80万
修建道路 10.48亿

图 9　相同效用成本对比

4. 用户评价

问卷显示，用户对微信快撤理赔的评价普遍很高：

（1）微信快撤理赔页面指引明确，操作便捷。绝大多数车主都肯定了平台操作指引的有效性，认为即使是第一次使用也能够顺利完成。（见图 10）

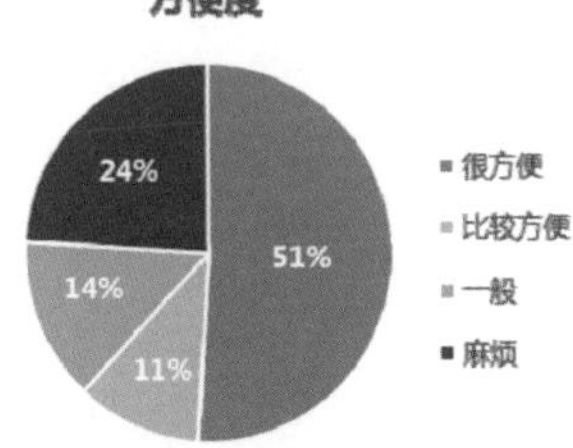

图 10　方便度

即拍即走 畅行无忧

——广州交警“微信快撤理赔”调查 04

（2）**大幅节省了事故处理时间。**几乎所有车主都表示，通过微信快撤理赔，不但免去了联系、等待保险公司与交警的麻烦，更减少了事故双方对责任判定的争论时间（见图11）。

（3）**事故结果处理满意度高。**车主对微信快撤理赔的处理结果的满意度十分高，并表示以后有需要会继续选择这一方式（见图12）。

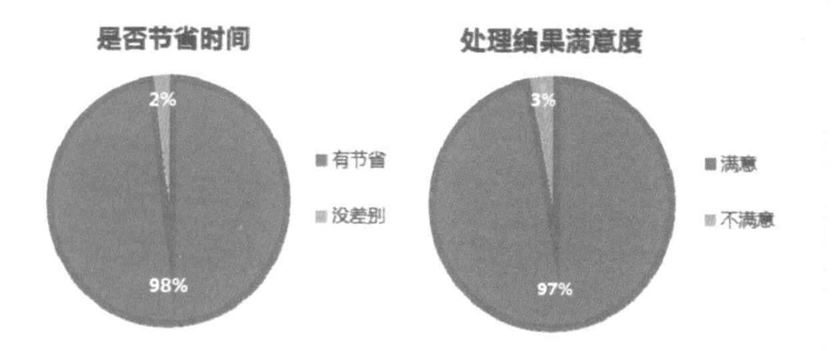

图11 是否节省时间 图12 处理结果满意度

5.“自我管理”交通理念的倡导

5.1 交通管理理念提升

有别于传统的、广撒网式的交通管理模式（见图13），“广州交警”微信公众号构建起了一种交通的“自我管理”新模式（见图14），通过微信这一具有强大潜力的个性化信息服务平台，让车主参与到交通管理中，使车主能根据自身的情况，主动地、有针对性地处理自己的交通问题，而不是被动地等待交警来解决问题。“微信快撤理赔”就是一种突发性的自我交通管理。这种“自我交通管理”不仅为车主提供了便利，提高了管理效率，还从源头上解决了诸多交通问题，减轻了交通管理部门的压力。

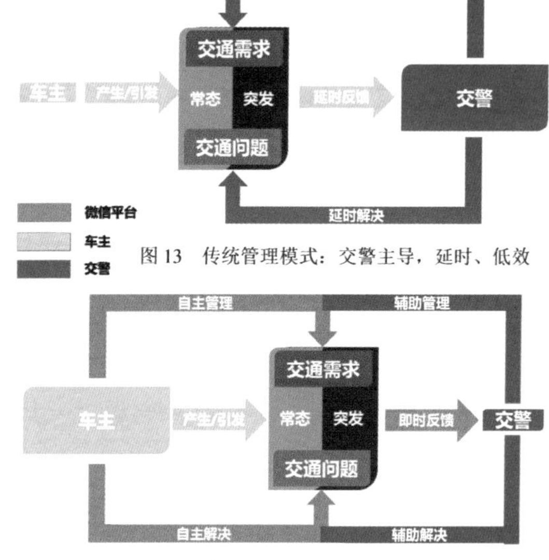

图13 传统管理模式：交警主导，延时、低效

图14 自我管理模式：车主主导，即时、高效

5.2 常态性的自我交通管理

除了快撤理赔外，“广州交警”微信公众号还针对常态性自我交通管理，提供了以下服务：

（1）违章提醒——车主在将个人微信号与网上车管所账号关联后，如果违章停车，会在交警贴罚单前10分钟收到“广州交警”的推送提醒，若及时将车开走即可免受处罚。这降低了违章停靠车辆对城市交通造成不利影响的几率。

（2）地图功能——为驾驶人提供各条限速道路的相关车速规定信息以及“电子警察”的测速路段，避免车主由于不知情而超速行驶，引发交通事故。

（3）年审预约——车主在车辆年审前，能够根据个人空闲时间段、车辆型号、检测站距离与位置、检测空位剩余情况等，进行个人年审预约，从而避免车主盲目前往而导致等位车辆侵占城市道路、引发交通拥堵的情况。

6. 方案优化

6.1 宣传优化

充分利用微信的二维码宣传模式，通过网络与印刷品两种媒体，加大对“广州交警”微信公众号及“微信快撤理赔”的宣传，以增加“广州交警”微信公众号的关注人数及“微信快撤理赔”的知晓率及使用率。

6.2 功能优化

通过不同城市交警部门联网，建立起“交警微信”之间的信息交流机制，实现区域信息共享。车主只需关注本地交警微信，即可在其他推行快撤理赔的城市通过“微信快撤理赔”处理轻微事故。

6.3 环境优化

（1）优化服务网络，在“4G”时代来临之际，通过软环境的优化提升用户体验，缩短“微信快撤理赔”的操作时间，使其对道路交通产生更大的积极效应。

（2）建立信息反馈窗口，周期性收集用户对“广州交警”微信公众号的体验评价，并以此为依据有针对性地对其进行优化，提升优化效率。

“众包”时代，全民“找茬”
——广州“交警蜀黍请你来找茬”研究与推广（2014）

“众包”时代 全民“找茬” ——广州“交警蜀黍请你来找茬”研究与推广 1

Abstract

The innovative traffic management mode as well as the construction of traffic facilities is essential to the highlyefficient trans-portation system. However, abundant problems are filled with traffic management field, which poses a challenge to the urban managers.

Crowdsourcing, a different kind of “outsourcing”- distributing a certain job to a undefined large group of person ,has been su-ccessfully used in traffic management. In July,2013, Guangzhou traffic police launched an activity to invite the public to pick hole in the going-out environment. Citizens could make suggestions or solution to the traffic problems via online networks such as Wechat and Weibo. This activity serves as innovation in traffic management which achieved success eventually.

Under the web 3.0 background, it is sensible for the government to introduce crowdsourcing to traffic management for the sake of reducing the cost and increasing efficiency of city governance. Moreover, the public participation in this field is consi-derably improved. Crowdsourcing will usher in a new era in traffic management.

1 方案背景与意义

城市交通系统的高效运行不仅依赖于交通设施的建设，更需要创新的交通管理模式。然而，交通管理领域的问题量多面广、涉及不同的利益群体，管理者难以对其有全面清晰的把握，这成为交通管理过程中的一大难点。

“众包”原指公司或机构把员工执行的工作任务以自由自愿的形式外包给非特定的社会大众群体，运用大众的创意和智慧来解决公司面临的商业难题。2013 年 7 月，广州交警部门创造性地引入商业组织中的众包模式，依托云库平台开展“交警蜀黍请你来找茬”活动，邀请民众就特定的主题对出行环境“找茬”，并辅以“半众包”模式邀请街坊参与出行优化方案的改进。该活动已成功开展 3 季，为高效改善市民的交通出行条件提供了新思路。

在“全球化 3.0”背景下，政府借鉴众包模式进行交通管理，把发现出行问题和改善出行条件的任务交付给广大民众，既有助于交通管理部门减少成本和提高效率，也促进了不同社会群体平等自由地参与交通管理，最终共同推动出行环境的优化。众包模式将开启交通管理的新时代。

图 1 广州交警官方微博

图 2 热心民众参与活动

2 技术路线

小组通过查阅资料及对广州市公安局交警支队进行半结构式访谈，获知“交警蜀黍请你来找茬”活动前三季的运行概况，并深入了解其内在的运行机制。在广州市内随机对行人进行问卷调查和深度访谈，并对通过云库平台参与“找茬”的市民进行网络问卷调查，了解活动参与者基本属性及其对活动的整体评价。

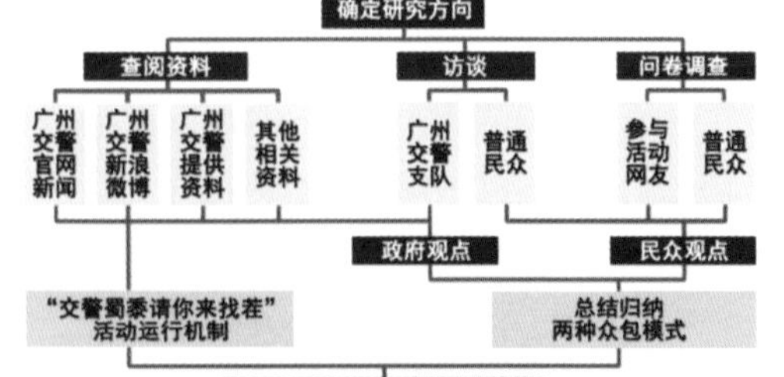

图 3 技术路线

3 方案介绍

3.1 方案概况

“交警蜀黍请你来找茬”活动至今已举办3季。第一季从 2013 年 7 月 1 日至 7 月 19 日，以“交通信号灯”为主题，向市民征集交通信号灯故障、位置不合理和配时不合理等问题；第二季从 2013 年 11 月 18 日至 12 月 20 日，以“交通标志标线”为主题，主要征集交通标志标线方面的问题；第三季从 2014 年 5 月 28 日至 6 月 17 日，以“路口这样改，你看行不行”为主题，就 6 个典型路口的交通组织优化方案邀请市民来“找茬”。

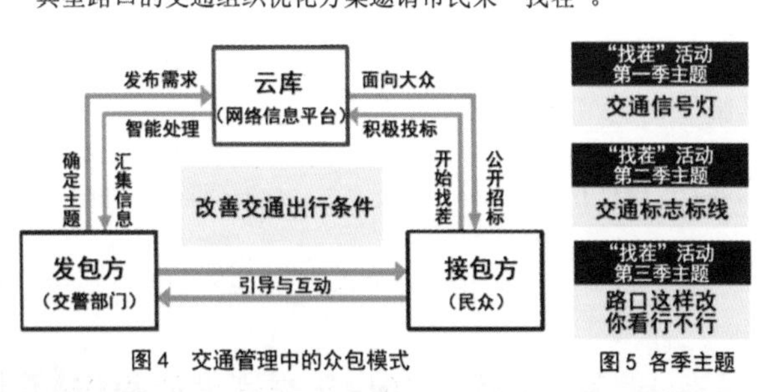

图 4 交通管理中的众包模式

图 5 各季主题

表 1 第一季“找茬”问题汇总表

类型	数量	答复情况	备注
咨询解释类	34	已全答复	
信号灯故障爆料类	78	已全答复和处理	均于当天修复
建议新建信号灯	39	仍未全回复与处理	协调市政建设部门加快建设
交通信号设置和配时类	282	仍未全回复与处理	已全答复和处理

表 2 第二季“找茬”问题汇总表

类型	数量	答复情况	备注
绿化遮挡或故障类	18	已全答复	均已解决
交通标线模糊缺失	58	登记并跟进	15处标线以更改翻新
车道划分、标线和信号配时调整类	56	登记并跟进	已根据实况优化46处
交通设施完善类	12	仍未全回复与处理	已根据实况完善8处
交通组织优化类	17	仍未全回复与处理	已详细登记进一步研究

表3 第三季“找茬”意见或建议汇总

类型	具体地点	优化方案	街坊意见
解除禁令类	大新路-天成路口	解除西往北左转禁令	97.2%赞成
	东风路-农林下路口	解除南往北直行等禁令	100%赞成
采取禁令类	滨江路-明康街路口	东西方向时段性禁止左转	100%赞成
	临江大道-猎德路口	北往东禁止左转	98.6%赞成
区域交通组织调整	新河浦片区	区域交通流向调整	100%赞成
	中大东门至西门	优化沿线路口掉头位	96.8%赞成

"众包"时代 全民"找茬" ——广州"交警蜀黍请你来找茬"研究与推广

2

3.2 方案运行机制

3.2.1 "众包找茬"阶段：依托云库公开"招标"，开启全城"找茬"行动

广州交警部门根据民众近期反馈问题的热点确定当季"找茬"活动的主题。然后，交警部门充当"发包方"上传活动主题至云库，向全市民众公开"招标"。民众通过云库参与"找茬"行动并积极"投标"：发现出行"黑点"，提出优化出行的建议或对已有方案提出改进意见。

3.2.2 "量身定制"阶段：结合投标信息，定制优化方案

根据云库分类整理的信息，交警部门逐一到实地进行调研。调研后同相关部门、专业研究单位对人流、车流和执法结构等特点进行综合分析，统筹考虑出行需求与道路承载能力，为出行"黑点"量身定制优化方案。

图 8 东风路农林下路口现状分析　　图 9 东风路农林下路口优化方案

3.2.3 "小众改进"阶段：深入街坊改进方案，针对性地汇集智慧

该阶段采用"小众式"的半众包模式，邀请出行"黑点"周边的街坊对定制的方案提出修改意见，并同时在云库发起对方案的投票。综合街坊提出的意见和投票结果，确定最终的改进方案。半开放众包模式适当地缩小受众范围，面向各"黑点"的出行人群，更具针对性地改进方案、提升效率。

图 6 云库平台示意图

"众包找茬"阶段：确定招标主题 → 云库发布信息 → 民众积极投标（众包）
"量身定制"阶段：开展实地调研 → 出行优化方案 → 云库公布方案（专业化团队）
"小众改进"阶段：街坊提出意见 → 云库发起投票 → 改进出行方案（半众包）

图 7 "找茬"活动工作机

访谈摘录：

"特别是经常行驶这些路段的街坊一定要多提意见，因为'路'走'得合不合脚，只有走路的人才知道。"

——交警部门负责人

"农林下路的方案觉得可以试行下啦，低峰时段如果OK，甘高峰时段都执行啰。东风路和农林路路边的大树都几茂密，个路牌如果竖在路边一个唔觉意就会被大树遮住，根本看不到。竖在醒目的地方同埋加强执法。"

——参与者@JaneXH_大胃

4 方案评价

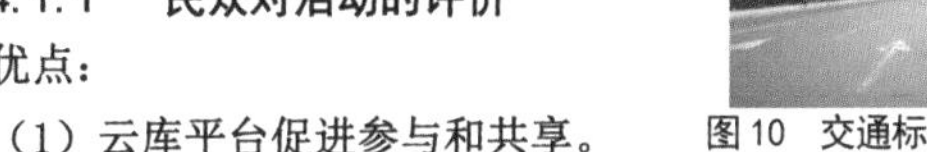

4.1 不同主体的评价

4.1.1 民众对活动的评价

图 10 交通标线（整改前）　图 11 交通标线（整改后）

优点：

（1）云库平台促进参与和共享。

云库平台具有亲民、便捷和平等的优势，社会各界的民众都可以通过它方便地提出"投标"意见，自由地表达对优化出行环境的诉求，这有助于提升民众在交通管理领域的参与度；云库平台的交互性使得民众可以及时获知出行"黑点"的整改情况，并与其他接包者相互交流、产生共鸣。

（2）方案符合街坊的出行需求。

"小众改进"阶段将接包对象缩小至特定出行"黑点"的街坊，大大增强了方案的针对性和有效性。街坊们从亲身的出行体验出发，对专业团队定制的出行优化方案进行改进和完善，最终得到真正"合自己脚"的方案。

（3）出行条件的改善立竿见影。

民众反映，"找茬"后，出行"黑点"的整改效率较高，一般在 2 个星期内完成，并且整改方案的落实效果较好，对出行条件的改善较为显著。

（4）文明意识与社会认同增强。

众包模式集智于民，民众就各自的专业知识或切身体验为"找茬"活动贡献创意和智慧，并得到了政府的关注与认同。这不仅调动了民众参与的积极性，也培养了民众的交通文明意识和社会认同感。

表 4 第三季活动的整改

提意见时间	优化时间	整改特点	整改内容
2014.06.04	2014.06.23	临江大道猎德路口	优化为猎德路的车辆在北往北掉头的同时人行横道东西向的信号灯为绿灯，提高掉头车辆的通行效率
2014.06.04	2014.06.23	滨江路明康街路口	优化为高峰时段禁止东进口及西进口掉头
2014.05.28	2014.06.11	天成路大新路路口	优化为人民桥大新路车辆左转前往大德路方向

相比传统的公众参与，您认为类似"交警蜀黍请你来找茬"的活动的优势是什么？

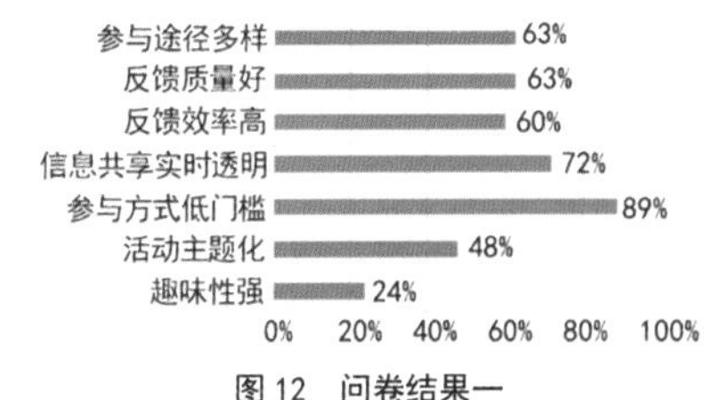

图 12 问卷结果一

访谈摘录：

"我们老百姓提出的建议能够被政府他们接纳了，内心还是很自豪的，感觉我自己为政府帮上了忙，特别开心。"

——某中年男子

"以前咧，你同相关部门提出交通问题之后，过佐大半年，实地都无咩变化咯。这次通过这个活动，半个月都唔到，实地就已经整改过啦，真系够效率！

——微博热心"找茬"者

您对找茬活动的整改或改造实施效果满意程度如何？

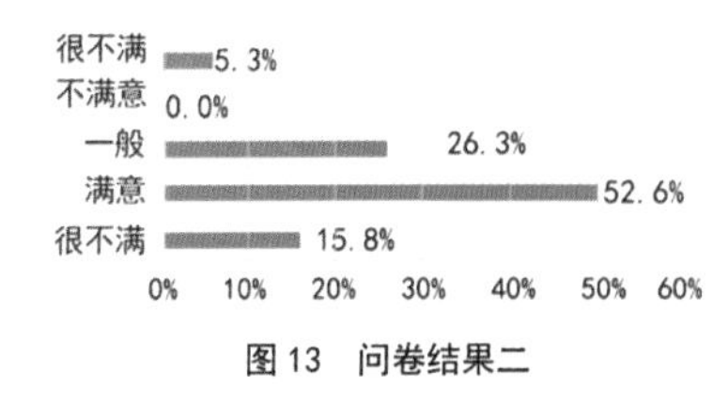

图 13 问卷结果二

“众包”时代 全民“找茬”——广州“交警蜀黍请你来找茬”研究与推广 3

缺点：

宣传力度有待提高

仍然有不少的民众（68%）表示没有听说过该活动。也有部分市民对具体的“找茬”主题不清楚。

4.1.2　政府对活动的评价

优点：

（1）设定主题，便于聚焦。

采用全面放开、自下而上的方式，引导民众参与“找茬”的必要前提是主题化与限时化。通过设置特定的主题和时间，可以在短时间内形成聚焦与合力，有效地解决了交通管理上量多面广的问题。这种收放结合的方式大大提升了政府的工作效率。

（2）主体多元，综合权衡。

交通参与者的体验角度和管理者的规划角度往往不同，甚至参与者和参与者之间的体验感受也有冲突。“找茬”活动充分了解了社会多元主体的体验感受，进行全面综合的权衡，为后期整改提供了有价值的参考。

（3）易于操作，潜力较大。

交警部门作为发包方直接在云库平台发布招标信息，操作简单易行，可以延伸到交通管理与规划的方方面面，解决了找不到合适外包组织或机构的问题。

访谈摘录：
“不是每一个城市都有合适的组织机构或是 NGO，特定交通出行领域的更是少之又少。但是我们交通信息发布与收集的平台或中介又是不能缺的。云库平台正是我们借鉴过来解决这个问题的。”
——广州交警法制宣传部某警官

缺点：

（1）受众范围较小。

由于“找茬”活动依托的云库以微信、微博为主，一定程度上限制了接包对象。据调查，接包者中男性、高学历以及 26～40 岁的人群占的比例较大。

（2）云库有待完善。

目前云库平台仍处于发展期，云库平台的智能分类整理功能有待提高。

图 18 交警部门现场照片

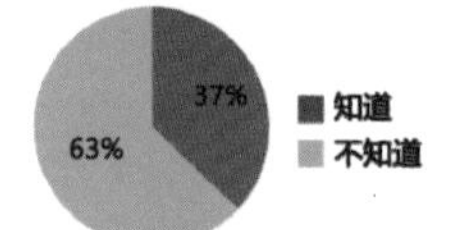

图 14　问卷调查结果三

访谈摘录：
“汽车驾驶员会嫌红绿灯太多，拖延了通行的时间；而对于行人来说，城市中的红绿灯多一点会方便他们出行。谁都认为自己的感受最真实，谁都认为自己在理。而作为交通管理者，交警要做的则是平衡各方的利益诉求，以达到秩序与效率尽可能统一的目的。”
——交警支队科技设施处某工程师

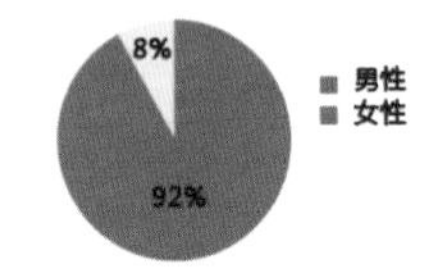

图 15　“找茬”者的性别比例

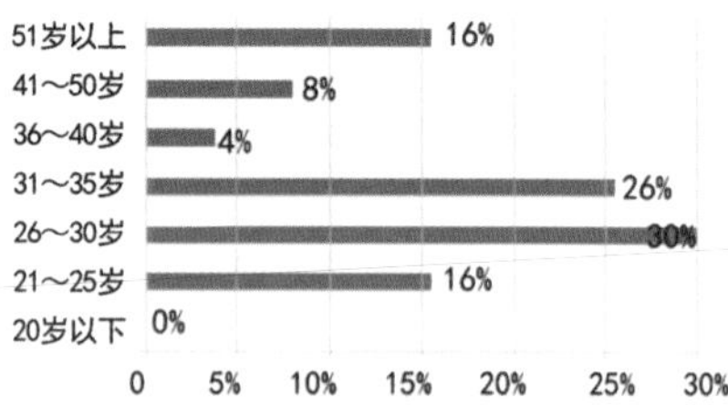

图 16　参与活动民众年龄分布

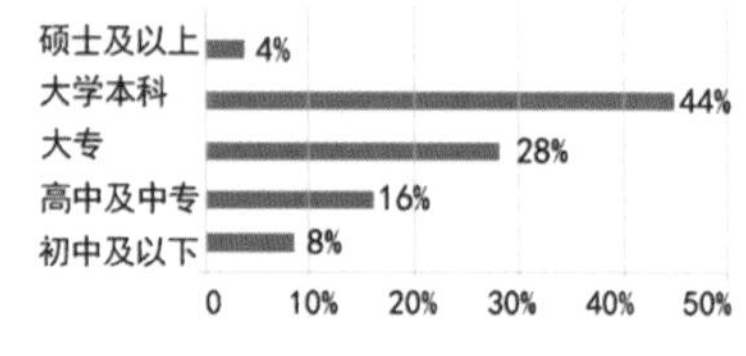

图 17　参与活动民众学历分布

4.2　不同交通管理模式的对比评价

借鉴企业的生产组织形式的发展阶段，将交通管理的模式分为三个层次，分别对应“传统模式”“外包模式”和“众包模式”。随着层次的提高，政府的管理压力降低，民众的积极性和参与程度提高，信息交流程度加深、交通管理效率提升。

表 5　内包、外包和众包三种模式的对比

	生产组织形式	任务接受者	发包内容	依托平台	模式的效果
内包模式	所有工作由政府内部部门承担	内部员工		封闭的网路平台	工作压力太大，考虑问题不全
外包模式	部分工作外包给相关专门的组织或机构	其他专业组织	部分工作环节	开放的网路平台	利用专业分工，提升工作效果。但政府不一定找到合适的外包机构
众包模式	部分工作众包给所有民众	广大民众	鲜明的“找茬”主题	云库平台	释放政府交通管理压力，集合民众的智慧与创意

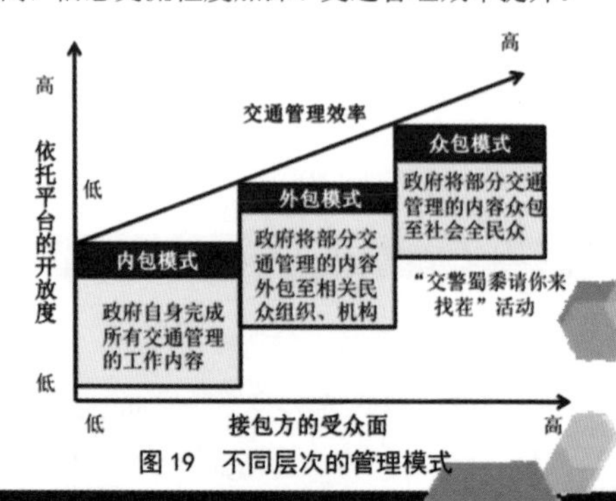

图 19　不同层次的管理模式

“众包”时代 全民“找茬”——广州“交警蜀黍请你来找茬”研究与推广

4

5 方案优化

5.1 构建科学的活动评价体系

“找茬”活动尚未建立完善的评价体系。从客观的统计结果与接包者、发包者两大主体出发，构建科学的活动评价体系，以指导日后“找茬”活动的常态化进行。

客观数据	接包者的满意度	发包者的自评
接包者总数及投标总数	参与方式的便捷性	遇到的困难（与街坊协作上的，出行方案改进上的……）
各类投标的比例	云库及交警部门反馈效率	
街坊意见的总数及采纳比例	投标意见的采纳或落实情况	取得的成效（众包模式交通管理效率提升……）
云库投票统计结果	对众包找茬过程的满意度	
尚未落实的出行方案的比例	……	
……		

图 20 活动评价体系构建

5.2 加强云库的人工智能模块

目前的云库平台以微信、微博和金盾网为主，在分类整合的精确度尚有不足，需要进一步加强人工智能模块，使云库为“找茬”行动提供更有力的支撑。

5.3 控制不同阶段的开放程度

目前“找茬”活动采取众包和半众包的方式，而“量身阶段”则是以政府部门和专业单位为方案制订的主题，方案制订后再交由街坊们改进完善。可根据主题和出行优化的技术要求适时适度地放开方案制订环节，选择合适受众，进一步激发公众的创意与智慧。

5.4 加强每季活动宣传的力度

针对目前活动的推广度不高、许多民众对活动不了解的问题，应进一步引入多方媒体对每一季活动进行专题报道、后续跟进和舆论监督等，得到更多市民的知晓、参与和认同，真正扩大 “众包找茬”的受众面。

5.5 建立鼓励参与的激励机制

众包“找茬”需要广大的活跃而忠诚的接包团体的持续支持。应根据民众投标意见的准确性和有效性，利用云库平台公开透明的评选给予有贡献的市民奖励；利用云库平台的随机抽奖功能，吸引更多民众参与到“众包找茬”的队伍中来，提高市民积极性。

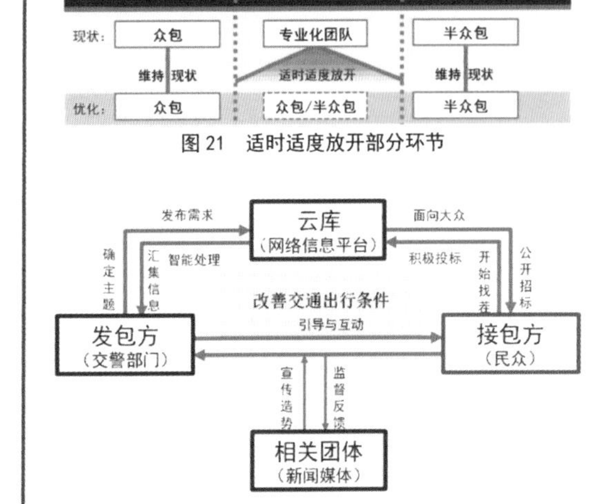

图 21 适时适度放开部分环节

图 22 众包模式的优化

6 方案推广

6.1 核心理念的推广

将现代企业利用云库平台创造全新生产组织形式的理念引入到“找茬”活动中，并从这一理念出发延伸出了我们倡导的交通管理领域的众包模式。在全球化 3.0 时代来临、政府管理理念转变、公民意识加强的背景下，众包模式的内在理念可以推广到其他城市、其他领域的方方面面，推动服务型政府的建设，切实改善人们的出行环境。

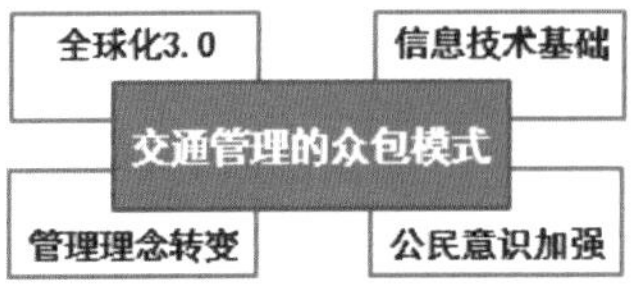

全球化3.0 | 信息技术基础
交通管理的众包模式
管理理念转变 | 公民意识加强

图 23 理念推广的基础

6.2 运作模式的推广

6.2.1 地域推广

广州在创新交通管理领域的实践可以被其他城市所效仿。其他城市政府部门通过引入众包模式的核心理念、主动加强云库平台的建设和优化政府内部的团队构架来促进交通管理的社会化，优化市民的日常出行。

6.2.2 主题推广

（1）“找茬”前两季集中在交通设施设置这一范畴下，受众面相对较窄，第三季已经扩展至具体路段交通组织优化方案上。在未来还可以进一步对主题设置进行扩充，例如节假日的出行管理、交通事故处理等其他内容，扩大受众面。

（2）“找茬”行动的“招标”主题可以与交警部门的年度工作计划相结合。通过顶层计划来确定活动主题，开展跨部门、多领域的活动，有利于“找茬”活动的常态化。

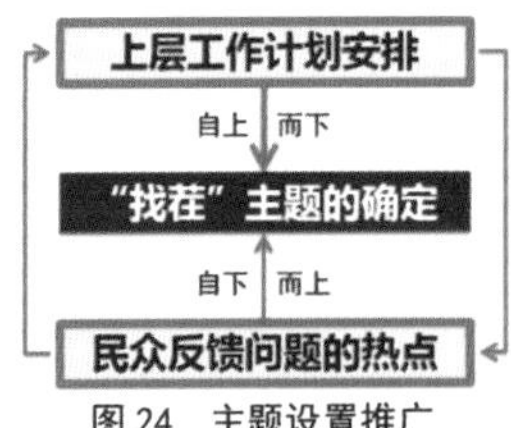

图 24 主题设置推广

6.2.3 技术推广

从民众投标反馈问题与建议的集中点分布来看，出行“黑点”在城市空间上的分布存在一定的规律。交警部门可以利用 GIS 等手段将交通问题集中点的空间分布特点导入云库平台，以更加便捷、准确地指导将来的交通管理和城市建设。

“优”游“自”若共监管

——广州优步专车运营监管模式调研（2015）

UBER

“优”游“自”若共监管——广州优步专车运营监管模式调研

【Abstract】

As a new O2O mode of taxi software, Uber, by which the users can order different types of cars, has become a household name in these days. In 2009, Uber was born in Silicon Valley and has soon swept the world. In 2014, Uber formally entered China, offering us a completely different sort of travel experience and having triggered a travel mode innovation.

Besides its core idea of “sharing economy”, Uber has showed a significant and positive feature-a bottom-up model of market supervision. This model links numerous passengers and rental cars together by mobile internet, in order to make the information more transparent, transaction more visible and the feedback more instant, through which a further and more convenient type of self-regulation is formed. Uber has not only eased the urban traffic, but also put forward an innovative way of supervision, openning up a new path for the healthy development of urban traffic.

登陆　　注册

1. 方案背景及意义

当代城市交通中，租车行业一直占有不容忽视的市场份额和功能地位。但长期以来，传统出租车呈现出多拒载、乱收费、服务质量差等现象；同时黑车非法营运给行业带来了安全、税收、管理等难题。而日益蓬勃的共享经济将交通管理的自主权发放到普通市民手中。在这种情况下，优步专车携其新型监管模式应运而生。

优步是一款人车互动的打车软件，用户可以按需求在手机 APP 上预约不同款型的专车，即时乘车，便捷出行。2009 年，优步诞生于硅谷并席卷全球。2014 年，优步正式进入中国市场，带来了别样的交通体验和监管创新。优步在中国有人民优步、UberX 等业务。由于人民优步业务存在规范化问题，我们将重点讨论能体现优步自下而上管理模式的 UberX 等业务。

以 UberX 等为代表的优步专车展露出了一个显著且实证有效的特色——自下而上的市场监管模式。其核心理念——“共享经济”旨在通过移动互联网技术将碎片资源加以利用，提高整个社会的资源使用效率。通过移动互联网，将数量巨大的闲置车辆和人力资源紧密相连，借助手机软件平台，使信息透明化、交易可视化、反馈即时化，实现了自主监管、深入监管和便捷监管。自下而上管理模式的优步专车的兴起，既缓解了城市交通压力，更提出了与出租车和“黑车”行业截然不同的创新监管手段，为城市交通的健康发展开辟了新路径，极大地聚集了空闲交通资源，改善了城市交通。

2. 技术路线

调研成果：乘客问卷 84 份、访谈 16 份；非乘客问卷 55 份、访谈 6 份；优步司机访谈 12 份；优步实习生访谈 2 份；交委、广州优步公司访谈各 1 份。（详见图 1）

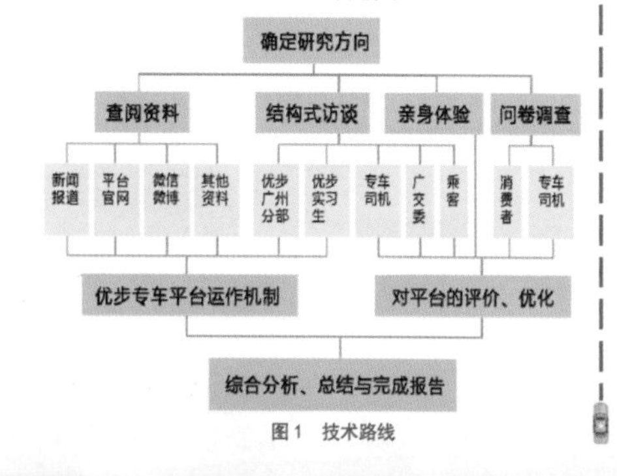

图 1　技术路线

3. 方案介绍

3.1　方案介绍

优步是通过互联网平台为乘客和司机之间有效地建立约租关系的打车软件，其核心理念是“共享经济”。通过租车公司，优步将社会上闲置的汽车资源加以租赁使用，提高了利用效率。

以 UberX 等为代表的优步专车，通过优步平台对司机的准入筛选、租车公司对司机的行业管理、乘客对司机的评星监督等，建立了一套自下而上的管理体系，改变了传统以政府为主导的自上而下的监督机制。通过这种自组织监管机制，优步充分发挥了“大众监督”的优势，提高了约租车的服务质量，解决了监管难的问题。目前优步在中国市场的业务如表 1 所示。

表 1　优步业务对比

	UberX	UberBLACK	UberXL	UberEXEC	人民优步
车辆来源	①租赁公司提供车辆； ②私家车挂靠租赁公司				私家车直接加入优步
性质	司机收入的 20%给优步平台，5%给租赁公司，为盈利性质				平台和租赁公司不收费，为公益性合乘/拼车性质
保险	①挂靠的车辆——车主自行购买保险 ②由租车公司提供的车辆——由公司购买，出现事故保险公司按相关法律赔付				司机注册前需买 30万车险，出现事故保险公司不一定赔偿
监管模式	乘客+优步平台+租车公司→司机 租车公司对司机进行全面的测试和筛选，监管力度更强				乘客+优步平台→司机 监管力度较小

UBER

“优”游“自”若共监管——广州优步专车运营监管模式调研

3.2　优步运营

3.2.1　优步打车模式

司机：司机登录优步，等待系统分配接客任务。接到任务后，司机必须主动联系乘客确认，并驾车前往接客，将乘客送至其指定目的地，不得拒载。行程结束后，优步将根据乘客评价对司机进行结算。

乘客：乘客在客户端上叫车后，系统会自动为其分配最近的专车司机，乘客等待司机前来接客。上车后，告知司机目的地并坐车前往。行程结束后，对司机进行评价并结账。

1. 司机工作	2. 乘客坐车
•登录优步	•在优步上叫车
•接单后联系乘客	•等待司机前来接客
•接客并将乘客送到指定目的地	•搭乘专车前往目的地
•平台对司机进行结算	•行程结束后付费并对司机进行评价

图2　打车模式

3.2.2　优步合作模式

优步在运营过程中涉及的主要群体包括专车司机、乘客、租车公司。

优步平台：优步平台是优步专车的运营基础，它允许闲置的车辆与司机加入，能高效地为所有叫车的乘客分配距离最近的专车，并实时监控所有的行车路线。

租车公司：租车公司为优步提供合法的运营车辆，负责审查专车的保险、牌照、驾驶年限以及司机的驾照和驾龄等。

专车司机：专车司机在空闲时间里为乘客提供驾驶服务。

乘客：乘客可以随时通过优步的客户端叫到专车，并通过评星机制实现对司机的监管。

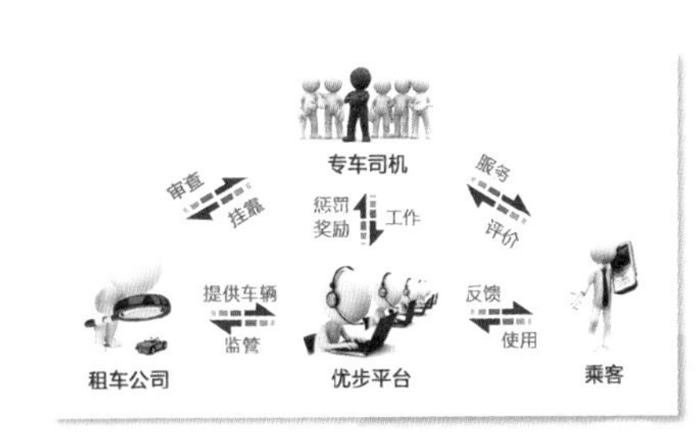

图3　优步合作与监管模式

3.2.3　优步的后台监管模式

第一重监管——优步后台审核注册信息

优步后台管理着所有优步乘客、司机以及车辆的基本信息，以掌控所有优步司机与乘客的材料，保障乘车的基本安全。其中包括乘客的姓名、邮箱、手机，司机的驾驶证、身份证、照片、手机，车辆的车型、牌照、运营证等。如果出现任何纠纷，优步有能力出面进行调解。

第二重把关——租车公司保障运营安全

对于所有参与优步运营的车辆，租车公司会对其保险、驾驶年限等信息进行严格的审查，并现场对专车进行检查。同时租车公司会为其办理营运手续，保证其正规营运，并为乘客提供正式发票。

第三重监督——大众依靠信誉系统监督

优步为乘客与司机间设立信誉系统，允许乘客对司机的服务进行评价，评分的高低直接影响到司机的信誉，进而影响到司机的收入。

图4　优步模式与共享经济

3.3　方案特点

3.3.1　共享经济的理念

优步充分地利用信息技术，在市场化的基础上，通过资本力量的推动，将闲散的社会资源重新整合并利用。这种汽车共享的模式聚集了空闲的汽车资源，填补了传统出租车行业的供需缺口，改善了城市交通。

3.3.2　自下而上的管理机制

优步以其特殊的信誉评分系统，通过租车公司、乘客、优步平台对司机的多方监管，突破了传统的出租车管理模式，以自下而上的监管体系取代了原有的政府主导的监管方式。它充分发挥了“大众监督”的优势，保证了约租车的服务质量，也为城市管理提供了一种新范式。

3.3.3　效率最大化原则

得益于其核心技术，优步可以灵活地调整行车费率、实现司机的就近派单，以达到效率的最大化。

UBER

4. 方案评价

4.1 不同主体评价

4.1.1 乘客

优点：

（1）监管机制防止司机拒载。

优步公司以“为人民优步”为企业口号，乘客与司机之间的关系为乘客单向选择司机，乘客端与平台通过实时评价体系实现自下而上的监管反馈机制。平台一旦把此单分配给该司机，司机不得拒载。

（2）反馈机制提高乘车安全。

由于乘客端自下而上监管反馈机制的存在，约束了司机的行为与服务，根据乘客的问卷样本分析，85%的乘客认为优步专车是安全或较安全的。

（3）约束作用提高服务质量。

优步专车的服务十分周到，乘客上车之后司机会提供矿泉水、手机充电等服务，行程结束后，优步平台会推送一个服务评价的界面，实时反馈服务质量，起到约束监管的作用。

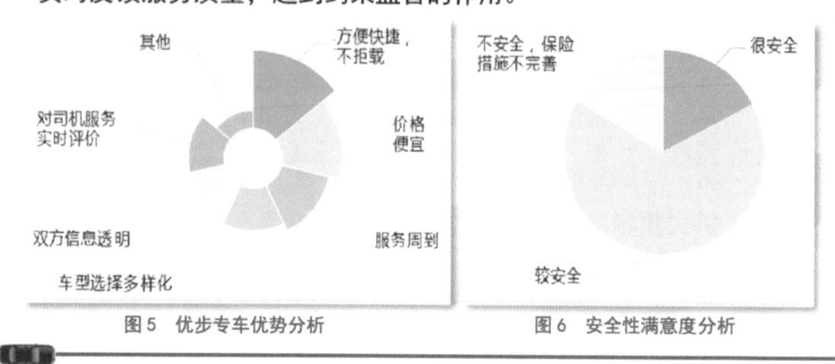

图5 优步专车优势分析　　图6 安全性满意度分析

4.1.2 司机

优点：

（1）时间自由，不受约束。

优步专车无固定上下班的时间，司机只需登录司机客户端，即可接单。在高峰时段，优步平台会进行奖励、补贴，以吸引司机上线。

（2）自动派单，提高效率。

和其他专车平台的司机抢单机制不同，优步系统秉承效率优先原则，将订单自动分配给最近的司机，在平台方面起到了一定的监管作用，防止刷单，也降低了司机与司机之间抢单的恶性竞争。

缺点：司机对路线不熟悉

关于对“在乘坐优步专车的过程中遇到过什么不便和不满”的调查，结果显示，超过70%的乘客反映司机不熟悉路线现象较为严重。

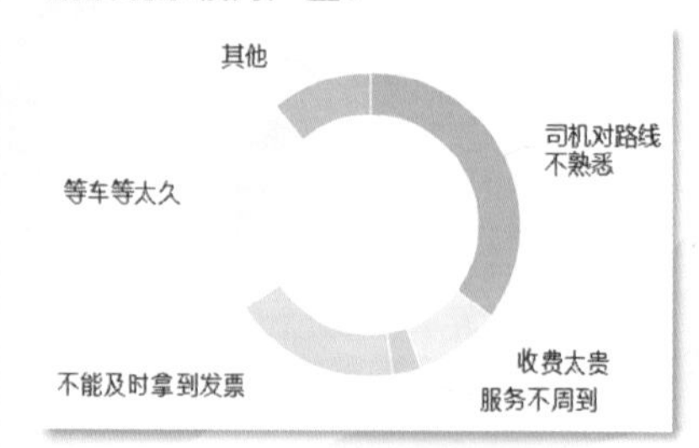

图7 乘车不便因素分析

缺点：自主选择性差

优步的自动分配原则使得乘客利益最大化，乘客端和平台存在自下而上的约束监管，而司机对订单的自主选择性则大为降低。

4.1.3 政府

优点：优化共享，步步监管

优步将社会闲置资源进行整合使用，虽然带来了一些问题，但不可否认的是它开创了交通监管的新模式——自下而上的市场监管，通过客户评星、公司管理等手段，实现高效的自我管理、自我约束。

缺点：监管初期，多方漏洞

在这种新型监管模式的初级发展阶段，仍然存在税收、治安等诸多方面的漏洞，给政府带来了不容忽视的挑战。

4.2 对比评价

以下对优步、出租车以及黑车进行对比评价：

表2 对比分析

	优步	出租车	黑车
核心理念	共享经济和自主监管	巡游式即时出租	无
运营主体	私企——市民 私企——租车公司	政府——出租车公司	私人——市民
运行媒介	手机APP平台	缺少第三方交互平台	无第三方交互平台
管理模式（公司端）	互联网和GPS实时监控，及时处理违规现象	缺少信息化监控措施，不能及时处理	无公司管理
工作机制（司机端）	网络申请、租车公司审核，便捷低廉；工作强度自行控制；登录APP后接受多方监管	申请审核流程复杂，成本高；工作时间固定；不受实时监控	无须申请，非法运营；逃避监管
用户体验（乘客端）	个性化车型；随叫随到，不拒载；附加服务多；收费标准公开；双方信息透明，即时评价	无选择，车辆质量随机；有拒载、乱收费现象；无附加服务；信息不透明，不能及时评价	无选择；服务较差；安全性差，乱收费；不能评价反馈
综合评价	“共享”交通资源，有效自主“监管”	资源利用率不高，监管模式单一	非法运营，亟须监管

UBER

4.3 可行性评价

4.3.1 用户市场大

(1)乘客群体广阔。

优步专车的乘客群体呈现出以白领为主的年轻化特征，该群体占城市居民很大的比例，且代表城市的一般消费水平，可见乘客的消费潜力很大。且近期受众职业和年龄均向多层次、宽领域发展。

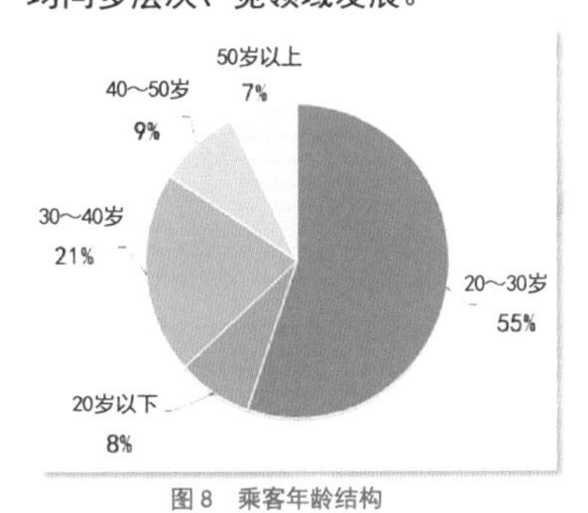

图8 乘客年龄结构

(2)潜在司机群体大。

调查结果显示，71.94%的受调查者愿意成为优步司机，可见市民大多愿意参与到城市交通的资源共享和自主监管中去。（见图9）

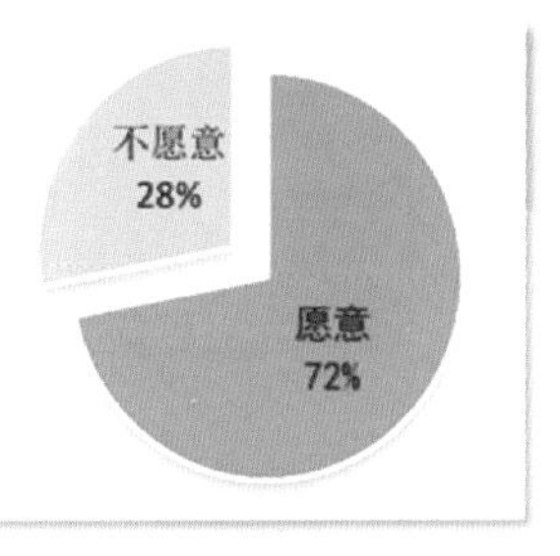

图9 市民成为优步司机意愿

4.3.2 监管方式可推广性强

(1) 监管方案较完善。

优步专车的的共享经济理念从主体上，建立了乘客、司机、公司和政府各方无障碍沟通平台；从效用上，实现了涉及打车、出车和管理每一步的深度监管；从时效性上，互联网实时接收和呈现监管反馈结果。

(2) 监管方式易操作。

与自上而下的政府监管不同，致力于“共享经济”的优步将监管权力交到每个市民手中。同时，手机软件平台使监管反馈变得十分便捷，只需打车时查看评价选择车辆、下车时轻松点击评星、遇事即时网联公司，就能参与到监管过程中去，故监管方式亲民且易推广。

4.4 总体评价

综上所述，通过自下而上的监管和共享经济的影响，优步专车大大提高了调度的效率，增强了用户话语权，降低了交易成本，对司机、乘客、政府三方都产生了积极的影响，但由于私家车的介入，依然存在合法性的问题，给政府的监管造成了一定的影响，需要优步公司进一步优化。

5. 方案优化与推广

5.1 方案优化

5.1.1 政府

出台相关政策，正规化专车管理

现行方案：优步具有相对完善的、自下而上的专车监管机制，然而，优步平台、租车公司缺少与政府之间的联系与合作，在税收和监管的法律约束力上存在不足。

方案优化：政府修改相关法规，出台相关管理政策，和租车公司、优步平台达成合作，加强对司机准入门槛的监督和信用体系的完善，实现自上而下的监督管理，与现有的自下而上的反馈监督机制相衔接。

5.1.2 企业——专车平台公司

（1）差异化市场对象，避免干扰绿色交通优势发挥。

现行方案：各专车公司大打优惠战使得优步的车费远低于出租车，同时不间断地提供优惠券也使其车费低于地铁，导致市民出行更多选用专车而非公交系统，未能达到绿色交通“提高出行效率、节能减排”的目标。

方案优化：专车平台公司需要积极承担公共责任，明确自身业务、差异化和社会公交系统的市场对象，主攻商务和高端市场，实现社会效益与企业利润之间的平衡。

(2)完善司机准入流程，进一步强化监管环节。

现行方案：网上完成司机注册，通过观看视频来进行司机培训，缺乏对司机道德行为等的测试监管，仅监控司机是否刷单，以及根据乘客反馈监管。

方案优化：加入面试和试用观察期等环节，完善司机准入流程，同时强化乘客评价和反馈环节，进一步强化自下而上由乘客对公司、对司机的监管。

5.2 方案推广

5.2.1 核心理念推广

优步专车的核心理念是“共享经济”，它能吸引大众参与其中，把社会闲置的车辆加以组织利用，从而优化资源。政府可以借鉴共享经济的理念，将整合碎片资源的做法推广到城市开发管理的其他方面。

5.2.2 监管模式推广

优步实行自下而上的监督管理机制，通过简易可行的监管手法发动大众监督，能有效地改善自上而下监管制度的僵化状况，降低监管成本。政府可以将这种自下而上的新型城市监管机制推广到其他领域中。

附录

作品基本情况表

序	成果名称	指导教师	学生	完成时间	奖励情况
一	低碳出行专题				
1.1	绿动人心——深圳机动车“自愿停驶”行动调研	周素红 林琳	蔡天抒、谢湘曼、林浩曦、许凯翔	2012	优秀作品
1.2	注册碳账户　绿色低碳行——深圳“绿色出行碳账户”运行情况调研	周素红 李秋萍	张舒柳、张楚琳、黄畅如、侯伊宁	2016	二等奖
1.3	全民碳路，益心随行——深圳“全民碳路”低碳出行平台构建方案研究	周素红 李秋萍	廖伊彤、秦一平、孙若溪、文志平、刘定昊	2017	二等奖
1.4	A+B+C——广州萝岗创新公共自行车运营模式研究	周素红 李秋萍	李秋蒙、姜苏桐、林漉丰、王丽、高文韬	2015	优秀作品
1.5	移动体验，幸福随行——广州主题有轨电车运营模式调查研究	周素红 李秋萍	何格、吴金京、颜淼、周钰荃	2017	优秀作品
二	区域联动专题				
2.1	无缝接驳——广佛出租车联运制度调查	周素红 林琳	程雪平、董明利、张亚、于路	2010	一等奖
2.2	不一样的“调调”——广交会出租车调度方案调研与推广	周素红 林琳	王力洋、祝智慧、伦锦发、孙瑜康	2010	佳作奖
2.3	白天不懂夜的黑——广州高铁站夜间公交动态调度运营模式调研	周素红 李秋萍	陈菲、李庆、罗利佳、尹昊	2015	优秀作品
2.4	跳跃分流　殊途同归——春运异地分流方案优化及推广	周素红 林琳	欧顺仙、陈霄、韩焱、吴明慧	2011	优秀作品
2.5	网罗城乡——基于传统客运资源的城乡物流网方案研究	周素红 李秋萍	管若尘、陈子琦、汪子涵、陈健	2017	优秀作品
2.6	出者有其位——广州居住区停车位对外开放模式调研推广	周素红 林琳	胡秀媚、张志君、潘小文、刘人龙	2010	三等奖
2.7	“堵城”的解药——P+R 模式	周素红 袁媛	苏海宇、李晨曦、王的培、刘扬、刘怀宽	2013	优秀作品
三	特殊群体出行专题				
3.1	交通无障碍，出行有依赖——广州市无障碍公交实施方案优化与推广	周素红 林琳	方凯伦、吴翊朏、陆如兰、沈琼	2010	佳作奖

3.2	社会有爱　出行无碍——深圳NGO“免费无障碍出行车”使用状况调研及推广	周素红 林琳	王博祎、张梦竹、伍彦霖	2012	优秀作品
3.3	爱心突“围”——广州爱心巴士运营推广研究	周素红 李秋萍	刘文琳、廖沁凌、孙悦铭、张悦、杨佳意	2014	优秀作品
3.4	尊老重礼，一路有你——广州“尊老崇德”124 专线公交线路运营情况调研	周素红 李秋萍	岳涵凝、杨智怡、王琳娜、施歌	2016	优秀作品
3.5	孕“徽”风，行和畅——广州地铁“准妈徽章”使用情况调研	周素红 李秋萍	谢楠、高舒欣、刘佩枝、武婷、王若雨	2015	二等奖
3.6	全民献“厕”，关爱随行——广州滴滴“厕所信息服务”功能使用情况调研	周素红 李秋萍	范艺馨、黄文雯、林国壮、林锦柔	2016	三等奖
四	**交通信息化专题**				
4.1	沟通无障碍：@NGO——拜客广州“随手拍自行车出行障碍”研究	周素红 林琳	徐厅、曹伯威、叶颖、李辛慧	2011	一等奖
4.2	停车不再难　中心不再堵——广州市停车场车位信息共享与停车预订方案调查	周素红 林琳	侯璐璐、刘铮、王阳、李晨	2011	三等奖
4.3	大“公”无私——广州公务车定位管理模式研究	周素红 林 琳	余亦奇、王楚涵、卢芳、沈欣	2012	优秀作品
4.4	路径随心选，拥堵不再来——佛山移动实时路况传播方案调研与优化	周素红 林琳	吴佳蕾、曾志鹏、黄耀福、麦夏彦	2012	三等奖
4.5	手沃出行——广州“沃·行讯通”智能出行软件研究	周素红	何嘉明、何东欣、鲁琴、叶竹	2013	优秀作品
4.6	创新治酒驾，平安“代”回家——深圳交警与滴滴代驾“智慧交通治理酒驾”调研与分析	周素红 李秋萍	詹佩瑜、向凯婷、何周倩、黄媛	2017	优秀作品
4.7	生死时速，无忧让路——深圳市救护车“无忧避让”医警联动机制调研	周素红 李秋萍	徐辉、周炜洁、林敏知、宋佩瑾	2016	优秀作品
五	**“互联网＋服务”专题**				
5.1	“租”＋“拼”＝“类公交”——租车公司主导的上下班合租模式	周素红 林琳	林惠坤、李泳、邓芳芳、蒋珊红	2011	佳作奖
5.2	私人定制——深圳私营定制公交方案研究	周素红 李秋萍	邓嘉怡、甘有青、黄嘉勋、马嘉敏、彭伊侬	2014	佳作奖
5.3	即拍即走　畅行无忧——广州交警“微信快撤理赔”调查	周素红 李秋萍	曲歌、齐颖金、边俊麟、祝益韩	2014	优秀作品
5.4	“众包”时代，全民“找茬”——广州“交警蜀黍请你来找茬”研究与推广	周素红 李秋萍	陈博文、陈俊仲、林曼妮、肖雨融	2014	佳作奖
5.5	“优”游“自”若共监管——广州优步专车运营监管模式调研	周素红 李秋萍	龚晓霞、陈斐豪、方驰遥、江璇、周金苗	2015	佳作奖

备注：表中的奖励情况指参加全国高等学校城市规划专业城市机动性服务创新竞赛（2010—2011 年）和全国高等学校城乡规划专业城市交通出行创新实践竞赛（2012 年以来）的获奖情况

结语

从 20 世纪 70 年代开始，中山大学以雄厚的人文地理学基础，对城乡规划展开了多方面的探索，取得了丰硕的成果，特别是在基于人文地理学培养城乡规划人才方面，做出了突出贡献，成为中国以地理学科为背景探索城乡规划问题、革新城乡规划教育的先头部队和主力军。随着城乡规划人才需求量的不断增加，中山大学充分发挥综合性大学培养复合型人才的优势，2000 年，城市与区域规划系开设五年制工科城市规划本科专业，2009 年、2013 年、2017 年三次通过住建部评估，获得评估委员的认可与好评，从而使中山大学成为培养理工科双料城乡规划人才的重要基地。

基于理科的工科复合型规划人才培养过程中，针对课程体系设计、教学方法创新、教学内容拓展方面，中山大学进行了有益的探索。我们在《城市道路与交通》课程中结合所在地区珠江三角洲的城市道路与交通发展中的前沿问题培养学生的资料收集和整理能力、现场调查分析能力、创新能力等综合素质，取得了良好的教学成效。

《城市道路与交通》是中山大学城市规划（城乡规划）专业的一门必修课，分为“城市交通规划”和“城市道路设计”两门课程，在该专业本科大学三年级两个学期开设。通过本课程的学习，使学生掌握城市对外交通与城市交通规划和城市道路设计的理论体系和相关研究方法，具备理论联系实际，开展交通规划、交通分析、道路设计等实践能力，并充分了解本领域的国内外研究进展和相关政策与法律法规。该课程通过“理论—方法—应用”的教学实践，使学生在知识体系构建、能力建设和素质培养等方面得到训练。

本课程将参加城乡规划专业指导委员会主办的“城市交通出行创新竞赛”作为主要的作业形式。在过去 8 年中，共选送优秀学生作品 32 件参加竞赛，其中 15 件获得相关奖项，取得良好的成绩。选送作品在选题、调查方法和内容等方面充分体现并实践了中山大学培养理工类复合专业人才的教学宗旨，充分体现了学生在创新思维、发现问题和分析解决问题等方面的综合能力。本书汇编了近年来主要的优秀作品，以期与同行交流，共同进步！

本书的出版获得中山大学本科教学改革与教学质量工程“地理学大类品牌专业建设项目”和国家自然科学基金项目（编号：41522104；41501424）的资助。